塑料加工设备 与技术解惑 系列

压延成型设备
操作与疑难处理
实例解答

刘西文　杨中文　编著

化学工业出版社
·北京·

压延成型的塑料制品，如薄膜、片材、合成革、人造革和压延复合地板等，广泛应用于汽车、建筑、农业、国防和人们生活中的各个领域。本书是作者根据多年的实践和教学、科研经验，以大量典型工程案例对压延成型及设备使用基本知识、塑料原料预处理设备、塑料混炼塑化设备、压延成型机、压延膜（片）辅机等设备操作、维护保养、生产过程和工程实例进行了重点介绍，详细解答压延成型设备、辅助设备操作与处理的大量疑问与难题。

本书立足生产实际，侧重实用技术及操作技能，内容力求深浅适度、通俗易懂、可操作性强。本书主要供塑料加工、压延成型生产企业一线技术人员和技术工人、技师及管理人员等相关人员学习参考，也可作为企业培训用书。

图书在版编目（CIP）数据

压延成型设备操作与疑难处理实例解答/刘西文，杨中文编著. —北京：化学工业出版社，2018.10
（塑料加工设备与技术解惑系列）
ISBN 978-7-122-32721-5

Ⅰ.①压… Ⅱ.①刘…②杨… Ⅲ.①塑料成型加工设备-问题解答 Ⅳ.①TQ320.5-44

中国版本图书馆 CIP 数据核字（2018）第 168722 号

责任编辑：朱 彤　　　　　　　　　　　文字编辑：向 东
责任校对：王鹏飞　　　　　　　　　　　装帧设计：刘丽华

出版发行：化学工业出版社（北京市东城区青年湖南街 13 号　邮政编码 100011）
印　　装：高教社（天津）印务有限公司
787mm×1092mm　1/16　印张 12¾　字数 322 字　2020 年 4 月北京第 1 版第 1 次印刷

购书咨询：010-64518888　　　　　　　　售后服务：010-64518899
网　　址：http://www.cip.com.cn

前言

　　随着中国经济的高速发展，塑料作为新型合成材料在国计民生中发挥了重要作用，我国塑料工业的技术水平和生产工艺得到很大程度的提高。为了满足塑料制品加工、生产企业更新技术发展和现代化企业生产工人的培训要求，进一步巩固和提升塑料制品、加工企业一线操作人员的理论知识水平与实际操作技能，促进塑料加工行业更好、更快发展，化学工业出版社组织编写了这套"塑料加工设备与技术解惑系列"丛书。

　　本分册《压延成型设备操作与疑难处理实例解答》是该套"塑料加工设备与技术解惑系列"丛书分册之一。塑料压延成型是塑料成型的重要方法之一。我国在20世纪50年代开始采用压延机压延成型生产塑料制品，虽然起步较晚，但发展却较快。目前，压延成型的塑料制品，如薄膜、片材、合成革、人造革和压延复合地板等，约占塑料制品总量的1/5，广泛应用于汽车、建筑、农业、国防和人们生活中的各个领域。随着我国汽车工业、建筑业等的不断发展，塑料压延成型制品的应用将越来越广泛，压延成型工艺及压延成型设备的控制技术也不断提高，压延成型向着大型化、自动化、高精密化方向发展。为了满足压延从业人员学习专业技术的需要，我们组织撰写了本书，目的是让广大塑料压延成型从业者能够更快、更好地掌握塑料压延成型操作及设备维护、维修方面的技能，解决日常学习和生产过程中的难题。

　　本书的编写是以作者多年实践和教学中积累的大量具体案例为素材，以问答的形式，分别解答压延成型及设备使用基本知识以及塑料原料预处理设备、塑料混炼塑化设备、压延成型设备、合成（人造）革压延成型机组等设备操作和生产实际中的大量疑问与难题，内容力求通俗易懂、语言简练、密切结合生产实际、可操作性强。本书适合于广大从事塑料压延成型的一线工程技术人员、生产操作人员、压延成型设备维护与保养人员、压延成型设备设计制造人员及高分子材料加工技术专业在校师生学习和参考。

　　本书由刘西文、杨中文编著，还得到了阳辉剑、王海燕、李亚辉、黄东、田志坚、冷锦星、彭立群、王小红、田英、周晓安等许多专家和企业工程技术人员的大力支持与帮助，在此谨表示衷心感谢！

　　由于作者水平有限，书中难免有不足之处，恳请同行专家及广大读者批评指正。

编著者

2019 年 6 月

目录

第2章　塑料原料预处理设备操作与疑难处理实例解答

第3章 塑料混炼塑化设备操作与疑难处理实例解答

第4章 压延成型机操作与疑难处理实例解答

第5章　压延膜（片）辅机操作与疑难处理实例解答

第6章 合成（人造）革压延成型机组操作与疑难处理实例解答

参考文献

第①章

压延成型及设备使用基本知识疑难处理实例解答

1.1 压延成型基本知识疑难处理实例解答

1.1.1 什么是压延成型？压延成型有何特点？

（1）压延成型

压延成型是将熔融的热塑性塑料通过两个以上的平行异向旋转辊筒间隙，使熔料在压延机辊筒的辊隙间受到挤压、延展拉伸而成为具有一定规格尺寸并符合质量要求的连续片（膜）状制品的成型方法。

（2）压延成型特点

压延成型的生产特点是加工能力大，生产速度快，厚度精度高，产品质量好，生产连续。如一台普通四辊压延机的年生产能力可达 5000～10000t，生产薄膜时线速度可达 60～100m/min，有的甚至高达 300m/min。压延产品厚薄均匀，厚度公差可控制在 10%以内。

此外，压延生产的自动化程度高，先进的压延成型联动装置只需 1～2 人操作。因而压延成型在塑料加工中占有相当重要的地位。

由于压延成型工艺流程较长、设备比较庞大、投资较高、维修较为复杂、制品宽度受压延机辊筒长度的限制等，因此在生产片材方面不如挤出成型的技术发展快。

1.1.2 压延成型的产品主要有哪些？主要适合哪些塑料的成型？

（1）压延成型的产品

压延成型制品一般是平面连续状的材料制品。压延薄膜与片材之间主要是厚度的差别，一般将厚度在 0.25mm 以下平整而柔软的塑料制品称为薄膜；而厚度在 0.25～2mm 之间的软质平面材料和厚度在 0.5mm 以下的硬质平面材料则称为片材。压延成型与挤出成型、注射成型一起称为热塑料性塑料的三大成型方法，主要用于加工各种薄膜、板材、片材、人造革、墙壁纸、地板及复合材料等。塑料压延制品的产量在塑料制品的总产量中约占 1/5，广泛用于农业、工业包装、室内装饰及日用品等各个领域。

（2）适合原料

目前压延成型用的塑料原料主要有聚氯乙烯（PVC）、聚乙烯、ABS（丙烯腈-苯乙烯-丁二烯共聚物）、改性聚苯乙烯、纤维素等，其中以聚氯乙烯最为常见。

1.1.3 聚氯乙烯软质膜压延成型工艺过程是怎样的？

聚氯乙烯软质膜的压延成型工艺过程比较复杂，它是由多道工序构成的，且不同的产品其工艺路线有所不同，相同产品也存在不同的工艺路线。通常按各道工序的作用可将压延成型的工艺过程分为备料和压延成型两个阶段。

备料阶段主要包括所用塑料的配制、塑化和向压延机供料等；它是以聚氯乙烯树脂为主要原料，根据产品要求添加各种助剂进行配方设计，再将各种物料进行预处理后，按确定的配方进行计量，在高温条件下经高速混合机混合均匀，再经塑化后输送至压延机。

在备料过程中，物料混炼塑化和供料的方式主要有双辊开炼和挤出塑炼。采用双辊开炼机塑化时通常需两台或三台双辊开炼机串联使用或者与挤出机一起配合使用。采用挤出机塑炼时，用于混炼塑化的挤出机一般为混炼型挤出机。与普通成型用的挤出机相比，其螺杆的长径比和压缩比要小，一般不设过滤网，混炼塑化快，且均匀性好，可实现连续、自动化的操作。双辊开炼机可将物料经双辊机辊压，切成带状的形式为压延机供料。采用挤出机供料时，可将挤出机挤出成条料或带状料趁热通过输送装置均匀连续地供给压延机。物料在进入压延机之前，必须经过金属检测装置检测，以防止物料中混入的金属杂质进入压延机辊筒间隙而损伤辊筒表面。

压延成型阶段是压延成型的主要阶段，它是将前阶段供给压延机的物料在压延机辊筒的加热和挤压作用下，使物料进一步塑化均匀并延展成为具有一定厚度和宽度的薄膜，经剥离、压花、冷却定型、牵引、卷取得到成品。如图 1-1 所示为一典型的聚氯乙烯薄膜的压延成型工艺流程。压延成型阶段决定了制品的质量、产量、规格尺寸等。压延成型阶段所需的设备及装置主要有压延机与贴合、引离、压花、冷却、卷取、切割装置等，它们的结构形式直接影响压延的工艺和产品质量等。

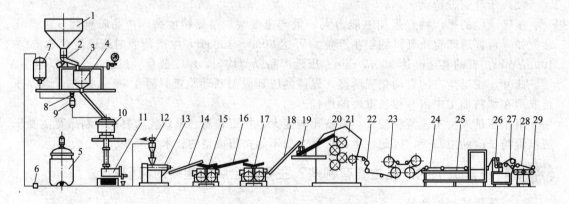

图 1-1　聚氯乙烯薄膜压延成型工艺流程示意图

1—树脂料仓；2—电磁振动加料斗；3—自动磅秤；4—计量秤；5—大混合器；6—齿轮泵；7—大混合器中间储槽；8—传感器；9—电子秤料斗；10—热混合器；11—冷混合器；12—集尘器；13—挤塑机；14，16，18—运输带；15，17—开炼机；19—金属检测器；20—摆斗；21—四辊压延机；22—冷却导辊；23—冷却辊；24—运输带；25—运输辊；26—张力装置；27—切割装置；28—卷取装置；29—压力辊

聚氯乙烯软质膜工艺流程可用如下内容表示：

聚氯乙烯树脂助剂二树脂、助剂、配料→ 高速混合 → 密炼塑化 → 辊压塑化 → 挤出喂料 → 压延成型 →

引离 → 压花 → 冷却 → 运输 → 张力卷取 → 切割包装 →成品

1.1.4 硬质聚氯乙烯片材压延成型工艺过程是怎样的?

压延生产硬质聚氯乙烯片材的工艺过程可分为备料阶段和成型阶段两个阶段。备料阶段主要包括物料的配制、塑化和向压延机供料等;成型阶段是压延成型的主要阶段,包括压延、牵引、冷却、切割、堆放等。

备料阶段中物料的混炼塑化的方式主要有密炼、双辊开炼或挤出等方式。采用密炼机混炼塑化时,由于混炼塑化后物料呈较大的团状或块状,因此一般它需与一台或两台双辊开炼机串联使用,以便进一步均匀塑化物料,并将物料拉成片状以便向压延机均匀稳定地供料。但密炼机是一种密闭式的加压混炼设备,因此混炼塑化时间短,塑化质量均匀、稳定,粉尘飞扬少。采用双辊开炼机混炼时,粉尘飞扬大,操作劳动强度大,混炼塑化时间较长,均匀性、稳定性较差,因此一般不单独使用,通常需两台或三台双辊开炼机串联使用或者与密炼机、挤出机一起配合使用。用于混炼塑化的挤出机为混炼型挤出机,与一般成型的挤出机相比,其螺杆的长径比和压缩比要小,一般不设过滤网,混炼塑化快,且均匀性好,可实现连续、自动化的操作。

压延的片材种类有很多,如有透明的、半透明的、不透明的、本色的、彩色的等,可用于医药、服装、玩具、食品等包装。由于不同的片材要求不同,因此其工艺流程也会有所不同。生产透明片材时,对于物料的塑化要求十分严格,要求干混料能在短时间内达到塑化要求,也即应尽量缩短混炼时间和降低混炼温度,避免物料分解而导致制品发黄。因此采用密炼机和一般挤出机难以达到这样的要求,通常是采用专用双螺杆挤出机或行星式挤出机,它们可在130~140℃的温度下把干混料挤出成初步塑化的物料,然后再经双辊开炼机塑化给压延机供料。

如图1-2所示为一典型的硬质聚氯乙烯片材生产工艺流程。

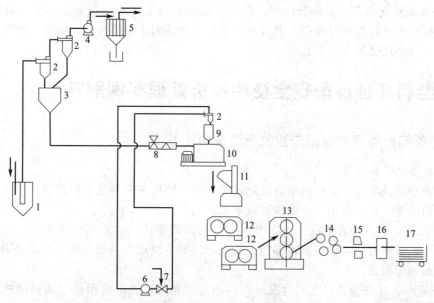

图1-2 硬质聚氯乙烯片材生产工艺流程

1—辅料混合吸附器;2—旋风分离器;3—储罐;4,6—风机;5—布袋过滤器;7—文氏管;8—螺旋加料器;9—储仓;10—高速混合机;11—密炼机;12—开炼机;13—压延机;14—冷却装置;15—光电器;16—切割装置;17—片材

1.1.5 PVC压延成型过程中原料选用应注意哪些问题？

在PVC压延成型过程中，对于树脂的选用，一般来说，应选用相对分子质量较高和相对分子质量分布较窄的树脂，以得到物理力学性能、热稳定性和表面均匀性好的制品。但是这会增加压延温度和设备的负荷，对生产较薄的薄膜更为不利，故在压延成型时应选用合适型号的树脂。一般对于压延生产软质PVC应选用SG-3型和SG-4型树脂比较合适，对于硬质PVC产品宜选用SG-5型和SG-6型树脂比较合适。另外，为了保证制品的质量，一般树脂中的灰分、水分和挥发物含量都不能过高，应在0.40%以下。灰分过高，会降低薄膜的透明度，而水分和挥发物过高则会使制品带有气泡。

PVC配方中增塑剂对压延过程影响较大，通常增塑剂含量越多，物料黏度就越低，有利于物料的压延成型。通常在不改变压延机负荷的情况下，可以提高辊筒转速或降低压延成型的温度。

热稳定剂可以提高PVC的热稳定性，防止物料在压延成型过程中的分解，增大PVC的成型加工温度范围。但采用不适当的热稳定剂常会使压延机辊筒（包括压花辊）表面蒙上一层蜡状物质，生产中发生物料粘辊、使薄膜表面不光或在更换产品时发生产品污染现象，且压延成型温度越高，这种现象越严重。这主要是由于所用热稳定剂不当，分子极性基团的正电性较高，且与树脂的相容性较差，以致压延时被挤出，黏附在辊筒表面而形成蜡状层。另外，颜料、润滑剂及螯合剂等选用不当时也有在辊筒表面形成蜡状层的可能，因此选用时应加以注意，尽量避免这些助剂在压延过程中的析出。其避免的方法主要有以下几种：

① 选用适当的稳定剂。压延配方应控制钡皂的用量，少用或不用月桂酸盐，而采用镉皂和锌皂稳定剂及液态稳定剂。一般来说，稳定剂分子中极性基团的正电性越高时，越易形成蜡状层。钡的正电性高，镉的正电性较小，锌的正电性更小，因此钡皂比镉皂和锌皂析出严重。液态稳定剂如乙基己酸盐和环烷酸盐等要比月桂酸盐的正电性低，所以析出性小。

② 掺入吸收金属皂类更强的填料，如含水氧化铝等。

③ 加入酸性润滑剂，如硬脂酸等。酸性润滑剂对金属具有更强的亲和力，可以先占据辊筒表面并对稳定剂起润滑作用，因而能避免稳定剂黏附于辊筒表面。但是，硬脂酸用量不能太多，否则易从薄膜中析出。

1.2 塑料压延设备安全使用疑难处理实例解答

1.2.1 新购设备开箱检查与验收应注意哪些方面？

（1）设备的开箱检查

一般中小型设备基本上均由制造厂经过试运转后整体装箱发运到用户处。安装前，设备应进行开箱检查。设备开箱检查应注意以下几方面：

① 开箱前，应将箱板上的灰尘、泥土和污物清理干净。如发现箱体破损，则应检查是否损坏设备，必要时应与设备运输部门进行交涉。如一时难以判明箱体及设备是否损伤，则应在开箱前拍照留证。

② 开箱时，先开箱顶，查明情况后再拆四面的箱板，并应将箱板立即移远些，以免箱体上钉子刺伤手足。开箱过程中要注意安全，并尽量减少箱板的损坏，对于不能受震动的设备，开箱时更要特别注意。

③ 开箱后，应按装箱单逐一清点设备的零件、附件并仔细查看说明书和合格证是否齐

全，零件和附件是否有损坏和锈蚀的地方，及时做好开箱记录。

（2）设备的验收

开箱检查时，要核实设备的名称、型号和规格，必要时应对照设备图纸进行检查。对于外观质量的问题除填入记录单中外，还应进行研究和处理。经检查验收的设备及其零部件应妥善保管。

1.2.2 压延设备在安装和使用维护中应如何进行清洗、除锈与脱脂？

（1）设备的清洗

设备在安装和使用维护中，要适时进行拆卸、清洗、装配等工作。清洗工作就是清除和洗净设备各零部件加工表面上的油脂、污垢和其他杂质，并使各零部件的表面具有中间除锈能力。

清洗的步骤可分为：初洗（或称粗洗）、细洗（或称油洗）和精洗（亦称净洗）等三步。初洗主要是去除设备上的旧油、污泥、漆片和锈层，旧油和污泥一般用软金属、竹片等刮具刮掉。对粗加工面上的漆层可用铲刮，精加工面上的漆层用溶剂洗。细洗是对初洗后的机件用清洗油将渣子等脏物冲洗干净。精洗是用洁净的清洗油清洗，也可用蒸汽或压缩空气吹一下，再油洗。

对机械设备上的油管、油孔的清洗，可采用在铁丝上绑浸有煤油的布条，往复拉几次，直到干净为止，最后再用清洁布条通一下，然后用压缩空气吹一吹，待出口端吹出的空气干净后，再用干净的汽油冲洗。

设备中的滚动轴承在设备组装时一般都加有润滑脂，有的滚动轴承因存放时间长，原有的润滑脂已变质失效；有的则因密封不严而沾有灰尘，故需清洗。滚动轴承清洗时，一般先用软质刮具将原有的润滑脂刮除，然后进行浸洗或热油冲洗，最后以煤油或汽油冲洗，有条件时还可用压缩空气吹除一下。应特别注意的是：擦洗轴承时，可使用棉布、丝绸布或泡沫塑料，禁止使用棉纱。

对于机械零件清洗时的清洗剂主要有汽油和煤油，也可采用轻柴油、机械油、汽轮机油、变压器油、化学清洗液、碱性清洗液和清洗漆膜溶剂等。汽油一般是最佳的清洗液，它对于油脂、漆类有较强的去除能力。其次煤油也是常用的清洗液，但其清洗能力不及汽油强。煤油中含有水分，酸值高、化学稳定性差，清洗后若不及时擦净，则会使金属产生锈蚀。所以，精密零件一般不宜用煤油进行最后一道工序的清洗，而应采用汽油。

（2）设备的除锈

设备或零件因停产过久或存放不当会导致生锈，如果不及时进行除锈，轻则影响设备运行质量，重则导致零件或设备报废。因此，在机械设备维修中应对设备及零件的锈蚀足够重视。设备零件的除锈方法主要有手工除锈、机械除锈和化学除锈三大类。

① 手工除锈 手工除锈常用的工具有钢丝刷、金属与非金属刮刀、砂布、锉刀及研磨膏等。钢丝刷一般用于非加工表面除锈，多用于中等以上程度的除锈中。非金属刮刀多用木片、竹片、胶木板等制成，用于去除金属面上的浮锈效果较好，其由于对金属零件无伤害，因此可用于零件精加工表面的除锈。金属刮刀因有损于零件表面的加工质量，故一般用于粗糙表面的厚层除锈。砂布、锉刀除锈主要用于不重要的加工面和非配合的加工面除锈，但不能用于导轨面、滑动面等的除锈。研磨膏（或研磨粉）用来除精密零件表面上的锈迹。

② 机械除锈 机械除锈主要采用电动钢丝刷和喷砂除锈机除锈。前者的作用与手用钢丝刷相同。喷砂除锈多用于面积大、表面形状简单的容器、管道等工作的除锈。

③ 化学除锈 设备零件常用的化学除锈法是酸洗，其用来去除零件表面较重的锈蚀。

金属零件的酸洗，常使用稀释的盐酸和硫酸，加少量的盐（氯化钠）。酸的加入量一般为水质量的 5%。温度升高可使酸洗能力得到增强，但在实际操作中，盐酸的温度不宜高于40℃、硫酸的温度不宜高于 80℃。当操作温度过高时，金属溶蚀能力加强，容易使材料的韧性和塑性降低，而脆性和硬度增加。酸洗后，要用氢氧化钠或碳酸钠稀溶液进行中和，然后用热水洗涤，使其完全达到中性，最后擦干备用。

（3）设备零件的脱脂

将设备或零部件上的油脂彻底去除的操作，称为脱脂处理。脱脂处理的目的是防止因化学药品对油脂的特殊敏感性而导致零件损坏，如浓硝酸等遇油而发生爆炸。

常用的脱脂剂有：二氯乙烷、二氯乙烯、四氯化碳、工业乙醇、碱性清洗液等。每种脱脂剂各有其适应性，使用时要慎重选用。

1.2.3 压延成型设备操作过程中主要存在哪些不安全因素？

在塑料压延成型设备操作过程中，使用的设备比较繁多，难免存在一些不安全或危及人身和设备的因素，操作过程中应充分了解这些因素并加以重视，以及时消除隐患，避免事故发生。归纳起来操作过程中存在的不安全因素主要有以下几个方面：

（1）粉尘和毒物的危害

压延成型过程中使用的原材料有许多是粉状物质，这些粉状原料在运输、开包、上料、筛选、拌和等过程中易产生粉尘，造成环境和健康危害。塑料原料和辅料中还有一些可能含有有毒物质，如稳定剂、着色剂及聚氯乙烯树脂等。在成型过程中，它们能产生粉尘或挥发出一些有害气体，当其在空气中的含量超过一定量后，就会造成人身中毒。

（2）高温和噪声的危害

塑料在混炼、混合等过程中，需要高温高热，其中部分热量向周围空间散发，可危害操作者健康。设备运转的噪声，如粉碎机、塑料压延机等设备的噪声较大，特别是维修保养不良的设备则会加剧传动部位发出噪声，有的可高达 100dB，对人员造成噪声危害。

（3）触电

由于电器设备、电线维修检查保养不良，造成线路绝缘老化、漏电，接地或接地保护失效，造成操作人员不慎触电伤亡。

（4）机械致伤

在压延各设备的各运转部位，如压延机和开炼机的辊筒滚压部位，操作不当均易产生轧伤、挤压事故。

（5）爆炸和火灾

在压延成型时使用的原料，有的粉尘物或蒸气与空气混合后可形成爆炸性混合物。如果在空气中的浓度达到爆炸极限后，则会因遇到火种（明火、电火花、静电火花、电焊弧等）而引起爆炸燃烧，造成火灾事故。而许多塑料制品在燃烧过程中，还会放出大量毒气，故在灭火时，还要特别留心防止中毒。

1.2.4 塑料压延设备安全用电的操作应注意哪些方面？

塑料压延设备主要的安全用电操作主要应注意如下几个方面：

① 定期检查各用电导线接头连接处，保证各线路紧密牢固连接。电路中各种导线出现绝缘层破损、导线裸露时，要及时维修更换。注意经常保持各线路中导线的绝缘保护层完好无损。线路中各部位熔丝损坏时，要按要求规格更换，绝对不允许用铜丝代替使用。

② 电源开关进行切断或合闸时，操作者要侧身动作，不许面对开关；动作要快，注意

防止产生电弧烧伤面部。

③ 电器设备进行检查维修时要先切断电源，再让电器专业技术人员进行检修。维修工作中，电源开关处要挂上"有人维修，不许合闸"标牌。

④ 电动机或加热器长时间停车后，可能会因潮湿而漏电，开车前应采取干燥措施。

⑤ 带电作业维修时（一般情况不允许带电维修），要穿戴好绝缘胶靴、绝缘手套，站在绝缘板上操作。

⑥ 设备上各种用电导线不允许随意乱拉，更不允许在导线上搭、挂各种物品。出现电动机发出烧焦味、外壳高温烫手、轴承润滑油由于温度高外流及冒烟起火等情况时，要立即停机。

⑦ 电动机工作转速不稳定，发出不规则的异常声响时，也应立即停止电动机工作，查找故障原因，进行维修。

⑧ 发生触电人身事故时，要立即切断电源。如果电源开关距离较远，则应首先用木棒类非导电体把电线与人身分开，千万不能用手去拉触电者，避免救护人与受害者随同触电。如触电者停止呼吸，则要立即进行人工呼吸抢救或呼叫医护人员前来救助。

⑨ 设备上各报警器及紧急停车装置要定期检查试验，进行维护保养，以保证各装置能及时准确、有效地工作。

1.2.5 什么是电击和电伤？在压延操作过程中出现人体触电事故时应如何处置？

（1）电击与电伤

人体由于接触设备的带电部分，承受过高的电压而导致局部受伤和窒息的现象，称为触电。触电可根据伤害的方式分为电击和电伤两种。电击是指因电流通过人体而使身体内部器官受到烧伤的现象，这是最危险的触电事故。通常当人体内的电流超过 10mA 的交流电或 50mA 的直流电时，中枢神经便会受到损害，严重时可迅速导致心脏停止跳动。电伤则是指人体外部由于电弧或熔丝熔断时，飞溅的灼热金属屑等造成的烧伤现象。

（2）人体触电事故紧急处置措施

在压延操作过程中出现人体触电事故时的紧急处置措施如下：

① 发生触电时，首先应立即切断电源，或迅速用非导体将触电者与电源隔开，千万不可直接上前用手拉，也不可使用金属或潮湿的物体作为工具，以避免救护人员随同触电。

② 对触电者采取急救措施，如触电者已停止呼吸，应立即施行人工呼吸并呼叫医生（或医院救护车）前来急救。

③ 若设备或电路有起火现象，则最好用砂土灭火；若采用泡沫灭火器则一定应在电源切断后使用，迅速用物体盖住起火物以隔绝燃烧用氧，再用灭火器灭火。

1.2.6 塑料压延设备一般设置有哪些安全保护装置？

塑料压延设备是开放式的操作，为保护设备及人身的安全，通常都设置有安全保护装置，如防护装置、保险装置、信号装置、危险牌示和识别标志等。

（1）防护装置

防护装置就是用屏护方法使人体与生产中的危险部分相隔离的装置。所谓生产中的危险部位，就是指设备在操作时可能触及的机器运转部分；加工材料碎屑可能飞溅出的地方；设备上容易触及的导电部分、高温部分及辐射热地带；工作场所可能导致操作者坠落或跌伤的部位等。

防护装置是隔离危险源的具体运用，对预防操作人员伤亡事故的发生起着重要作用。因此，为了安全生产，在设备的设计、制造、安装、验收及操作使用中，都必须考虑必要的防护装置。

根据用途和工作条件的不同，防护装置的种类可分为很多种，但从构造上通常把它们分为简单防护装置和复杂防护装置两大类。简单防护装置有：在传动带、外露齿轮、电锯、电刨、联动轴、砂轮和飞轮上的防护罩；电气上的防护网；走道、池子的围栏、挡板等，这些都起到隔离的作用。复杂的防护装置和机器设备之间带有机械或电气联系，或者与人体有联锁作用，即如果人不到达一定操作位置，机器就不能运转。此外，还有机械、电气的联锁安全防护装置（如挤出机超压防护等）。

所有的防护装置，在设计制作和应用时，必须使它的形状、大小与设备被隔离和保护的部分相适应，不得妨碍操作者的操作。应教育设备使用人员正确使用、维护，不得随意拆卸或弃置不用。设备检修人员应经常检查防护装置是否有效，发现问题应及时处理并进行记录。

（2）保险装置

保险装置就是能够自动控制与消除生产中由于整个机器设备或部件的故障和损坏而发生的对人身的伤害和对设备破坏的装置。

保险装置的结构和作用是根据设备运行中的薄弱环节和自动断电保护的原理来设计制造的。保险装置在效用上有的是可多次使用的，如安全阀、自动开关、卷扬限制器等；有的保险装置则只能使用一次，如自断销（剪切销）、熔丝（熔断器）、爆破片等。

保险装置必须正确安装，准确调整，精心维护，定期校验与检修，以保证其灵敏性、准确性和可靠性。

（3）信号装置

信号装置是根据刺激视觉、听觉引起人们注意的原理制造的装置，其通常是以光亮或声响信号来警告操作者预防危险和出现故障的。信号装置本身并不能排除危险，它只是提醒人们注意危险，及时采取措施排除危险或故障。因此，其效果还取决于设备操作者对信号装置的识别和判断能力。

信号装置一般可分为：颜色信号（光亮信号）、音响信号（警报信号）和指示仪表三类。各种信号必须能在发生危险之前发出警告，现代设备的信号装置均可自动报警，由人工停止。对所有的信号装置，必须定期进行严格检查，以保证其能正确无误地反映设备运行的真实情况。尤其在设备试运行或停机很长一段时间后，必须检验信号装置的工作可靠性。

（4）危险牌示和识别标志

设备的危险牌示应牢固地设立在明显易见的部位，牌示上的文字必须简短、含义明确，字迹应十分鲜明易认，如"危险！""有人检修不准合闸"等。识别标志一般采用清晰醒目的颜色作为区别，使操作人员能一目了然。通常以红色表示危险；黄色表示注意和提高警惕；绿色表示安全等。

1.2.7 塑料压延设备操作过程中对其制动装置有何安全要求？

塑料压延设备的制动装置应能符合以下安全要求：

① 制动装置应灵敏可靠，在运转过程中应随时可以刹住惯性旋转，并能自动脱开，防止操作人员在没有完全停止运转的情况下用手操作或用手去制动运转机构而造成事故。特别是紧急制动装置，一般紧急制动时，工作部件不能超过 1/4 转。

② 设备的工作台（如压延机、开炼机辊筒等）运动部件上行或平移运动超过一定限度

会有危险时，都必须安装限位挡铁或限位安全开关，以防超越行程而发生事故。

1.2.8 塑料压延设备中电动机的安全使用应注意哪些方面？

电动机又称为马达或电动马达，是一种将电能转化成机械能、动能的装置，它可通过齿轮、皮带、链等传动方式来驱动其他装置产生旋转运动。在压延设备中通常是由电动机来驱动辊筒，对物料进行混合混炼、压延、牵引、卷取等。在压延设备生产操作中，对于电动机的安全使用一般应注意以下几方面：

① 电动机应装设过载和短路保护装置，并应根据设备需要装设断相和失压保护装置。每台电动机应有单独的操作开关，以保证电动机在发生故障时能及时停止工作。

② 采用热继电器做电动机过载保护时，其容量应选择为电动机额定电流的 $100\%\sim125\%$，这样才可以保证电动机在工作的时候是安全的。

③ 电动机的集电环与电刷的接触面不得小于满接触面的 75%。电刷高度磨损超过原标准 $2/3$ 时应换新，电刷不可将就使用，一定要注意更换。

④ 直流电动机的换向器表面应光洁，当有机械损伤或火花的伤时应修整，这样保证每次参加工作的机械都是健康的。

⑤ 当电动机额定电压变动在 $-5\%\sim+10\%$ 的范围内时，可以额定功率连续运行；当超过此范围时，则应控制负荷，不要让电动机的负荷过大。

⑥ 电动机运行中应无异响、无漏电、轴承温度正常且电刷与滑环接触良好。旋转中电动机的允许最高温度应按下列情况取值：滑动轴承为 $80℃$；滚动轴承为 $95℃$。

⑦ 电动机停止运行前，应首先将载荷卸去，或将转速降到最低，然后切断电源，启动开关应置于停止位置。出现下列异常情况时，应立即停机进行故障排除。

a. 电动机或起动器在使用过程中出现冒烟起火现象。

b. 电动机工作时发生剧烈震动，威胁电动机的安全运行。

c. 电动机工作过程中发出异常声响，出现内部撞击或扫膛现象。

d. 电动机工作时的温度超过允许额定值。如绝缘等级为 B 级的三相异步电动机在带负载运行状态下，其表面温度一般不超过 $80℃$。

e. 电动机转速不稳，忽快忽慢波动大。

1.3 塑料压延设备零件的磨损与失效疑难处理实例解答

1.3.1 何谓设备零件的磨损？零件磨损种类有哪些？

(1) 磨损

通常把设备在工作过程中由于摩擦而导致零件表面物质不断损失的现象，称为磨损。磨损是塑料成型机械零件失效的普遍和主要的形式。在塑料制品的成型加工中，有 75% 的塑料机械零件是由于磨损而失效的。

(2) 磨损的种类

磨损根据延续时间的长短，可分为自然磨损和事故磨损两类。

① 自然磨损　自然磨损是指机器零件在正常工作条件下，由于表面间的碰撞、啮合以及分子间的吸引力碎屑等引起的摩擦作用，在相当长的时间内逐渐积累的磨损，如图 1-3 所示。这种磨损的特点是：磨损量是均匀、逐渐增加的，不引起机器工作能力过早地或迅速降低。由于这种磨损是一种不可避免的自然现象，或者说是正常现象，因此称其为自然磨损或

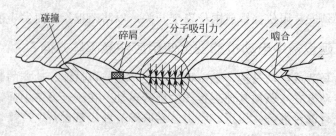

图 1-3　自然磨损

正常磨损。零件的自然磨损可按其表面物质损失的不同机理分为如下四种类型，即：黏着磨损、磨料磨损、点蚀磨损和腐蚀磨损。

黏着磨损是当黏着表面的黏着强度很高而材料本体的强度较低时，两接触表面发生相对运动的过程中，必然要产生撕裂，而撕裂可能在零件表面或一定深度处发生破坏，即形成黏着磨损。黏着磨损按产生的条件不同，又可分为热黏着磨损和冷黏着磨损。在重载高速的条件下，由于磨损的结果，将产生大量热量，当来不及散失时便会使摩擦表面温度升高，使油膜遭到破坏，并使材料的强度降低和塑性增大，甚至发生局部熔化而形成较大面积的熔合和拉伤。磨损面间这种损坏过程即称为热黏着磨损。人们通常所说的"烧瓦"就是由于这种磨损而造成的。摩擦表面在重载作用下，引起单传压力过大，即使在低速运转下的轴和轴承有时也会发生黏着磨损。这是由于接触面上的过大压力引起较大的塑形变形和表面膜的破坏而造成了黏着的条件，这种情况下发生的黏着磨损则称为冷黏着磨损。

磨料磨损是最常见、最普遍的一种磨损形式。由于金属表面凹凸不平，摩擦副在相对运动过程中，沟纹之间互相碰撞，摩擦面间发生互相"切削"的现象，使凸出的部位损坏或脱落。脱落的金属碎屑夹在摩擦面间形成磨料，磨料对金属表面产生研磨作用，加快了摩擦表面的磨损，这就是磨料磨损。磨料有时也可以是外来的或润滑油中含有的颗粒状机械杂质。

② 事故磨损　事故磨损是指机器零件在不正常的工作条件下，在很短的时间内产生的磨损。这种磨损的特点是：磨损量不均匀地、迅速地增加，引起机器工作能力过早地或迅速地降低，因此会突然引发机器或零件的损坏事故。

事故磨损是由于下列因素造成的：机器构造有缺陷；零件材料的质量低劣；零件的制造和加工不良；部件或机器的装配或安装不正确；违反机器的安全技术操作规程和润滑规程；修复零件不及时或质量不高；以及其他意外的原因等。在一般的情况下，当自然磨损达到一定的极限值后，没有及时地进行修理，是造成零件发生事故磨损的主要原因。

1.3.2　塑料压延设备中零件磨损有何规律？

塑料压延设备有多种设备和零件，由于各设备和零件的工作状况不同，其磨损类型也不同，磨损的规律也存在很大区别，但是它们之间仍然有共同的变化规律。零件的磨损量与磨损类型、材料有关，也与工作条件（如工作时间、载荷、摩擦速度、有无润滑、润滑状态及周围介质等）等有关。

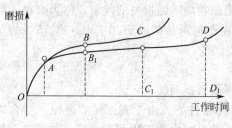

图 1-4　设备零件磨损曲线

表面磨损量与机器工作时间有一定的内在规律性，其变化曲线如图 1-4 所示。零件磨损曲线可分为如下三个不同的阶段。

① 磨合阶段（曲线 OB 段）。由于机加工的工艺性，零件表面具有一定的粗糙度和微观

不平度。在磨合开始时磨损非常迅速，磨损曲线的斜率很大；当粗糙表面的凸峰逐渐磨平时，磨损的速度逐渐降低，直至磨损到一定程度时才趋向稳定，此阶段的磨损称为初期磨损。

② 工作阶段（曲线 BC 段）。零件经过初期磨损后，其工作表面的金属凸峰部分已经被磨掉，凹谷部分被塑性变形所填平，从而使工作表面粗糙度很低，再加之润滑条件的逐步改善，磨损速度大大减缓，磨损量的增长率几乎不变，直至工作很长时间后，磨损的增长率才逐渐增大。

③ 事故性磨损阶段。随着磨损量的逐渐增加，配合面的间隙增大，再受到载荷分布不均、冲击、过热和漏油等因素影响，磨损将急剧增加，直至达到磨损极限（即零件与配合件不可能或不应该再继续使用时的磨损程度）时，将引起破坏性事故。

1.3.3　影响塑料压延设备零件磨损的因素有哪些？

塑料压延设备零件磨损的影响因素主要是工作条件、表面层材料、润滑状况、工作温度、接触表面状态和安装修理质量等。

（1）零件的工作条件对磨损的影响

零件的工作条件包括摩擦类型（滑动、滚动等）、摩擦表面相对运动速度、摩擦时载荷的大小等三个方面。

① 摩擦类型的影响　不同的摩擦类型将引起金属表面薄层塑性变形的特性、表面的磨损过程及磨损类型的变化。作为塑料机械设备维护保养的主要任务显然是避免事故磨损，并延长自然磨损持续的时间。在滚动摩擦时，最后表现为疲劳磨损。在滑动摩擦时，最后可能导致黏着现象和氧化过程的发展。

② 摩擦表面相对运动速度的影响　相对运动的速度对零件磨损的影响较为复杂。一般在干摩擦和边界摩擦中，当速度增大时，磨损速度在开始时是增加的，但达到最大值后又开始减小。这种情况在淬火钢、铸铁和硬的青铜制造的零件中存在。

如图 1-5 所示是零件在压力一定下，改变滑动速度时钢对钢的摩擦副的磨损量与滑动速度的关系。当零件滑动速度很低时，摩擦是在表面氧化膜间进行的，此时产生的磨损称为氧化磨损，磨损量较小，随着滑动速度的增大，氧化膜破裂，表面出现金属色泽并且变得粗糙，转化为黏着磨损，磨屑增大，磨损量也随之增大。当滑动速度再增高时，由于摩擦加剧温度升高，表面重新形成氧化膜的概率增大，出现黑色 Fe_3O_4 粉末，又转化为氧化磨损，磨损量又变小。如果滑动速度再继续增大，则再次转化为黏着磨损，磨损剧烈，可导致机件失效。

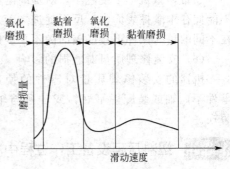

图 1-5　零件磨损量与滑动速度的关系

当摩擦表面为液体摩擦时，则相对运动速度的增大反而会使磨损减小。零件运动的速度对磨损影响最大是发生在机器启动和制动的时候，因为这时零件的运动速度突然改变，往往会发生边界摩擦、半干和半液体摩擦，甚至有可能发生干摩擦。所以，机器启动和制动的次数越多，零件的磨损也就越大。

③ 摩擦时载荷大小的影响　通常，单位面积的负荷增大会导致零件的磨损速度增加。因此，对于重负荷条件下的转动零件，摩擦面的润滑十分必要。

（2）零件表面层材料对磨损的影响

零件表面层材料的性质，对磨损存在较大影响。而材料的硬度、韧性、化学稳定性和孔隙度是影响磨损的主要因素。通常，增加硬度可以提高材料表面层的耐磨性；增加韧性可防止或减少磨粒的产生；增加化学稳定性可减少腐蚀磨损；增加孔隙度可蓄积润滑剂，从而减少机械磨损、提高零件的耐磨性。

（3）润滑状况对磨损的影响

在摩擦表面之间建立液体摩擦，可使摩擦系数降低到原来的几十分之一至几百分之一。润滑状态对磨损值的影响也较大。边界润滑时的磨损值大于流体动压润滑，而流体动压润滑时的磨损值又大于流体静压润滑。润滑油脂中加入油性和极压添加剂能提高润滑油膜吸附能力及油膜强度，能成倍地提高抗黏着磨损能力。

（4）工作温度对磨损的影响

① 工作温度对摩擦副材料性能的影响　通常，金属的硬度随温度的变化而改变，温度越高，硬度就越低。因此，在不存在其他因素的干扰下，摩擦表面的黏着现象和磨损率随硬度降低而增加，也随温度增高而增加。故对于高温条件下运转的轴承材料必须采用耐热和硬度高的金属。

② 强度对润滑剂性能的影响　若采用润滑油来润滑轴承，则当运转温度升高时就会引起润滑油的变质：起初是润滑油氧化，而后就是热降解。超过某一临界温度，有机流体在减少磨损方面就不起作用。因此，在高温下以采用石墨和二硫化钼之类的固体润滑剂为宜。氧化和热降解引起润滑性能的变化是不可逆的。而在边界润滑时，采用固体润滑剂可取得最好的防护作用。如果这个固体润滑剂的温度升高至超过其熔点，则磨损率就会增加；但温度降低后，固体润滑剂又可提供防护。因此，其润滑性能是可逆的：如用来润滑金属表面的活性脂肪酸，在超过其熔点时由于形成金属皂膜层而具有良好的耐磨性。

（5）接触表面状态对磨损的影响

通常，微观不平度越小，对提高耐磨性越有利。但若接触表面过于光滑，则可因润滑剂不能储存于摩擦表面内，反而促进黏着。故零件的最小磨损量并不是在表面最光滑的时候，在不同的负荷条件下接触表面的不平度应有适当值，以得到其最小磨损量。

（6）安装修理质量对磨损的影响

机器的安装修理质量对零件的使用寿命有较大影响。如若齿轮和轴等相互配合的零件不同轴或装配得不好，或轴颈与轴承等相互配合的表面不平整等，都会加快零件的磨损。

1.3.4 塑料压延设备工作过程中减少零件磨损的措施有哪些？

设备零件的磨损会引起设备振动增大，使设备精度下降，从而使产品质量达不到规定的要求，因此塑料压延设备工作过程中应尽量减少其磨损。通常减少设备零件磨损主要从零件选材与使用条件以及零件制造与修复工作两大方面加以考虑。

（1）零件选材与使用条件方面

零件选材与使用条件主要是指零件材料的性能、零件的润滑、工作温度、负荷与工作速度、零件表面状况的改善等。

（2）零件制造和修复工作中减少磨损

在塑料压延配混工序的设备制造和修复工作中，减少磨损和提高耐磨性的方法如下：

① 增加零件表面层材料的硬度　在零件材料中增加含碳量或加入合金元素如铬、锰、钼、钒、磷等，但此法不是最经济的；用电镀、喷镀和堆焊的方法在零件表面上覆盖一层抗

磨材料；利用表面淬火和化学热处理的方法来增加零件材料表面的硬度；利用机械强化法来增加表面层的硬度。如用喷砂法不但能使表面硬化，而且可以提高耐疲劳的能力；在提高零件表面硬度时应注意过高的硬度往往会造成脆性的增加，使材料颗粒易于剥落，所以必须使材料保持有足够的韧性。

② 选用减摩合金，如巴氏合金、青铜和耐磨铸铁等。

③ 选用非金属抗磨材料（如层压酚醛塑料、尼龙、聚酰亚胺、填充聚四氟乙烯等）制造的轴承零件，在具有强力散热装置的条件下表现出极高的耐磨性。

④ 适当增加轴承材料的孔隙度，以保证润滑油的蓄积。如用细碎的金属屑或金属粉末压制成的所谓金属陶制轴套（孔隙度为 10%～50%），可作为良好的轴承材料。

1.3.5 塑料压延设备用润滑剂主要有哪些类型？各有何特点与适用性？

（1）主要类型

塑料压延设备用润滑剂主要有液体润滑剂、半固体润滑剂和固体润滑剂等几种类型。

（2）特点

① 液体润滑剂（润滑油） 液体润滑油的黏度较小，易于流动，加注方便，因此易于实现设备的自动润滑，润滑时形成的油膜比较薄，且对设备的污染小，还能带走部分的摩擦热。

液体润滑剂主要用于齿轮、轴承、轻载空压机以及精密机械的润滑。

② 半固体润滑剂（润滑脂） 润滑脂的非牛顿流体特性，使其能够在机械零部件运转的时候，保持在原有位置。当温度升高和处于运动状态时，润滑脂就会变软以致成为流体而润滑零件的摩擦表面。当去掉外界的热和机械作用因素，又逐渐恢复到可塑状态并具有一定的黏附性。润滑脂主要是由稠化剂、基础油、添加剂三部分组成的。一般润滑脂中稠化剂含量为 10%～20%，基础油含量为 75%～90%，添加剂及填料的含量在 5% 以下。

润滑脂主要用于转速不超过 3000r/min、温度不超过 115℃ 的滚动轴承及圆周速度在 4.5m/s 以下的摩擦副、重载荷的齿轮、蜗轮副及链、钢丝绳等，不适用于高速运转的零件润滑。

③ 固体润滑剂 固体润滑剂是指具有润滑作用的固体粉末或薄膜，它主要是依靠其晶体沿滑移面滑移起润滑作用的。固体润滑剂润滑的特性主要是良好的摩擦特性、承载特性、耐磨性、宽温性、时效性和耐腐蚀性等。

固体润滑剂能在一定的温度范围内工作。目前，固体润滑剂的使用温度上限为 1200℃（金属压力加工中所使用的固体润滑剂），温度下限在 −270℃ 左右。

在有腐蚀作用的环境中工作的固体润滑材料应该性能稳定，不发生任何变化，在规定的使用寿命期内保证有良好的润滑性。固体润滑剂对其附着的基体材料没有腐蚀性，也不能对基体材料发生化学物理作用，而是使材料的物理力学性能和润滑性能发生变化。

（3）适用性

固体润滑剂和摩擦表面之间有较强的黏着力；具有各向异性的晶体强度性质；有较高的抗压强度，所以主要用于低速重载的场合。

1.3.6 在选用液体润滑油时主要应考虑哪些质量指标？

在选用液体润滑油时应考虑的质量指标主要有黏度、黏度指数、凝固点、酸值、闪点、残炭、灰分和机械杂质等。

（1）黏度

黏度是润滑液体的内摩擦阻力，也就是当液体在外力的作用下移动时在液体分子间所产生的内摩擦。对润滑油而言，黏度是一项重要指标，它是区别和选用润滑油品种、牌号的主要依据。

我国润滑油黏度的常用表示方法有两种，即动力黏度和运动黏度。动力黏度表示液体在一定切应力下流动时内摩擦力的量度，其值等于所加于流动液体的切应力与切变速率之比，动力黏度的单位是 $Pa \cdot s$。运动黏度是相同温度下液体的动力黏度被液体密度相除之值。运动黏度的单位是 m^2/s 或 mm^2/s。

黏度过大的润滑油不易流到配合间隙很小的两摩擦表面之间，因而不易起到润滑作用；但黏度大承压就大，润滑油不易从摩擦面之间挤出来，而保持一定厚度的油膜。因此，润滑油的黏度对机械润滑的好坏起着决定性作用。

（2）黏度指数

润滑油的黏度指数是选择两种黏温性不同的标准油作为比较基准得出的，它是黏度-温度特性的衡量指标。一般黏度指数大即在温度升高或降低时黏度的变化比较小，因而能保证摩擦表面之间具有稳定的润滑状态。

（3）凝固点

凝固点用于表征润滑油的低温性能。将润滑油在规定的试验条件下进行冷却，将装有试验油的试管倾斜 $45°$，经过 1min，润滑油停止流动时的最高温度，称为凝固点。一般在选用润滑油时最好选用凝固点比环境温度低的润滑油（通常低 5～10℃）。若凝固点高，则会使在低温时的供油困难，增加机械接触面的磨损。

（4）酸值

润滑油的酸值是指每中和 1g 润滑油中的酸所需要氢氧化钾的质量（mg）。润滑油酸值的变化值可以说明润滑油氧化变质的情况及产生沉淀物的倾向。

（5）闪点

润滑油加热到一定温度就开始蒸发成气体，这种蒸气与周围的空气混合后，遇到火焰就发生短暂的闪火（或爆炸），此时的最低温度叫作润滑油的闪点。闪点通常作为润滑油的一个安全指标，它可以鉴定油品挥发性成分和产生火灾的危险程度。润滑油的闪点一般分为开口闪点和闭口闪点两种。一般情况下，润滑油的最高工作温度比它的闪点低 20～30℃。

（6）残炭

残炭是用来衡量油品中胶状物质和不稳定化合物含量的间接指标。残炭较多的润滑油，时常会将油路堵塞，增加磨损。所以对精度较高的机械，不可选用残炭较多的润滑油。润滑油残炭的测定是在测定器中，在不通入空气和规定试验的条件下进行灼烧，把蒸发及热裂解出来的烃蒸气烧掉后，再称量所剩下来的焦黑色残留物。

（7）灰分

一定量的润滑油按规定温度灼烧后，残留的不燃物（无机物质）质量百分数称为灰分。对于不含添加剂的润滑油而言，灰分是指润滑油的精制程度。灰分越低，精制程度越高，润滑油的性能越稳定。

（8）机械杂质

机械杂质是一定量的润滑油经过溶剂稀释后过滤，所留在滤纸上的杂质。润滑油中机械杂质的含量会影响润滑效果，机械杂质多，会加速机械的磨损。一般要求润滑油中不含或仅含极微量的机械杂质。

1.3.7　常用的固体润滑剂有哪些品种？各有何特点？

目前在塑料配混设备中常用的固体润滑剂主要是二硫化钼和石墨润滑剂。

（1）二硫化钼润滑剂

二硫化钼是一种呈铅灰色至黑灰色光泽的粉末，它的摩擦系数为 0.05～0.09，比石墨还小（石墨为 0.11～0.19）。在良好的条件下，其摩擦系数可达到 0.017。因此，它对降低摩擦温度、减少磨损与动力消耗均有显著效果。二硫化钼的摩擦系数是随相对滑动速度和负荷的增加而减小的。经过高度粉碎的二硫化钼，具有庞大的颗粒数量和比表面积。二硫化钼分子与机件摩擦接触点表面分子距离保持很小，而接触面积很大，可与机件产生很大的吸附力。

（2）石墨润滑剂

石墨是一种黑色鳞片状晶体，晶体结构是六方晶系的层状结构。在同一平面层内相邻碳原子之间的距离为 1.42Å（1Å＝10^{-10} m），以共价键相连。而层与层的碳原子之间作用力要比层内的弱得多。层与层之间容易滑移，这是石墨晶体具有较好润滑性能的原因。石墨与金属表面的附着力较小，与石墨层之间的作用力差不多大。在大气中及在 450℃ 以下时，石墨摩擦系数为 0.15～0.20。石墨的快速氧化温度为 454℃，石墨具有良好的抗化学腐蚀性。

1.3.8　滑动轴承润滑剂应如何选择？

滑动轴承的润滑剂的选择方法通常可按轴承的平均载荷系数 k 来选定。k 值表达式为：

$$k=\sqrt{pv^3}$$

式中　p——轴颈与轴瓦接触投影面上的比压，MPa；

　　　v——轴颈表面圆周速度，m/s。

比压 p 和圆周速度 v，一般可按下式分别计算：

$$p=\frac{F}{dl} \qquad v=\frac{\pi dn}{60\times1000}$$

式中　F——轴颈上的载荷，N；

　　　d——轴径直径，mm；

　　　l——轴颈与轴瓦接触长度，mm；

　　　n——轴颈转速，r/min。

按上述三个公式计算出 k 值后，就可按其大小确定润滑剂的种类。通常，当 $k\leqslant2$ 时选用润滑脂；$k>2$ 时选用润滑油。选择滑动轴承润滑脂和润滑油时可参照表 1-1 和表 1-2。

表 1-1　滑动轴承润滑脂选用表

轴颈比压 p/MPa	轴颈圆周速度 v/(m/s)	最高温度或范围/℃	适用润滑脂
<1	≤1	75	3号钙基脂
1～6.5	0.5～5	55	2号钙基脂
>6.5	≤0.5	75	3号钙基脂
<6.5	0.5～5	120	2号钙基脂
>6.5	≤0.5	110	1号钙钠基脂
1～6.5	≤1	−50～100	锂基脂
>6.5	0.5	60	2号压延机用润滑脂

表 1-2　滑动轴承润滑油黏度选用表

转速/(r/min)	运转温度/℃	10～60				20～80	
	负荷/MPa	1～3		3～7.5		7.5～30	
	润滑油	适用运动黏度/(mm²/s)		适用运动黏度/(mm²/s)		适用运动黏度/(mm²/s)	
		40℃	50℃	40℃	50℃	100℃	50℃
≤50	循环、油浴、油环、滴油、飞溅	135～190	70～100	290～380	150～200	30～40	200～320
50～100		100～145	50～70	180～270	100～150	10～30	160～240
100～250		—	—	145～220	80～120	15～20	120～150
250～500		—	—	100～180	50～90	10～15	50～90
500～750		—	—	90～125	50～70	—	—
750～1000		55～70	30～40	—	—	—	—
1000～3000		25～55	15～30	—	—	—	—
3000～5000		18～32	10～20	—	—	—	—
≥5000		8～18	5～15	—	—	—	—

1.3.9　齿轮润滑剂应如何选择？

由于两个齿轮的啮合时间较短暂，在啮合时，自动形成液体油膜的作用很弱，以及加工及装配的误差，因此齿轮实际接触面积很小，单位面积承受的压力很大。齿轮用润滑剂的选用原则是：齿轮负荷越大，选用油的黏度应越大；速度越快，选用油的黏度应越小；工作温度越高，选用油的黏度应越大。

通常，对一般负荷和一般速度的齿轮，可采用中等黏度的机械润滑油；对重负荷的齿轮和蜗轮，则应采用较高黏度的汽油机油或柴油机油；对有冲击负荷的齿轮传动，应尽量选用铅皂或含硫添加剂的齿轮油；对蜗轮传动装置要用含有动物油的油性添加剂的齿轮油；开放式齿轮应选用易于黏附的高黏度含胶质沥青的齿轮油；对选用润滑脂的开式齿轮传动，应选用滴点不低于 40℃ 的润滑脂，并优先选用石墨润滑脂；对速度小于 0.5m/s 的齿轮传动，也可采用二硫化钼润滑剂。

1.4　塑料压延设备中常用机械零件疑难处理实例解答

1.4.1　塑料压延设备中轴承的功能是什么？轴承有哪些类型？

（1）轴承的功能

塑料压延设备中轴承是确定旋转轴与其他零件相对运动位置、起支承或导向作用的零部件，如用于压延机及辅助装置中各辊筒轴颈与机架支承部位的连接。轴承的主要功能是支承机械旋转体，用以降低设备在传动过程中的机械载荷摩擦系数。

（2）轴承的类型

按运动元件摩擦性质的不同，轴承可分为滚动轴承和滑动轴承两大类，如图 1-6 和图 1-7所示。滚动轴承是将运转的轴与轴座之间的滑动摩擦变为滚动摩擦，从而减少摩擦损失的一种精密的机械元件。滚动轴承是靠滚动体的转动来支承转动轴的，而接触部位是一个点，滚动体越多，接触点就越多。滑动轴承是在滑动摩擦下工作的轴承，它是靠平滑的面来支承转动轴的，因而接触部位是一个面。滚动轴承的运动方式是滚动；滑动轴承的运动方式是滑动。

图 1-6 滚动轴承

图 1-7 滑动轴承

1.4.2 滚动轴承的结构是怎样的？有哪些类型？

（1）滚动轴承的结构

滚动轴承一般由内圈、外圈、滚动体（球）和保持架四部分组成，如图 1-8 所示。

内圈的作用是与轴相配合并随轴一起旋转，装在轴颈上，随轴转动；外圈的作用是与轴承座相配合，起支承作用，装在轴承座孔内，一般不转动；滚动体是滚动轴承的核心元件，它借助于保持架均匀地将滚动体分布在内圈和外圈之间，其形状大小和数量直接影响着滚动轴承的使用性能和寿命；保持架的作用是将滚动体均匀隔开，使滚动体均匀分布，防止滚动体脱落，避免摩擦，引导滚动体旋转起润滑作用。

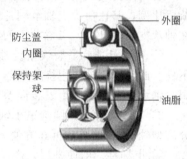
图 1-8 滚动轴承结构

（2）滚动轴承的类型

滚动轴承按其所能承受的载荷方向或公称接触角的不同分为向心轴承和推力轴承。向心轴承是主要用于承受径向载荷的滚动轴承，它又可分为径向接触角轴承和向心接触角轴承。推力轴承是主要用于承受轴向载荷的滚动轴承，它又可分为轴向接触轴承、推力角接触轴承。

滚动轴承按其滚动体的形状可分为球轴承、滚子轴承。球轴承的滚动体为球，滚子轴承的滚动体为滚子，滚子的形状有圆柱、圆锥、滚针等，如图 1-9 所示。

(a) 双列圆锥滚子轴承

(b) 圆柱滚子轴承

(c) 滚针轴承

图 1-9 轴承的几种类型

滚动轴承按其工作时能否调心可分为调心轴承和非调心轴承。调心轴承的滚道是球面形的，能适应两滚道轴心线间的角偏差及角运动。非调心轴承是能阻抗滚道间轴心线角偏移的轴承。

滚动轴承按滚动体的列数可分为单列轴承、双列轴承和多列轴承等。

1.4.3　滚动轴承的类型应如何选择？其型号如何表示？

（1）选择方法

滚动轴承的类型较多，选用时一般从以下几方面加以考虑：

① 载荷的大小、方向和性质。球轴承适于承受轻载荷，滚子轴承适于承受重载荷及冲击载荷。当滚动轴承受纯轴向载荷时，一般选用推力轴承；当滚动轴承受纯径向载荷时，一般选用深沟球轴承或短圆柱滚子轴承；当滚动轴承受纯径向载荷的同时还承受不大的轴向载荷时，可选用深沟球轴承、角接触球轴承、圆锥滚子轴承及调心球轴承；当轴向载荷较大时，可选用接触角较大的角接触球轴承及圆锥滚子轴承，或者选用向心轴承和推力轴承组合在一起的形式，这在承受极高轴向载荷或特别要求有较大轴向刚性时尤为适合。

② 允许转速。允许转速因轴承的类型不同有很大差异。一般情况下，摩擦小、发热少的轴承适用于高转速情况。设计时应力求滚动轴承在低于其极限转速的条件下工作。

③ 刚性。轴承承受负荷时，轴承套圈和滚动体接触处就会产生弹性变形，变形量与载荷成比例，其比值决定轴承刚性的大小。一般可通过轴承的预紧来提高轴承的刚性。此外，在轴承支承设计中，考虑轴承的组合和排列方式也可改善轴承的支承刚度。

④ 调心性能和安装误差。轴承装入工作位置后，往往由于制造误差而造成安装和定位不良。此时常因轴产生挠度和热膨胀等原因，使轴承承受过大的载荷，引起早期损坏。自动调心轴承可自行克服由安装误差引起的缺陷，因而是适合此类用途的轴承。

⑤ 安装和拆卸。圆锥滚子轴承、滚针轴承等，属于内外圈可分离的轴承类型（即所谓分离型轴承），安装和拆卸方便。

⑥ 市场性。即使是列入产品目录的轴承，市场上也不一定有销售；反之，未列入产品目录的轴承有的却大量生产。因而，应清楚使用的轴承是否易购得。

（2）型号表示

滚动轴承型号是用字母加数字来表示轴承结构、尺寸、公差等级、技术性能等特征的产品符号。国家标准 GB/T 272—93 及其补充规定 JB/T 2974—2004 规定轴承的代号由三部分组成：前置代号、基本代号、后置代号。前置代号和后置代号都是轴承代号的补充，只有在遇到对轴承结构、形状、材料、公差等级、技术要求等有特殊要求时才使用，一般情况可部分或全部省略。

基本代号是轴承代号的基础。基本代号表示轴承的基本类型、结构和尺寸。它由轴承类型代号、尺寸系列代号、内径代号构成。轴承类型代号用数字或字母表示不同类型的轴承；尺寸系列代号由两位数字组成，前一位数字代表宽度系列向心轴承或高度系列推力轴承，后一位数字代表直径系列。尺寸系列表示内径相同的轴承可具有不同的外径，而同样的外径又有不同的宽度（或高度），由此用以满足各种不同要求的承载能力；内径代号表示轴承公称内径的大小，用数字表示。

例如，轴承的型号表示为 23224，其含义是：2—类型代号，调心滚子轴承；32—尺寸系列代号；24—内径代号，内径为 120mm。

轴承 6208-2Z/P6 的含义是：6—类型代号，深沟球轴承；2—尺寸系列代号；08—内径代号，内径为 40mm；2Z—轴承两端面带防尘罩；P6—公差等级符合标准规定 6 级。

1.4.4 滚动轴承的安装步骤是怎样的？

（1）安装前的准备

① 准备好检修所需要的工具、量具等。

② 安装前先将轴承中的防锈油和脏润滑油脂挖出，然后放在热机油中使残油熔化，再用煤油冲洗，最后用汽油洗净，并用白布擦干。

③ 轴承在安装前应对轴承及与轴承相配合的零件进行检查。检查内容应包括轴承型号、基本尺寸是否正确；轴承内是否清洗干净；内圈、外圈、滚动体、保持架是否有生锈、毛刺、碰伤、裂纹；轴承转动是否自如；间隙是否合适等。轴颈和与轴承相配合的孔的表面不应该有毛刺、裂纹或凹凸不平现象，对表面某些缺陷应加以修理，表面上的毛刺用油石或砂布磨掉。对其他较严重的缺陷如果认为有必要，则可以采用刷镀、喷涂等方法修复或更换。应对轴或轴承安装孔用千分表或千分尺测量其圆度和圆柱度等。

经清洗、检查的轴承，确认可以安装时，轴承内应添加润滑剂，涂油时应使轴承缓慢驱动，使油脂能进入滚动件和滚道之间。

（2）滚动轴承的安装

滚动轴承的安装方法有压入法、热装法和冷装法。一般要根据轴承的结构、尺寸，配合情况，来决定采用不同的方法。

① 压入法。压入法主要用于滚动轴承与轴或轴承座孔过盈较小的情况。采用压入法安装时，轴承内圈与轴是紧配合，外圈与壳体的配合较松时，可先将轴承装在轴上，然后将轴连同轴承一起装入壳体中。压装时在轴承端面上垫一软金属材料的装配套管，该套管的内径应比轴径略大，外径应小于轴承内圈的挡边直径，以免压在保持架上。

轴承外圈与壳体孔为紧配合，内圈与轴为较松配合，可先将轴承压入壳体中，这时装配套管的外径应略小于壳体孔的直径。

轴承内圈与轴、外圈与壳体都是紧配合，装配套管端面应做成能同时压紧轴承内、外圈端面的圆环；或用一圆盘和装配套管，使压力同时传到内圈、外圈上，从而把轴承压入轴上和壳体中。此种方法特别适用于能自动调心的向心球面轴承的安装。

轴承安装时，应注意不能用铁锤直接敲击轴承，也不能利用滚动体来传递作用力，如图 1-10 和图 1-11 所示。

图 1-10　不能用铁锤敲击轴承

图 1-11　不能用滚动体传递力

② 热装法。热装法主要适用于过盈量较大的中、大型轴承的安装。安装前，把轴承或可分离型的轴承套圈放入油槽中均匀地加热至 80～100℃（一般不超过 100℃，最高不超过120℃）。然后从油箱中取出，立即用干净的布擦净轴承。在一次操作中将轴承推到顶住轴肩的位置，并在整个冷却过程中应设法始终推紧，同时应适当转动轴承，以防安装倾斜或卡死。

加热时应注意：油槽内在距离底面 50～70mm 处应有一网栅或悬挂轴承的钩子，不要使轴承放槽底，以防沉淀杂质进入轴承。同时，必须有温度计严格控制最高油温。要特别注意安全，以免烫伤。

对于轴承外圈与轴承座孔为紧配合的轴承的装配，如果过盈量较大，常温下压入安装困难较大，或者可能对轴承造成损害，需用热装法时，则可将轴承座加热。

③ 冷装法。冷装法适用于轴承与轴或轴承座孔配合过盈量较大的中、大型轴承的安装。一般是用干冰（沸点为−78.5℃）或液氮（沸点为−195.8℃）作为冷却介质，将轴颈（用于轴承内圈与轴为紧配合的情况）或轴承（用于轴承外圈与轴承座孔为紧配合的情况）放到冷却装置中进行冷却，冷却温度一般不低于−80℃以免材料冷脆，冷却后迅速取出，安装到预定位置。

（3）滚动轴承间隙调整

滚动轴承间隙是指滚动轴承的径向间隙与轴向间隙。间隙的作用是保证滚动体的正常运转并补偿热伸长。间隙的合适与否，直接影响着轴承的寿命。

1.4.5 滚动轴承的拆卸方法是怎样的？

在塑料加工设备中，滚动轴承有可分离的和不可分离的两种情况。对于不可分离型轴承的拆卸，由于轴承与轴是紧配合，与壳体孔为较松的配合。拆卸时，一般可将轴承与轴一同从壳体中取出，然后用拆卸工具将轴承从轴上卸下。为防止损伤轴承及与之相结合的零件，拆卸时在轴承下面应垫一衬套，作用力不能加到轴承的滚动体上。在轴承的拆卸中最常用的拆卸工具为双拉杆或三拉杆拆卸器，如图1-12和图1-13所示。

图1-12　双拉杆轴承拆卸器　　　　图1-13　三拉杆轴承拆卸器　　　　图1-14　轴承的感应加热

对于可分离型轴承的拆卸，当内圈与轴为紧配合时，可先将轴与内圈一起取出，然后用拆卸工具将内圈从轴上卸下；而对于轴承的外圈，可用压力机或拉杆拆卸器把紧配合的外圈压出或拔出。当拆卸或安装数量较多的可分离轴承时，可采用感应加热拆卸法，即拆卸轴承时采用专用的感应加热器套在轴承的内圈上，如图1-14所示。用拆卸器的卡爪卡住轴承，通电后内圈很快发热，当轴承内圈在轴上松动时，切断电源，即可用拆卸工具拆下轴承内圈和外圈。

1.4.6 如何测量调心滚子轴承的径向游隙？

对于轴承的径向游隙国家有统一的检测标准（GB/T 25769—2010），对于调心滚子轴承的径向游隙通常是采用塞尺来测量，具体的测量步骤如下：

① 将轴承竖起、合拢，使轴承的内圈与外圈端面平行，不能有倾斜，如图1-15所示。用大拇指按住内圈并摆动2～3次，向下按紧，使内圈和滚动体定位入座。定位各滚子位置，使在内圈滚道顶部两边各有一个滚子，将顶部两个滚子向内推，以保证它们和内圈滚道保持合适的接触。

图 1-15 轴承竖起合拢

图 1-16 游隙塞尺选配

② 根据游隙标准选配好塞尺，如图 1-16 所示。选配的方法是：由轴承的内孔尺寸查阅游隙标准中相对应的游隙数值，根据其最大值和最小值来确定塞尺中相应的最大和最小塞尺片。

③ 选择径向游隙最大处测量。轴承竖立起来后，其上部外圈滚道与滚子之间的间隙就是径向游隙最大处，如图 1-17 所示。

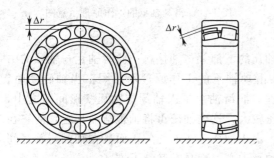

图 1-17 轴承径向游隙最大处

图 1-18 轴承径向游隙的测量

④ 用塞尺测量轴承的径向游隙。转动套圈与滚子保持架组件一周，在连续三个滚子上能通过，而在其余滚子上均不能通过的塞尺片厚度为最大径向游隙测量值；在连续三个滚子上均不能通过，而在其余滚子上能通过的塞尺片厚度为最小径向游隙测量值，如图 1-18 所示。取最大值与最小值的算术平均值作为轴承的径向游隙。

1.4.7 滑动轴承主要有哪些类型？有何特点及应用？

（1）主要类型

滑动轴承是工作时其轴套和轴颈的支承面形成直接或间接滑动摩擦的轴承。滑动轴承的类型较多，一般按其承受载荷的方向不同，可分为径向滑动轴承、推力滑动轴承、径向推力滑动轴承。

按其滑动表面间摩擦状态不同，可分为液体摩擦滑动轴承和非液体摩擦滑动轴承。液体摩擦滑动轴承又分为流体动压润滑轴承和流体静压润滑轴承。

（2）滑动轴承的特点

滑动轴承工作时其工作面间一般是以面接触，因此承载能力大，且轴承工作面间的油膜有减振、缓冲和降噪的作用，因而工作平稳、噪声小，轴承的摩擦系数小，磨损轻微，回转精度高，寿命长，结构简单，径向尺寸小。

（3）滑动轴承的应用

滑动轴承的应用是比较广泛的，它主要用在高速轻载或低速重载的场合，或用于必须采用剖分结构的轴承、承受巨大冲击和振动载荷的轴承、要求径向尺寸特别小以及特殊工作条件的轴承。

1.4.8 滑动轴承的结构和工作原理是怎样的?

(1) 结构组成

滑动轴承一般由轴承座、轴瓦、润滑装置和密封装置组成,如图 1-19 所示为径向滑动轴承结构。

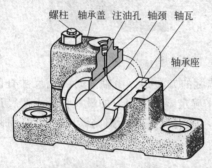

图 1-19 径向滑动轴承结构示意图

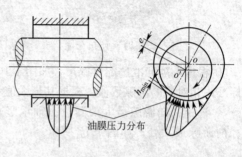

图 1-20 滑动轴承的工作原理示意图

(2) 滑动轴承的工作原理

当滑动轴承处于静止状态下时,轴颈位于轴瓦的下部并与轴接触,此时轴瓦与轴颈的中心在同一垂直线上,其偏心量为零。图 1-20 为滑动轴承的工作原理示意图。当轴转动时,轴颈与轴瓦之间产生摩擦,由于润滑油的黏附性,润滑油被带入轴颈与轴瓦楔形间隙之中,油在这个楔隙中产生油压。油隙渐窄的部位油压较大,这个油压可将轴颈渐渐托起,使它在油膜上悬浮、旋转,从而避免金属的直接接触。由于油压分布不均匀,而且在轴颈与轴瓦间必须有一个楔形间隙,因此这时轴颈中心不在轴承中心,而是在其斜下方。

油膜的形成受转速、油的黏度、轴承间隙及载荷等多种因素的影响。转速越高,被带入楔隙的油越多,油膜的压力越大,故其承载能力也越大。而油的黏度越高,带入的油量也越多,承载能力也越大,但油的黏度增加了摩擦,导致发热,从而使油温升高,又会使油的黏度降低。

轴瓦与轴颈的间隙应适当,过大则降低轴承承载能力及旋转精度,且油膜容易振动;间隙过小,发热较多,且油膜压力无法平衡负荷,导致合金层烧毁。轴颈与轴瓦的接触应大于 $60°\sim70°$。

对于止推轴承,其工作原理如图 1-21 所示。静止时瓦片工作面与推力盘互相平行,这时平行面中的油层不能承受推力。当轴转动后,可将黏附在推力盘上的油层带入推力盘与瓦片之间的间隙中,形成油膜。当有轴向力时,间隙中油膜就受到压力并传给推力瓦片。由于瓦片的支点不在中心,因此油压将推力瓦压成倾斜状,这样推力盘与瓦片之间就形成油楔,产生油压以平衡轴向力,从而避免了推力盘与瓦片直接摩擦。

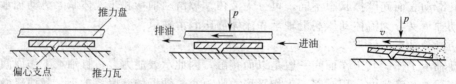

图 1-21 止推轴承工作原理

1.4.9 滑动轴承轴瓦的结构是怎样的? 如何调整轴瓦的紧力?

(1) 轴瓦的结构

轴瓦是滑动轴承的重要零件,轴承体采用轴瓦是为了节约贵重材料和便于维修。轴瓦的结构有整体式和剖分式两种，如图 1-22 所示。

整体式轴瓦通常称为轴套，轴套又可分为光滑轴套（一般不带油槽）和带纵向油槽的轴套两种。光滑轴瓦结构简单，主要用于轻载、低速或不经常转动的场合。带纵向油槽的轴套，便于向工作面供油，应用较广泛。

(a) 整体式轴瓦　　　　(b) 剖分式轴瓦

图 1-22　轴瓦的结构

剖分式轴瓦由上、下两半轴瓦组成，通常下轴瓦承受载荷，上轴瓦不承受载荷，但上轴瓦开有油槽和油孔，便于润滑。为了防止轴瓦在轴承座中发生轴向移动和周向转动，轴瓦必须有可靠的定位和固定。

在轴瓦上开设油孔和油槽时，一般油槽的轴向长度要比轴瓦长度短，且大约是轴瓦长度的 80%，不能沿轴向完全开通，以免油从两端大量泄失，影响承载能力；油孔和油槽不能开在承载区，以免降低油膜的承载能力。

（2）轴瓦紧力调整

一般要求轴瓦的紧力在 0.02～0.04mm 之间，如果紧力不在此范围时，则应用增减轴承盖与轴承座接合面处垫片的方法进行调整。轴瓦紧力的测量一般采用压铅法，即用软铅丝分别放在轴瓦的背上和轴承盖与轴承座的接合面上，均匀上紧螺栓，测出软铅丝的厚度，再计算出轴瓦紧力：

$$A = b_1 + b_2/2 - a$$

式中　A——轴瓦紧力；

　b_1，b_2——轴承盖与轴承座之间的软铅丝压扁后的厚度；

　a——上轴瓦背上的软铅丝压扁后的厚度。

1.4.10　滑动轴承的轴瓦应如何检修？

滑动轴承轴瓦的检修，主要可按下列步骤进行：

① 检查合金层与底瓦贴合牢靠与否，有无裂纹与孔洞（小锤轻敲、听声音）。

② 检查轴瓦与轴承座的接触面积，通常要求上轴瓦接触面占 40%，下轴瓦占 50%。接触面积的接触点为 1～2 点/cm^2 为宜。

③ 检查轴瓦与轴的接触角应在 60°～90°，最大不超过 100°。在接触角内接触点要求为 2～3 点/cm^2。

④ 检查轴瓦的间隙。通常侧隙为顶隙的 1/2。

⑤ 调整轴瓦的紧力。

1.4.11　设备中减速器的作用与结构是怎样的？减速器有哪些类型？

（1）减速器的作用

减速器是指原动机与工作机之间的独立封闭式传动装置，用来降低转速并相应地增大转矩。

（2）减速器的结构

减速器主要由齿轮（或蜗杆）、轴、轴承、箱体等组成，如图 1-23 所示。箱体必须有足够的刚度，为保证箱体的刚度及散热，常在箱体外壁上制有加强肋。为方便减速器的制造、

图 1-23　减速器结构

装配及使用，还在减速器上设置了一系列附件，如检查孔、透气孔、油标尺或油面指示器、吊钩及起盖螺钉等。

（3）减速器的类型

减速器的种类很多，常用的减速器按其传动及结构特点大致可分为齿轮减速器、蜗杆减速器和行星减速器三类。

齿轮减速器按齿轮形状分主要有圆柱齿轮减速器、圆锥齿轮减速器和圆锥-圆柱齿轮减速器三种。按减速齿轮的级数可分为单级、二级、三级和多级减速器几种；按轴在空间的相互配置方式可分为立式和卧式减速器两种；按运动简图的特点可分为展开式、同轴式和分流式减速器等。

蜗杆减速器主要有圆柱蜗杆减速器、圆弧齿蜗杆减速器、锥蜗杆减速器和蜗杆-齿轮减速器等。按蜗杆的级数分有单级蜗轮蜗杆减速机、多级蜗轮蜗杆减速机、多级蜗杆-圆柱减速机等。

行星减速器主要有渐开线行星齿轮减速器、摆线针轮减速器和谐波齿轮减速器等。

1.4.12　齿轮减速器的工作原理是怎样的？有何特点？

（1）工作原理

齿轮减速器工作时，是将动力源（如电机）或其他传动机构的高速运动通过输入齿轮轴上小齿轮与输出轴大齿轮的相互啮合传到输出轴，从而输出运动与动力的。在齿轮啮合时，由于输入齿轮轴的轮齿与输出轴上大齿轮啮合，而输入齿轮轴的齿轮的轮齿数少于输出轴上大齿轮的轮齿数，根据齿数比与转速比成反比，当动力源（如电机）或其他传动机构的高速运动通过输入齿轮轴传到输出轴后，输出轴便得到了低于输入轴的低速运动，因此达到了减速的目的。

（2）齿轮减速器的特点

单级圆柱齿轮减速器的最大传动比一般为 8～10，对此限制主要为避免外廓尺寸过大。若要求传动比大于 10 时，就应采用二级圆柱齿轮减速器。二级圆柱齿轮减速器应用于传动比在 8～50 范围内，以高、低速级的中心距总和为 250～400mm 的情况下。三级圆柱齿轮减速器用于要求传动比较大的场合。圆锥齿轮减速器和二级圆锥-圆柱齿轮减速器，用于需要输入轴与输出轴成 90°配置的传动中。因大尺寸的圆锥齿轮较难精确制造，所以圆锥-圆柱齿轮减速器的高速级总是采用圆锥齿轮传动以减小其尺寸，提高制造精度。齿轮减速器的特点是效率高、寿命长、维护简便，因而应用极为广泛。

1.4.13　蜗轮蜗杆减速器的结构、工作原理是怎样的？其特点与适用范围是怎样的？

（1）结构及工作原理

蜗轮蜗杆减速器主要由蜗轮、蜗杆、箱体等组成，如图 1-24 所示。其中蜗杆采用合金钢锻件，具有很强的承载能力；蜗轮采用青铜材料离心浇铸制成，耐磨性能好，承载能力较强。

蜗轮蜗杆减速器工作时，首先是由电机带动蜗杆转动，使螺旋线运动带动蜗轮旋转实现减速和获得合理的扭矩。

（2）特点

蜗杆减速器的特点是在外廓尺寸不大的情况下可以获得很大的传动比，同时工作平稳、噪声较小，但缺点是传动效率较低。蜗杆减速器中应用最广的是单级蜗杆减速器，具有反向自锁功能，可以有较大的减速比，输入轴和输出轴不在同一轴线上，也不在同一平面上；但是一般体积较大，传动效率不高，精度不高。单级蜗杆减速器根据蜗杆的位置可分为上置蜗杆式、下置蜗杆式及侧蜗杆式三种，其传动比范围一般为 10～

图 1-24　蜗轮蜗杆减速器结构

70。设计时一般应尽可能选用下置蜗杆式的结构，以便于解决润滑和冷却问题。

（3）适用范围

蜗轮蜗杆减速机适用范围主要是：

① 高速轴转速不大于 1500r/min。

② 齿轮传动圆周速度不大于 20m/s。

③ 工作环境温度为 -40～45℃，如果低于 0℃，则在启动前润滑油应预热至 0℃ 以上。

④ 减速机一般可用于正反两个方向运转。

1.4.14　圆柱齿轮减速机应如何安装？

圆柱齿轮减速机的安装主要是齿轮传动装置的安装，其安装步骤可分为以下几步：

① 安装前的准备。仔细检查待装齿轮的表面质量以及轴和齿轮孔配合表面的尺寸、粗糙度、形状等是否符合图纸要求。当齿轮和轴是键连接时，应检查键槽、键的有关配合尺寸、粗糙度是否符合要求。

② 安装齿轮。一般齿轮孔与轴的配合采用 H7/h7 过渡配合，并用键销连接和固定。因此装配过程中施加的力不是很大，但要防止四种不正确的情况，如图 1-25 所示。图 1-25（a）表示齿轮的孔加工不正确（喇叭形），故与轴配合得不紧密，会发生左右偏摆的现象。图 1-25（b）表示齿轮的中心线和轴的中心线不同轴（有偏心距 e）。这时，齿轮运转就会产生径向跳动，使啮合两齿轮的中心距时大时小地变动，因而在一个回转中，就有冲击声发生；当偏心距 e 过大时，还可能发生偶然咬住的现象。图 1-25（c）表示齿轮在轴上装歪了（有偏斜角 α）。这时，齿轮运转就会产生端面跳动。当齿轮在啮合时，作用力集中在齿面的局部地方，因而使该处的齿面磨损加快。图 1-25（d）表示齿轮没有装到轴肩（有差距 a）。当齿轮在啮合时，齿面有一部分外露而没有参加工作。因此，应重新卸下齿轮，将齿轮轮毂与轴肩加工以后，再装上去。

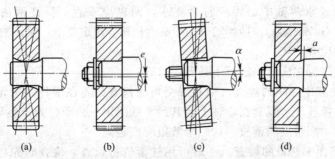

(a)　　　　(b)　　　　(c)　　　　(d)

图 1-25　齿轮在轴上不正确的装配

③ 安装轴承。

④ 安装齿轮箱。把装好齿轮和轴承的轴装入齿轮箱，先安装最低转速的轴，然后依次

装入较高转速的轴。

⑤ 安装质量检查。在安装过程中，必须对两啮合齿轮的中心距、轴线的平行度、啮合间隙和啮合接触面等进行检查。

1.4.15 圆柱齿轮减速机安装时应如何判断齿轮装配的正确性？

圆柱齿轮减速机安装时装配的质量会影响减速器工作时载荷分布的均匀性及磨损的均匀性。圆柱齿轮装配时所产生的各种偏差都会使齿轮啮合不正确。通常判断齿轮装配的正确性的方法是：

① 圆柱齿轮要有正确啮合。正确啮合时，即中心距和间隙正确。如图 1-26（a）所示，则其接触面积的位置必然均匀地分布在节线的上下，接触面积的大小应符合相应标准规定数值。如果中心距过大，如图 1-26（b）所示，则啮合间隙就会增大，啮合接触面积的位置偏向齿顶，因而齿轮在运转时将会发生冲击和旋转不均匀的现象，并使磨损加快。如果中心距过小，如图 1-26（c）所示，则啮合间隙就会减小，啮合接触面积的位置偏向齿根，因而齿轮在运转时将会发生咬住和润滑不良的现象，同时也会加快磨损。

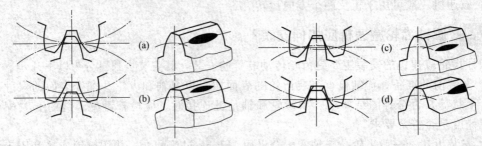

图 1-26　圆柱齿轮的几种啮合情况

② 轴线要平行。如果中心距正确，而轴线不平行，如图 1-26（d）所示，则啮合间隙在整个齿长方向上是不均匀的，啮合接触位置就会偏向齿的端部，因而齿轮在运转时也会发生咬住和润滑不良的现象，同时还会因齿轮轮齿局部受力而很快被磨损或折断。

③ 偏差校正。当装配出现偏差时，可采用改变齿轮轴线位置、刮削轴瓦和加工齿形等方法进行修复。

1.4.16 蜗轮蜗杆减速机有何安装要求？装配过程中应如何进行检查？

（1）蜗轮蜗杆安装的主要质量要求

蜗轮蜗杆安装要求两轴中心距应符合要求，两轴应垂直；保证两齿面间的间隙应在 $0.2m \sim 0.3m$ 之间（m 为模数）；两齿啮合的接触面积符合规定要求；保证轴承、密封良好。

（2）装配中的检查

蜗轮蜗杆装配过程中应严格进行下述各项检查：

① 轴心线交角和中心距的检查。轴心线交角的检查是先在蜗杆和蜗轮轴的位置上分别装检验心轴，再将摇杆的一端套在心轴上，其另一端固定一只千分表，然后摆动摇杆，用千分表分别测出心轴两测量点的读数，这两个数值应该相同。

② 蜗轮中间平面偏移量的检查。一般可用样板进行检查，检查时先将样板的一边轮流紧靠在蜗轮两侧的端面上，然后用塞尺测量样板与蜗杆之间的间隙 a。若两侧所测得的间隙值相等，则说明蜗轮中间平面没有偏移，即装配正确。

③ 啮合间隙的检查。啮合间隙检查可采用直接测量法，测量时先把千分表的量头直接

接触到蜗轮齿面并与齿面相垂直，然后使蜗杆固定不动，而微微地左右转动蜗轮，便可以从千分表上直接读出蜗轮和蜗杆齿面之间的啮合侧间隙 C_n。

④ 啮合接触面积的检查。常用的检查方法是涂色法。检查时，先在蜗杆的工作表面上涂一层薄薄的颜料，然后使其与蜗轮啮合，并慢慢地正反转动蜗杆数次。这时在蜗轮的齿面就有色迹，依据色迹分布的位置和面积大小即可判断啮合的质量。

⑤ 灵活性检查。蜗轮蜗杆装配完毕后，应检查其灵活性，即当蜗杆处在任何位置时，旋转蜗杆所需的力矩应该相等，轻快自如。

1.4.17　摆线针轮行星减速器的结构是怎样的？有何特点？

（1）摆线针轮行星减速器的结构

摆线针轮行星减速器的结构主要由行星架、行星轮、针轮和输出机构等四部分组成，如图 1-27 所示。行星架（转臂）由主动轴和双偏心套组成，偏心套上的两个偏心方向互成 180°。行星轮（摆线轮）的齿形一般为短幅外摆线的等距曲线。按照运动原理，一个摆线轮就可以传动，但为使主动轴达到静平衡和提高承载能力，常采用两个完全相同的奇数齿的行星轮，分别装在双偏心套上。摆线针轮是由装在壳体上的圆柱销和该圆柱销上所装套筒组成的。摆线针轮行星减速器的输出机构的运动类似于平行四杆机构，从而保证摆线轮（行星轮）与输出轴之间的传动比等于 1 的平行轴间的传动。

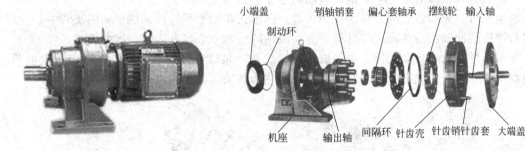

图 1-27　摆线针轮行星减速器的结构

（2）特点

摆线针轮行星减速器具有体积小、重量轻（体积与重量为普通减速器的 1/3～1/2）、传动比范围大、效率高、工作可靠、寿命长、运转平稳及过载能力大等优点，在机械设备中的应用越来越普遍。一般多用于高速轴转速为 1500～1800r/min，传递功率不大于 100kW 的场合。

1.4.18　摆线针轮行星减速器装配有何要求？装配过程中应注意哪些问题？

（1）装配质量要求

针齿壳两端面的针齿销孔同轴度公差值应为 0.03mm，针齿销孔轴心线对针齿壳两端面垂直度公差值应为 0.015mm。摆线轮轴向间隙应为 0.2～0.25mm。偏心套内径与外径的公差值应为 0.015mm。

（2）装配过程中应注意的问题

摆线轮应按标记正确安装。为保证连接强度，紧固环和输出轴配合应采用温差法，不宜直接敲装。销轴装入输出轴销孔，可采用温差法。装配后，销轴与输出轴轴心线的不平行度公差，在水平方向≤0.06mm/100mm；垂直方向≤0.06mm/100mm。

1.4.19 联轴器的作用是什么？联轴器的结构是怎样的？有哪些类型？

（1）联轴器的作用

联轴器属于机械通用零部件范畴，用来连接不同机构中的两根轴（主动轴和从动轴）使之共同旋转以传递扭矩的机械零件。在高速重载的动力传动中，有些联轴器还有缓冲、减振和提高轴系动态性能的作用。一般动力机大都借助于联轴器与工作机相连接，是机械产品轴系传动最常用的连接部件。

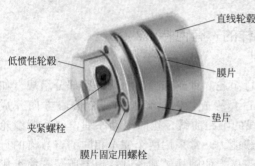

图 1-28 联轴器的结构

（2）联轴器的结构

联轴器由低惯性轮毂和直线轮毂两半部分组成，分别与主动轴和从动轴连接，结构如图 1-28 所示。

（3）联轴器的类型

联轴器按用途不同可分为联轴节和离合器这两大类。联轴节又名靠背轮、对轮或接手等，它是用来牢固地把轴连接在一起的一种部件。离合器也是用来连接两根轴的，但是它可以在主动轴工作的情况下，即在运转中使两根轴随时脱开或连接起来。因此，使用离合器可以在原动机一直工作的情况下，随时启动或停止被动机。

联轴器可分为固定式和可移动式两大类。固定式联轴器所连接的两根轴的旋转中心线应该保持严格的同轴；可移动式联轴器则允许两轴的旋转中心线有一定程度的偏移。

常用联轴器有膜片联轴器、齿式联轴器、梅花联轴器、滑块联轴器、鼓形齿式联轴器、万向联轴器、安全联轴器、弹性联轴器及蛇形弹簧联轴器，如图 1-29 所示。

图 1-29 联轴器的结构类型

1.4.20 联轴器装配找正时应如何进行测量？

联轴器装配时，必须要找正，找正时的测量步骤为：

① 利用直尺及塞尺测量联轴器的径向位移和利用平面规及间隙测量联轴器的角位移，一般主要用于精度要求不高的粗糙的低速机器。

② 利用中心卡及塞尺测量联轴器的径向间隙和轴向间隙（或利用中心卡和千分表测量

联轴器的径向间隙及轴向间隙）。一般主要用于需精确找正中心的精密机器和高速机器。利用这两种方法进行测量时，常采用一点法。所谓一点法就是指在测量一个位置的径向间隙时，同时又测量同一个位置上的轴向间隙。测量时，先装好中心卡，并使两半联轴器向着相同的方向一起旋转，使中心卡首先位于上方垂直的位置（0°）；然后用塞尺（或千分表）测量出径向间隙和轴向间隙；最后将两半联轴器顺次转到90°、180°、270°三个位置上，分别测量出其径向间隙和轴向间隙。

③ 比较对称点上的两个径向间隙和轴向间隙的数值，若对称点的数值相差不超过规定的数值，则认为符合要求，否则要进行调整。调整时通过采用在垂直方向加减主动机的支脚垫片或在水平方向移动主动机位置的方法来实现。对于精密和大型的机器，为了调整准确和迅速，在调整时，可通过计算来确定应加或应减垫片的厚度和左右的移动量。

第 **2** 章

塑料原料预处理设备操作
与疑难处理实例解答

2.1 过筛设备操作与疑难处理实例解答

2.1.1 成型前对塑料原料进行筛析的目的是什么？筛析的方法有哪些？

筛析是塑料原料成型前的一种预处理工序。筛析是按不同粒度要求对固体物料进行分级，为了除去物料中混入的金属等杂质，除去粒径较大的物料，使其颗粒均匀。

筛析的目的是除去物料中混入的金属等杂质，除去粒径较大的物料，实现物料的细度和均匀度，以确保塑料成型加工设备的安全，保证物料有良好的成型加工性能，提高制品的质量。物料的细度是指物料颗粒直径的大小（mm），通常用筛网的目数（网孔数/in，1in＝2.54cm）来控制，一般目数越大，颗粒越细；物料的均匀度是指颗粒间直径大小的差数，通常用物料的粒径分布情况来控制，物料粒径分布越窄，颗粒越均匀。

常用的筛析方法主要有转动筛析、振动筛析和平动筛析三种类型。筛析主要用于粉状着色剂、树脂或填料、稳定剂等添加剂的筛分，如粉状颜料、粉状 PVC 树脂、碳酸钙填料等。

2.1.2 原料的筛析设备有哪些类型？各有何特点和适用性？

原料常用的筛析设备主要有转动筛、振动筛和平动筛三种类型。

（1）转动筛

转动筛主要由筛网和筛骨架组成。常见的主要有圆筒形的转动筛，其结构如图 2-1 所示。这种转筛的结构简单，且为敞开式，有利于筛网的维修或更换，但筛选效率低。筛网的使用面积只占筛网总面积的 1/8～1/6。由于筛体为敞开式的，筛选时易产生粉尘飞扬，因此卫生性差。转动筛析通常主要适合于筛选密度较大的粉状填料，如碳酸钙、滑石粉、陶土等。

（2）振动筛

振动筛是一种采用平放或略倾斜的筛体，通过振动进行筛析的设备。筛体的形状有圆筒形和长方形，如图 2-2 所示。振动筛析的特点是：

① 筛选效率高，并且筛孔不易堵塞。

② 省电，电磁振动筛的磁铁只在吸合时消耗电能，而在断开时不消耗电能。

③ 筛体结构简单且为敞开式，有利于筛网的维修或更换。

④ 由于筛体是敞开式的，筛析时易产生粉尘飞扬，因此卫生性差；同时往复变速运动产生的振动使运动部件撞击而产生较大的噪声。振动筛析通常适用于筛析粒状树脂和密度较大的填料。若将筛体制成密闭式也能用于粉状物料的筛选。

（3）平动筛

平动筛是利用偏心轮装置带动体发生平面圆周变速运动而实现过筛的筛析设备，主要由筛体、偏心轮、偏心轴等组成，如图 2-3 所示。

图 2-1　圆筒筛结构示意图

(a) 圆筒形振动筛

(b) 长方形振动筛

图 2-2　振动筛

图 2-3　平动筛

平动筛的特点是：

① 工作时整个筛网基本都能得到利用，筛选效率比圆筒筛高而比振动筛低，但筛孔易堵塞。

② 筛体通常为密闭式的，故筛选时不易产生粉尘飞扬，卫生性好。

③ 筛体发生平面圆周变速运动而产生的振动小、噪声小。

④ 筛体的密闭使筛网的维修或更换不方便。

平动筛通常可用于筛选粉状和颗状物料等的筛析。

2.1.3　转动筛的结构及工作原理是怎样的？

（1）结构

转动筛由于筛体是圆筒形，通常又称为滚筒筛。它主要由电机、减速机、滚筒装置、机架、护罩、进出料口等组成，如图 2-4 所示。滚筒装置倾斜安装于机架上。电动机经减速机与滚筒装置连接在一起，驱动滚筒装置绕其轴线转动。

（2）工作原理

转动筛工作时，电动机经减速机通过联轴器驱动滚筒旋转，物料从加料口加入滚筒内后，由于滚筒装置的转动与倾斜，滚筒筛内的物料也随着翻转与滚动，使粒径小于筛网孔径的物料经滚筒的筛孔落下，从细粒料出口排出，筛余粗颗粒料（不合格的物料）经滚筒末端排出，如图 2-5 所示。由于物料在滚筒内的翻转、滚动，使卡在筛孔中的物料可被弹出，防止筛孔堵塞。

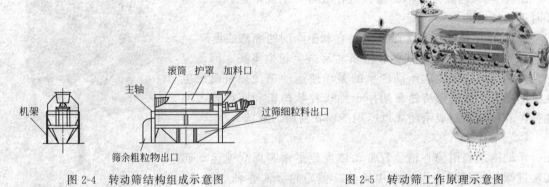

图 2-4 转动筛结构组成示意图　　　　图 2-5 转动筛工作原理示意图

2.1.4 平动筛有哪些结构类型？其工作原理是怎样的？

平动筛根据筛体的数目可分为单筛体式和双筛体式两种类型，其结构如图 2-6、图 2-7 所示。

双筛体式平动筛有两个筛体，其四角用钢丝绳悬吊在上面的支撑部件上，而中间的偏心轴主要用于传动。为了平动筛的运动平稳，偏心轮在设计时通常采用平衡块（铅块）来实现其质量平衡。偏心轴转动时，筛体做平面圆周变速运动而达到筛选的目的。筛网通常为铜丝网、合金丝网或其他金属丝网等。工作时将需筛析的物料放置于回转的筛网上，通过驱动装置带动圆筒形筛网转动而实现物料的筛析。

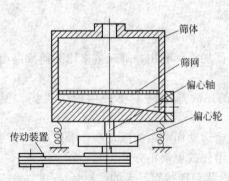

图 2-6　单筛体式平动筛结构示意图

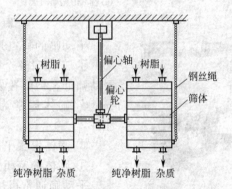

图 2-7　双筛体式平动筛结构示意图

2.1.5 机械振动筛的结构及工作原理是怎样的？有何特点？

（1）机械振动筛的结构及工作原理

机械振动筛的结构由筛体、弹簧杆、连接杆、偏心轮（或凸轮）等组成，如图 2-8 所示。

机械振动筛的工作原理是利用偏心轮（或凸轮）装置作为激振器，电动机经三角皮带带动激振器主轴回转。由于激振器上不平衡重物的离心惯性力作用，使筛体沿单一方向发生往复变速运动而产生振动，从而达到筛选的目的。一般改变激振器偏心重，可获得不同振幅。

机械振动筛有直线形和圆形两种类型。直线振动筛利用振动电机激振作为振动源，使物料在筛网上被抛起，同时向前进行直线运动，物料从给料机均匀地进入筛分机的进料口，通过多层筛网产生数种规格的筛上物、筛下物，分别从各自的出口排出。圆形振动筛的筛体在振动器的作用下，产生圆形轨迹的振动。由于筛面的振动使筛面上的物料层松散并被抛起离开筛面，使细粒级物料能透过料层下落并通过筛孔排出。

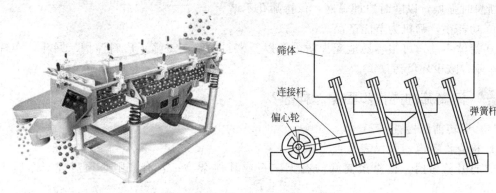

图 2-8　振动筛结构

（2）振动筛的特点

① 由于筛箱振动强烈，减少了物料堵塞筛孔的现象，使筛子具有较高的筛分效率和生产率。

② 构造简单、拆换筛面方便。

③ 筛分每吨物料所消耗的电能少。

2.1.6 电磁振动筛的结构及工作原理是怎样的？有何特点？

（1）结构及工作原理

电磁振动筛主要由筛体、电磁铁线圈、电磁铁、弹簧板与机座等组成，结构如图 2-9 所示。它是利用电磁振荡原理，由电磁铁线圈与电磁铁等组成电磁激振系统，工作时因电磁铁的快速吸合与断开使筛体沿单一方向发生往复变速运动而产生振动，达到筛选的目的。

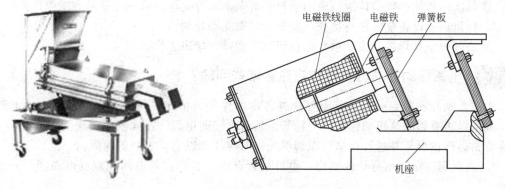

图 2-9　电磁振动筛

（2）电磁振动筛特点

① 高频振动筛的筛面振动，筛箱不动。

② 高频振动筛的筛面高频振动，可达到 8～10 倍重力加速度，是一般振动筛振动强度的 2～3 倍；不堵孔，筛面自清洗能力强，筛分效率高，处理能力大，非常适用于细粒粉体物料的筛分。

③ 筛面采用 3 层不锈钢丝编织网，根据筛分工艺要求确定网孔尺寸，复合网具有很高的开孔率，具有一定的刚度，便于张紧平整安装，并提高筛网的使用寿命。

④ 筛机安装角度可随时方便地调节。

⑤ 高频振动筛的振动参数采用计算机集控，对每个振动系统的振动参数可用软件编制，有间断瞬时强振，以随时清理筛网，保持筛孔不堵。

⑥ 功耗小，筛机为节能产品。

⑦ 筛体不动，可很容易地配加防尘罩以及密封的筛上、筛下出料溜槽、漏斗，实现封闭式作业，减少环境污染。

2.1.7 滚筒筛的操作步骤是怎样的？

（1）运转前的检查

① 检查设备电器及仪表是否完好。

② 打开检修门，检查滚筒筛内有无矿石或其他杂物；若有，则必须清理干净后方可运行。

③ 通过手动盘车旋转滚筒筛检查是否灵活，若不灵活则可通过调整螺栓进行调整。检查各螺栓有无松动或断缺。

④ 检查各轴承座、变速箱润滑是否良好，油位是否适中，防护罩是否完好。

⑤ 检查传动链条松紧是否适中。

（2）运行

① 先空载启动滚筒筛。

② 启动后观察出料是否正常，等出料正常后关闭密封隔离罩。

③ 检查电机、传动部件温升情况及是否有异响。

④ 检查进、出料口是否有堵渣情况，如有，应及时处理。

⑤ 检查一切正常后，方可投料进行筛析。在筛析过程中应每小时对设备进行巡检一次，检查出料粒径和有无漏料及扬尘情况。

（3）停机

① 每次停机前必须确认滚筒内的物料是否全部筛分完毕，筛分完毕后方能停机。

② 停机后对设备整机进行检查，发现异常需立即处理。

③ 搞好设备和环境卫生，填好运行记录，做好交接班工作。

2.1.8 电磁振动筛的调机操作应注意哪些问题？

电磁振动筛安装完成后，首先要检查各零部件安装情况，螺栓是否旋紧，有无卡阻现象，周围是否有影响筛机动作的障碍物等。然后再接通电源，正式使用前应空车试运转 4h，观察筛机运转情况，并进行调试。在调机操作时应注意以下几方面的问题：

① 注意观察筛体运行是否平稳，整机是否有剧烈振动，若有问题应查出原因，并进行调整。

② 检查筛机有无异常噪声，特别是激振器箱体内电磁铁与衔铁是否有金属撞击声，若有应进行调整。

③ 电磁激振器的调整。激振器箱体内部电磁铁与衔铁的间隙 δ，对筛机的工作有很大影响。一般来讲 δ 控制在 $2.0\sim2.5\mathrm{mm}$ 为宜，用电木垫调节，每个垫厚 $0.5\mathrm{mm}$；δ 过大，则振动力难以达到使用要求；δ 过小，则电流、振幅的调整范围过小，易使电磁铁与衔铁吸附而出现打击声，损坏激振器。注意各激振器的最大工作电流不得超过 $4.0\mathrm{A}$。

电磁激振器调整的原则是在保证所需工作振幅、电磁铁与衔铁不撞击的前提下气隙越小越好。在能保证作业正常进行的情况下应尽量使用小电流、小振幅，以尽量减少由于振动引起的故障及振动部件和筛网的过早损坏。另外，整台筛机调整时应使全部激振器在相同电流下振幅大致相等。

④ 筛体运转正常后，视物料的性质和筛分效果来调节筛面的角度。调节角度时，筛箱下端的两个支座每增加或减少一个橡胶调整垫，筛体角度就减小或增加1°。

⑤ 检查筛网和各振动帽处的振动情况是否相同，有无明显差异，振动帽是否顶紧筛网。若没有顶紧筛网，则松开振动杆上的锁紧螺栓，用扳手转动振动轴调节振动帽的位置以顶紧筛网，然后锁紧螺栓。

⑥ 开车4h后停机，各部位螺栓须重新拧紧。特别是振动杆与振动轴连接的螺栓不能松动，否则影响振动效果。

⑦ 振动筛正式运行时要先开机、再给料，并逐步调整合适的给料量。停车时应先停止给料，待筛面上的物料全部排出，再停机。筛网应严加保护，不得踩踏。严禁用木棒、铁器等硬物敲打筛面。

2.1.9 机械圆振动筛安全操作规程是怎样的？

机械圆振动筛的安全操作规程是：

① 在开车前，操作者应对振动筛两侧同时检查油面高度，油面太高会导致激振器温度上升或运转困难，油面太低会导致轴承的过早损坏。

② 检查全部螺栓的紧固程度，并且在最初工作8h后，重新紧固一次。检查V带的张紧力，避免在启动或工作中打滑，并且确保V带轮的对正性。确保所有运动件与固定物之间的最小间隙。

③ 圆振动筛应接地，电线应可靠绝缘，并安装在绝缘管内。机器在检修时应先切断电源。

④ 机器应在空载状态下启动，严禁机器超负荷工作，当物料全部筛分并排出机外时才允许停机，在机器运行时严禁进行任何调整、清理、检修等工作，以免发生危险。

⑤ 筛子应在没有负荷的情况下启动，待筛子运行平稳后，方能开始给料，停机前应先停止给料，待筛面上的物料排净后再停机。

⑥ 给料溜槽应尽可能靠近给料端，并尽可能沿筛子全宽均布给料，其方向与筛面上物料运行方向一致，从而得到最佳的筛分效果。给料点到筛面的最大落差不大于500mm，确保物料对筛面的最小冲击。

⑦ 圆振动筛采用送料装置时，应均匀连续给料，料流应均匀、平稳通过筛面，不得跑料。

⑧ 在正常工作情况下，每单班必须注油一次，油量保证在100mL左右，采用轻重负荷机械润滑的高温润滑脂，滴点为290～320℃，适用温度范围为-30～250℃。

⑨ 每月定期对机器进行全面检查，检查内容包括侧板、横梁、加强架、弹簧、激振器密封、皮带传动、电器开关等。建议每两个月更换一次弹簧。每1000h定期清洗或更换一次轴承。

2.1.10 机械圆振动筛操作过程中应注意哪些事项？

① 弹簧必须处于垂直状态，弹簧上支座与弹簧接触面必须成水平状态，调整好后用螺栓把弹簧上支座固定在筛箱耳轴上，然后点焊成一体。

② 圆振动筛驱动方向可为左向或右向驱动。需更换驱动方向时，从平衡轮上卸下振动器带轮，重新安装到另一侧平衡轮上并紧固。

③ 确保 V 带张力有充分的调整量，确保两个胶带轮对应的沟槽，在各自平面内一一对应。

④ 圆振动筛安装调整结束后，应进行不少于 2h 的空载试运转，要求运转平稳，无异常噪声，振幅和运动轨迹符合要求，轴承最高温度不超过 75℃。

⑤ 空载试运转合格后，可投入负载试运转，负载试车时间可按工艺试车要求进行。

⑥ 圆振动筛试车前必须用手（或其他方法）转动激振器。转动应灵活，无卡阻现象时，方可正式开动机器。

⑦ 当激振器顺料流方向回转时，可增加物料运行速度，增加生产能力，但会降低筛分效率；当激振器逆料流方向回转时，会减小物料运行速度，降低生产能力，但可提高筛分效率。

2.1.11 机械圆振动筛的维护与保养应注意哪些方面？

机械圆振动筛的维护与保养应注意以下几方面：

① 筛机出厂时，激振器内注有润滑油，兼有防腐性能，有效期三个月。存放期超过三个月后，运转 20min，还可继续防腐三个月。工作时必须换上清洁的润滑油。

② 经常保持激振器通气孔的畅通（因堵塞易导致漏油）。如果畅通后仍然漏油，就应更换油封。

③ 轴承正常工作不应超过 75℃，新激振器因为有一个跑合过程，故可能温度略高，但经过运转 8h 以后，温度应稳定下来，如果温度继续过高，则应检查油的级别、油位和油的清洁度。

④ 保证迷宫槽内充满润滑脂。在灰尘量大的场合下工作时，应当更加频繁地加注油脂。

⑤ 更换 V 带时，应完全松开电机地脚螺栓，方便地将 V 带放入带轮槽内，不允许用棍棒或其他物体撬 V 带。V 带的张紧力必须适合，带轮必须对正，在首次调整张力后，工作48h，再重新调整一次。

⑥ 激振器与筛体连接的螺栓为高强度螺栓，不允许用普通螺栓代替，必须定期检查紧固情况，最少每月检查一次。其中任意一个螺栓松动，也会导致其他螺栓剪断，引起筛机损坏。

⑦ 采用环槽铆钉连接的地方，允许用高强度螺栓代替，所有接触面或孔，均应无铁屑、灰、油、锈和毛刺等。

⑧ 为了防止焊接引起的内应力，一般情况下不允许在现场对筛体及任何辅助件进行焊接，必须焊接时，应由熟练的操作人员进行。

⑨ 更换筛网时，应保证筛体两侧板与筛网钩子之间有相等的间隙，先紧固中间压紧扁钢；同时拉紧张紧板保持筛网表面张力均匀，并用手锤沿全长轻轻敲打，检查张紧情况。若接触不好、张力不够或者不匀，易导致筛网过早损坏。

⑩ 拆卸圆振动筛振动器时，从外向里逐件谨慎拆卸，避免人为地损伤零件部件。尤其拆卸平衡轮时，一定要使用拆卸器，拆下的零部件应逐件清洗，并仔细检查，发现损坏应及时修复或者更换。

2.1.12 振动筛的轴承应如何拆卸？

振动筛的轴承是振动筛的核心部件，拆卸振动筛轴承必须十分小心。振动筛轴承不当的拆卸可能造成污染物进入轴承或影响再次安装，还可能导致轴承内部的损坏。拆卸时应注意：

① 振动筛的轴心必须有适当的支承，拆卸力量应尽可能不伤及轴承。

② 为保证轴承能重新安装到相同的轴位上，拆卸时应注明每一个轴承的相对位置，如哪一个轴承朝上、哪一侧朝前等。

③ 轴承外围的拆卸。拆卸过盈配合的外圈，事先在外壳的圆周上设置几处外圈挤压螺杆用螺纹，一边均等地拧紧螺杆，一边拆卸。通常可在外壳挡肩上设置几处切口，使用垫块，用压力机拆卸，或轻轻敲打着拆卸。

④ 对于轴承内圈的拆卸，用压力机拔出最为简单。此时，要注意让内圈承受其拔出力。大型振动筛轴承的内圈拆卸采用油压法，通过设置在轴上的油孔加以油压，以使易于拉拔。对于宽度大的轴承则可将油压法与拉拔卡具并用，进行拆卸作业。NU 型、NJ 型圆柱滚子振动筛轴承的内圈拆卸可以利用感应加热法，在短时间内加热局部，使内圈膨胀后拉拔。

⑤ 锥孔轴承的拆卸。拆卸此小型的带有紧定套的轴承时，可用紧固在轴上的挡块支撑内圈，将螺母转回几次后，使用垫块，并用榔头敲打拆卸。

⑥ 对于大型轴承利用油压进行拆卸更加容易，即在锥孔轴上的油孔中加压送油，使内圈膨胀，从而拆卸轴承。操作中，有轴承突然脱出的可能，因此最好将螺母作为挡块使用。

2.1.13　电磁振动筛的激振器不振的原因及解决办法有哪些？

（1）激振器不振的原因

电磁振动筛工作时，其激振器不振的原因主要有以下几方面：

① 激振器线圈没有接地或接地不正确，或接触不良。

② 激振器线圈损坏。

③ 高频筛专用模块被击穿。

④ 电流过大，保险管烧坏。

⑤ 振幅与强振振幅设置的值过高，造成回路中的电流过大。

（2）激振器不振的解决办法

① 检测激振器线圈是否接地，将激振器两个进线拆下，用摇表分别摇测激振器线圈的两个端头对地是否绝缘完好，记录结果，阻值为零则为接地，应处理更换接线端子。

② 检测激振器线圈是否烧损。将激振器两个进线拆下，用万用表测量激振器线圈的电阻是否为零，记录结果，阻值为零则为烧损，应更换激振器。

③ 拆下该故障激振器所对应的专用模块进线和出线用万能表测量专用模块进线侧的1 号、2 号线端子之间的电阻是否为零，记录结果阻值，阻值为零则为击穿，应更换此专用模块。

④ 检查保险管，检查电流是否在正常范围。当保险红灯亮时，说明保险管烧损，应排除故障，更换保险管，保险管为 6A。

⑤ 检查系统设置的振幅与强振振幅是否为零，调整振幅与强振振幅数值。

⑥ 当开动高频筛后，运行不长时间出现跳闸的情况，检查系统设置的振幅与强振振幅的大小。振幅与强振振幅设置的值过高会造成回路中的电流过大，出现负荷高跳闸的情况。

2.1.14　电磁振动筛工作过程中振幅偏小的原因是什么？有何解决办法？

电磁振动筛工作过程中其振幅偏小可能有两种情况：一是电流大而振幅偏小；二是电流小且振幅偏小。

当电流大而振幅偏小时，造成的原因主要是：气隙过大；机械零部件有卡阻现象。解决的办法主要是：检查气隙是否过大，通过增加或减少垫片来调整气隙；检查机械零部件是否有卡阻现象，清理零部件，消除卡阻。

当电流小且振幅偏小时，造成的原因主要是：控制柜振幅参数设置不合理；气隙太小，出现撞击声。解决的办法主要是：调整控制柜振幅参数，使电流增大；若出现撞击声，则可将气隙调大至撞击声消失为止，但气隙不要超过 2.5mm。

2.1.15 电磁振动筛工作过程中出现异常金属撞击声的原因是什么？有何解决办法？

电磁振动筛工作过程中出现异常金属撞击声的主要原因是：
① 电磁振动筛的筛体振幅过大；
② 气隙不均匀或过小；
③ 激振器内部松动、发生偏移。

出现异常金属撞击声时解决的办法主要有：检查并调整控制柜振幅参数，使其振幅减小；检查并调整气隙，使其气隙适当增大且均匀；检查激振器内部是否松动、发生偏移，并调整固定。使用电磁铁时不能出现打铁现象。

2.1.16 电磁振动筛无法启动的原因主要有哪些？如何解决？

电磁振动筛无法启动的原因主要有以下几方面：电机损坏；控制线路中的电器元件损坏；电压太低或不稳定；筛面物料堆积太多，负荷过大；振动器出现故障；振动器内润滑脂变稠结块。

无法启动时的解决措施主要有：检查电机是否损坏，若损坏，应及时更换电机；检查控制线路中的电器元件，及时更换损坏电器元件；检查电压是否太低，更换合适的电源供给，保证有稳定的电压值；清理筛面物料，降低电机的启动负荷；检查并清洗振动器，更新添加合适的润滑脂。

2.1.17 电磁振动筛工作过程中为何物料流运动异常？有何解决办法？

电磁振动筛工作过程中出现物料流运动异常的主要有以下几方面原因：筛体横向水平没找正；支撑弹簧刚度太大或损坏；筛面破损；给料极不平衡。

出现物料流运动异常时解决的办法主要有：检查筛体横向水平是否合适，若横向水平不正，应及时调整支架高度，使筛体保持水平；检查支撑弹簧刚度是否太大或损坏，并及时调整或更换弹簧；检查筛面是否破损，并修复或更换筛面；调整给料，使其加料均匀稳定。

2.1.18 电磁振动筛筛分质量不佳的原因主要有哪些？有何解决办法？

电磁振动筛筛分质量不佳的原因主要有以下几方面：电磁振动筛的筛网筛孔堵塞；入筛物料水分太高；加料不均或加料过多；筛网张紧程度不够，或传动皮带松弛。

筛分质量不佳的解决办法主要有：检查加料是否均匀，调整加料装置稳定加料；减轻振动筛的电机负荷，并及时清理筛面，防止筛网的筛孔堵塞；改变筛体倾角，使物料有良好的流动状态；调节筛体的加料量，减小加料速度并保持加料稳定；张紧筛网，拉紧传动皮带。

2.1.19 电磁振动筛正常工作时为何筛机旋转减慢、轴承发热？有何解决办法？

电磁振动筛正常工作时筛机旋转减慢，轴承发热的主要原因有：轴承缺少润滑；轴承卡塞；轴承注油过量或加入了不合适的油；轴承损坏或安装不良，圆轮上偏心块脱落。

筛机旋转减慢，轴承发热的解决办法主要有：检查轴承的润滑情况，加强轴承的润滑，注入适量润滑油；清洗轴承，更换密封圈，检查迷宫密封装置；更换轴承，安装偏心块，调整圆轮上偏心块。

2.1.20 电磁振动筛工作过程中为何激振器轴承发热厉害？应如何处理？

分析研究发现引起激振器轴承发热的原因有：

① 轴承选型不合理。

② 轴承游隙不合格。

③ 轴承本身加工制造质量不合格。

④ 使用初期润滑面的润滑不充足。因滚子轴承能承受较大的冲击载荷，加上脂润滑使得激振器结构简单易于密封，故加工方便。但由于脂润滑的滚子轴承极限转速较低，而电机直接驱动的激振器内轴承转速一般都在 970r/min 以上，这个转速已接近承载力较大的滚子轴承的极限转速；再加之新装上的轴承内部不可能完全涂抹上润滑脂，因此轴承启动时，因润滑面的润滑脂不充足而造成轴承的发热烧损。

⑤ 使用过程中补充注油不及时。因轴承初始润滑条件不好，当受较大冲击载荷后，导致摩擦面产生高温，因此将影响润滑脂的性能，使其黏度降低，被甩出轴承座外。此外，润滑脂损耗较快，使得轴承所需补充注油的间隔期较短，一般不超过 10 天。若不及时补充注油，就会造成轴承内部干性磨损，直至发热烧坏。激振器轴承发热厉害时的解决办法主要有：

a. 检查轴承选型是否合理，轴承本身加工制造质量是否合格；若不符合则应及时更换合适的轴承。

b. 检查轴承游隙是否合格，并及时调整。

c. 开机前认真检查轴承的润滑系统，保证良好的润滑状态。

2.1.21 电磁振动筛工作过程中筛网为何呈现直线状断裂？应如何处理？

振动筛工作过程中筛网呈现直线状断裂，一般是由于筛网没有拉紧（或拉不紧）的状态下形成的筛箱支撑条与筛网间的二次振动，相互撞击造成的。引起这种损坏的几种可能是：

① 振动筛筛网尺寸过长，造成张紧螺钉张不紧；

② 筛机张紧机构有问题，张紧板与筛机不配套、张紧板（钩）磨薄或变形；

③ 筛网弯边的形状、尺寸与张紧板不配套；

④ 振动筛筛体的焊接处断裂而导致筛体结构性损坏；

⑤ 橡胶垫条磨损或有空当；

⑥ 振动筛筛网或筛机的设计结构有缺陷；

⑦ 振动筛筛体的支撑条低于筛网，即支撑条和筛网有一定间距；

⑧ 振动筛机的四处弹簧刚度不均匀；

⑨ 振动筛机振幅过大。

筛网呈现直线状断裂时的处理办法主要有：

① 检查振动筛筛网的长度，若过长则应减小其长度，使张紧螺钉张紧；

② 检查筛机张紧机构是否有问题，张紧板与筛机是否配套，张紧板（钩）是否磨薄或变形，若有问题则应修复或更换张紧板；

③ 检查筛网弯边的形状、尺寸与张紧板是否配套，若不配套则应及时更换；

④ 检查振动筛筛体焊接处是否良好，若焊接不良则应及时修复；

⑤ 检查橡胶垫条是否磨损或有空当，若有损坏或空当则应及时更换；

⑥ 检查振动筛筛体支撑条是否低于筛网，并及时调整；

⑦ 检查振动筛机的弹簧刚度是否均匀，并进行调整或更换；

⑧ 检查振动筛机的振幅是否过大，若过大则应调整并减小振幅。

2.2 塑料原料干燥设备操作与疑难处理实例解答

2.2.1 塑料的干燥方法有哪些？各有何特点和适用性？

塑料的干燥方法和干燥形式有多种。通常可按操作压力、操作方式及传热方式等方面进行分类。

（1）按操作压力分类

按操作压力的不同，塑料的干燥可分为常压干燥和真空干燥两种。真空干燥又称负压干燥，是让塑料原料处于负压状态下进行加热干燥，通过抽真空产生负压，使挥发组分的沸点降低，从而使水分迅速变成水蒸气，从固体原料中分离出来快速脱离。真空干燥主要用于干燥在加热时易氧化变色的物料，如 PA 等。

（2）按传热方式分类

塑料的干燥按传热方式分可分为对流干燥、传导干燥、辐射干燥、介电加热干燥等。

对流干燥是由载热体（干燥介质）将热能以对流的方式传给与其直接接触的湿物料，产生的蒸汽为干燥介质所带走。其通常用热空气作为干燥介质。在对流干燥中，热空气的温度容易调节，但由于热空气在离开干燥器时带走相当大的一部分热能，使得对流干燥的热能利用较差，因此主要适用于大批量的各种粉料、粒料、糊状料等物料的干燥。

传导干燥是由载热体（加热蒸汽）将热能通过传热壁以传导的方式加热湿物料，产生的蒸汽被干燥介质带走或用真空泵排出。传导干燥的热能利用率较高，但物料易过热变质。

辐射干燥是将热能以电磁波的形式由辐射器发射到湿物料表面，被其吸收重新转变为热能，将湿分汽化而达到干燥的目的。辐射器可分为电能辐射器和热能辐射器两种。电能辐射器如专供发射红外线的灯泡。热能辐射器是用金属辐射板或陶瓷辐射板产生红外线的，辐射干燥的速度快、效率高、耗能少，产品干燥均匀而洁净，特别适合于物料表面水分和挥发分的干燥。

介电加热干燥是将需要干燥的物料置于高频电场内。由于高频电场的交变作用使物料加热而达到干燥的目的，是高频干燥和微波干燥的统称。采用微波干燥时，湿物料受热均匀，传热和传质方向一致，干燥效果好，但费用高。

（3）按操作方式分类

按操作方式的不同，干燥可分为连续式和间歇式两种。连续式干燥又可分为沸腾床干燥、网带烘干干燥、气流式干燥等，具有生产能力强、热效率高、产品质量均匀、劳动条件好等优点；缺点是适应性较差。而间歇式干燥包括鼓风烘箱干燥、干燥料斗、真空干燥箱等，具有投资少、操作控制方便、适应性强等优点；缺点是生产能力小，干燥时间长，产品质量不均匀，劳动条件差。

（4）按干燥介质分类

塑料原料干燥的方法较多，常见的有热风干燥、远红外线干燥、真空干燥、循环气流干燥等。

热风干燥是应用较广的一种干燥方法。这种干燥方法是由电热器加热气流，形成热风循环，热风通过物料时，使物料中的湿分汽化，并被气流带走，而使物料干燥。热风干燥常用的是干燥烘箱，干燥热塑性物料时，烘箱温度根据物料性质控制在 60～110℃，时间为 1～3h；对于热固性物料，温度为 50～120℃ 或更高（根据物料而定）。热风干燥箱结构简单，多用于小批量塑料或助剂的干燥。

真空干燥是将需干燥的物料置于减压的环境中进行干燥处理。这种方法有利于附着在物料表面水分的挥发以达到干燥的目的。真空干燥时由于机体内空气被抽出，而减少干燥环境中的含氧量，可避免物料干燥时的高温氧化现象。真空干燥主要用于在加热时易氧化变色的物料，如 PA 等。

远红外线干燥一般首先是由加热器对基体进行加热，然后由基体将热能传递给辐射远红外线的涂层，再由涂层将热能转变成辐射能，使之辐射出远红外线。由于干燥的物料有对远红外线吸收率高的特点，能吸收远红外线干燥装置发射的特定波长的远红外线，使其分子产生激烈的共振，从而使物料内部迅速地升高温度，达到预热干燥的目的。

循环气流干燥是利用蒸汽、电、热风炉、烟气炉的余热作为热源来进行干燥的设备。循环气流干燥的特点是：时间短，脱水速度快，一般为 0.5～3s。其主要适用于大批量的各种粉料、粒料、糊状料等物料的干燥。

2.2.2 厢式干燥器的结构及工作原理是怎样的？有何特点？

(1) 厢式干燥器的结构

厢式干燥器又称盘架式干燥器。一般小型的称为烘箱，大型的称为烘房，是典型的常压间歇操作干燥设备。这种干燥器主要由箱体、加热器、风机、电动机、盘架、挡板和移动轮组成。其基本结构如图 2-10 所示。

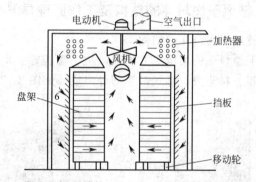

图 2-10 厢式干燥器结构

厢式干燥器也可将盘架做成小车的形式，而使厢式干燥变成连续或半连续的操作，即为洞道式干燥器，如图 2-11 所示。器身做成狭长的洞道，内铺设铁轨，一系列小车载着盛于浅盘中或悬挂在架上的物料通过洞道，使之与热空气接触而进行干燥。小车可以连续地或间歇地进出洞道。

(2) 厢式干燥器的工作原理

厢式干燥器对物料的干燥是通过加热空气降低空气中的饱和度，热空气通过物料表面，经过传热传质过程带走物料中的水分，实现干燥过程。厢式干燥器工作时是将湿物料置于厢内支架上的浅盘内，浅盘装在小车上推入厢内。空气由入口进入干燥器与废气混合后进入风扇，由风扇出来的混合气一部分由废气出口放空，大部分经加热器加热后沿挡板尽量均匀地掠过各层湿物料表面，增湿降温后的废气再循环进入风扇。浅盘内的湿物料经干燥一定时间

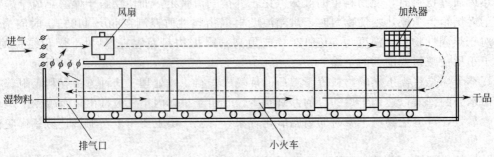

图 2-11 洞道式干燥器

达到产品质量要求后由干燥器中取出。

厢式干燥器一般用数显仪表与温度传感器的连接来控制工作室的温度，采用热风循环送风来干燥物料。热风循环系统分为水平送风和垂直送风，均经过专业设计，风源是由电机运转带动送风风轮，使吹出的风吹在电热管上，形成了热风，将热风由风道送入厢式干燥器的工作室，且将使用后的热风再次吸入风道成为风源再度循环加热，大大提高了温度均匀性。如箱门使用中被开关，送风循环系统则可借此迅速恢复操作状态温度值。

（3）厢式干燥器的特点

厢式干燥器的优点是结构简单，投资费用少，可同时干燥几种物料，具有较强的适应能力，适用于小批量的粉粒状、片状、膏状物料以及脆性物料的干燥。缺点是装卸物料的劳动强度较大，且热空气仅与静止的物料相接触，因而干燥速率较小，干燥时间较长，且干燥不易均匀。

2.2.3 鼓风干燥料斗的结构及工作原理是怎样的？有何特点？

（1）鼓风干燥料斗的结构

鼓风干燥料斗的结构主要由鼓风机、温控箱、电热器、排料口、开合门、物料分散器、视窗、料斗、料斗盖、排气口等部分组成，如图 2-12 所示。

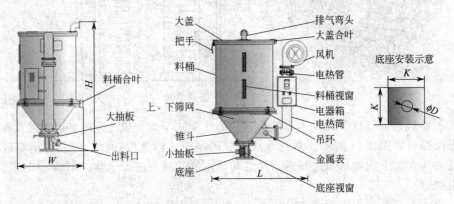

图 2-12 鼓风干燥料斗及其结构示意图

（2）鼓风干燥料斗的工作原理

鼓风干燥料斗的工作原理与干燥箱基本相同，只是箱体结构设计成料斗状，空气由风机送至电热箱，通过高温电热管加热，以合适温度的均匀热风吹入料斗内。在物料由上而下的下降过程中，通过温度差进行热交换，热风通过物料颗粒间隙穿过物料层从排气管排出，不断带走湿气，使物料连续不断地得到加热干燥，并以预热状态进入挤出机或注塑机的料筒内。

(3) 鼓风干燥料斗的特点

① 采用均匀分散热风的高性能热风扩散装置，保持塑机干燥温度均匀，提高干燥效率；

② 特有热风管弯型设计，可避免粉层堆积于电热管底部引起燃烧；

③ 料桶内及内部零件一律用不锈钢制造，料桶与底部分离，清料方便，换料迅速，确保原料不受污染；

④ 各种机型皆可提供预热定时装置、微电脑控制及双层保温料斗供选择；

⑤ 采用比例式偏差指示温控器，可精确控制温度。

2.2.4　气流式干燥器的结构及工作原理是怎样的？有何特点？

(1) 气流式干燥器的结构

气流干燥器是利用高速热气流，使粒状或块状物料悬浮于气流中，一边随气流并流输送，一边进行干燥。气流干燥器的主要组成是加料器、干燥管、加热器、鼓风机、旋风分离器、除尘器、引风机、排料口和电控箱等，如图 2-13 所示。干燥管是气流干燥器的主体，它是由一根 10～20m 长的直立圆管所构成的。旋风分离器是利用离心力将气流中固体颗粒分离的装置；除尘器是除去气流中的粉尘等污染物的装置。

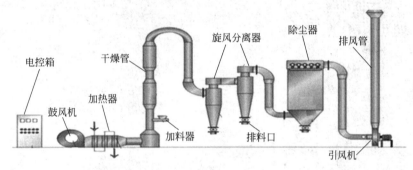

图 2-13　气流式干燥器的结构

(2) 工作原理

气流干燥器工作时，物料由螺旋加料器输送至干燥管下部。空气由风机输送，经热风炉加热至一定温度后，以 20～40m/s 的高速进入干燥管。在干燥管内，湿物料被热气流吹起，并随热气流一起流动。在流动过程中，湿物料与热气流之间进行充分的传质与传热，使物料得以干燥，经旋风分离器分离后，干燥产品由底部收集包装，废气经袋滤器回收细粉后排入大气。

(3) 气流干燥器的特点

① 气流干燥器结构简单，占地面积小，热效率较高，可达 60% 左右。

② 由于干物料高度分散于气流中，因此气固两相间的接触面积较大，从而使传热和传质速率较大，干燥速率高，干燥时间短，一般仅需 0.5～2s。

③ 由于物料的粒径较小，因此临界含水量较低，从而使干燥过程主要处于恒速干燥阶段。即使热空气的温度高达 300～600℃，物料的表面温度也仅为湿空气的湿球温度（62～67℃），因而不会使物料过热。在降速干燥阶段，物料的温度虽有所提高，但空气的温度因供给水分汽化所需的大量潜热通常已降至 77～127℃。因此，气流干燥器特别适用于热敏性物料的干燥。

④ 气流干燥器因使用高速气流，故阻力较大、能耗较高，且物料之间的磨损较为严重，

对粉尘的回收要求较高。

⑤ 气流干燥器适用于以非结合水为主的颗粒状物料的干燥，但不适用于对晶体形状有一定要求的物料的干燥。

2.2.5 沸腾床干燥器的结构及工作原理是怎样的？有何特点？

（1）沸腾床干燥器结构

沸腾床干燥器又称为流化床干燥器，是流态化技术在干燥作业上的应用。沸腾床干燥器的结构类型有单层圆筒式、双层圆筒式和卧式多室式等多种类型。不同类型其结构有所不同，如图 2-14 所示为三种不同形式沸腾床干燥器的结构。

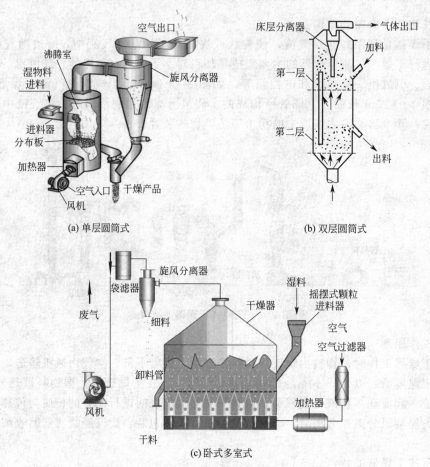

(a) 单层圆筒式　　　　　　　　(b) 双层圆筒式

(c) 卧式多室式

图 2-14　不同形式沸腾床干燥器的结构

（2）沸腾床干燥器的工作原理

沸腾床干燥的原理是将"固体流态化"和"干燥"两单元操作组合起来形成高效塑料干燥模式。塑料粒子在沸腾室内借循环热空气在多孔板上下形成压力差而悬浮在热空气中进行水分汽化传质干燥。由于塑料粒子全表面都接触热空气流，而且汽化的水汽不断被热空气流带走，有效地增大塑料粒子内部水分向表面汽化的推动力，因而具有高效快速干燥的功能。洁净空气由高压鼓风机吹进电热箱，很快被循环加热到干燥温度。循环的热空气流在沸腾器的多孔板上下形成压力差，上部为负压。塑料粒料由沸腾器上部料斗中落入后即悬浮在热空气流中，形成固体流态化，在沸腾室内上下翻滚跳动，使所有塑料粒子各表面均与高速热空气流相互接触并对流运动，于是塑料粒子表面水分瞬间汽化。在该设备中，塑料粒子内部水分可快速扩散到塑料粒子表面，并不断被高速热空气流带走，因而形成了强大的传热、传质推动力。沸腾床干燥器中的颗粒在热气流中上下翻动，彼此碰撞混合，气、固间进行传热和传质，以达到干燥目的。通常干燥时散粒物料由加料口加入，热空气通过多孔气体发布板由底部进入床层同物料接触，只要热空气保持一定的气速，颗粒即能在床层内悬浮，并上下翻动，在与热空气接触过程中使物料得到干燥。干燥后的颗粒由床的出料口卸出，废气由顶部排出。

在单层圆筒沸腾床中，由于床层内的颗粒的不规则运动，颗粒的停留时间分布不均，因此容易引起返混和短路现象，使产品质量不均匀。多层圆筒式和卧式多室式干燥器干燥效果好，产品质量均匀。

（3）沸腾床干燥器的特点

沸腾床干燥器的传热、传质效率高，处理能力大；物料停留时间短，有利于处理热敏性物料；设备结构简单，操作稳定。

2.2.6　真空干燥器的工作原理是怎样的？有何特点？

（1）工作原理

真空干燥又称负压干燥，是让塑料原料处于负压状态下进行加热干燥。真空干燥机在真空状态下，以蒸汽为热源，通过传导加热方式供给物料中水分足够的热量，使其沸腾和蒸发，并加快汽化速度；再通过真空泵将干燥机中的空气抽出，机体内形成负压，使挥发组分的沸点降低，从而使水分迅速变成水蒸气，从而使物料的表面水分挥发达到干燥的目的。对塑料进行真空干燥的设备主要有静置真空干燥箱、真空干燥料斗及真空耙式干燥机，如图 2-15 所示。常用的主要是回转真空耙式干燥机和真空料斗等。

（2）真空干燥器的特点

真空干燥时静置真空干燥箱和真空干燥料斗设备投资大，能耗高（加热耗能、真空耗能、回转耗电），干燥效率提高不多，所以塑料加工企业应用不多。塑料加工企业现应用较多的真空干燥料斗与热风干燥系统相比较，对于达到同样的干燥效果，真空干燥的速度平均要快 6 倍。真空干燥器在满足挤出机或注塑机用量的前提下，干燥的批量小，可以实现连续干燥，可以保证原料的干燥效果，并且可以减小原料对水分再吸收的可能性。另外，真空干燥时由于机体内空气被抽出，而减少干燥环境中的含氧量，可避免物料干燥时的高温氧化现象，因此主要用于在加热时易氧化变色的物料，如 PA 等。

(a) 真空干燥箱　　　　　　　　(b) 真空干燥料斗　　　　　　　　(c) 真空耙式干燥机

图 2-15　真空干燥器几种类型

2.2.7 远红外干燥器的结构与工作原理是怎样的？有何特点？

（1）远红外干燥器的结构

远红外干燥装置主要由远红外线辐射元件、传送装置和附件（保温层、反射罩等）组成，如图 2-16 所示。远红外线辐射元件主要由基体、远红外线辐射涂层、热源组成。基体一般可由金属、陶瓷或石英等材料制成。远红外线辐射涂层主要是 Fe_2O_3、MnO_2、SiO_2 等化合物；热源可以是电加热、煤气加热、蒸汽加热等。

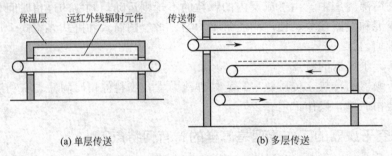

(a) 单层传送　　　　　　　　　　　(b) 多层传送

图 2-16　远红外预热干燥装置示意图

（2）工作原理

远红外干燥器是利用远红外辐射器发出的远红外线被湿物料所吸收，引起分子激烈共振并迅速转变为热能，从而使物料中的水分汽化而达到干燥的目的。由于物料对红外辐射的吸收波段大部分位于远红外区域，如水、有机物等在远红外区域内具有很宽的吸收带。

（3）特点

远红外干燥器是一种辐射干燥器，工作时不需要干燥介质，从而可避免废气带走大量热量，故热效率较高。

远红外干燥由于是辐射传热，一方面可以使物料在一定深度的内部和外表面同时加热，不仅缩短了预热干燥时间，节约了能源，而且也避免了受热不均而产生物料的质变，提高了干燥的质量，其干燥温度可达 130℃ 左右；另一方面由于热源不直接接触物料，因此易实现连续干燥。

远红外干燥器具有结构简单、造价较低、维修方便、干燥速度快、控温方便迅速、产品均匀清净等优点；但远红外干燥器一般仅限于薄层物料的干燥，主要适用于大批量物料的干燥。

2.2.8 干燥器设备中旋风分离器的作用是什么？结构与工作原理是怎样的？

（1）作用

旋风分离器是利用离心力分离气流中固体颗粒或液滴的设备。旋风分离器的主要功能是尽可能除去输送气体中携带的固体颗粒杂质和液滴，达到气固液分离。其主要用于净化粒径大于 $5\sim10\mu m$ 的非黏性、非纤维的干燥粉尘。

（2）结构组成

旋风分离器的常见结构是上部呈圆筒形、下部呈圆锥形，主要由集气室、布气室、集污室、进排气管、旋风分离组件等部分组成，如图 2-17 所示。其中旋风分离组件是旋风分离器的核心部件，它通常是由多根旋风分离管呈叠加布置组装而成。

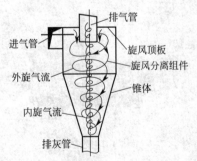

图 2-17　常见旋风分离器结构

（3）工作原理

　　旋风分离器工作时，当含杂质气体沿轴向进入旋风分离管后，气流受导向叶片的导流作用而产生强烈旋转。气流沿筒体呈螺旋形向下进入旋风筒体，密度大的尘粒和液滴在离心力作用下被甩向器壁，并在重力作用下，沿筒壁下落流出旋风管排尘口，从设备底部的出口流出。旋转的气流在筒体内收缩向中心流动，向上形成二次涡流经导气管流至净化室，再经设备顶部出口流出。

2.2.9　塑料对流干燥的过程是怎样的？

　　对流干燥过程可以是连续的，也可以是间歇的，图 2-18 是典型的对流干燥流程示意图。空气经预热器加热至适当温度后，进入干燥器。在干燥器内，气流与湿物料直接接触。沿其行程气体温度降低，湿含量增加，废气自干燥器另一端排出。若为间歇过程，则湿物料成批放入干燥器内，待干燥至指定的含湿要求后一次取出。若为连续过程，则物料被连续地加入与排出，则物料与气流可呈并流、逆流或其他形式的接触。

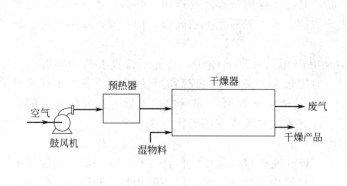

图 2-18　对流干燥流程示意图

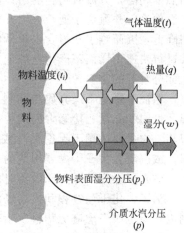

图 2-19　对流干燥过程示意图

　　在对流干燥中，热空气与湿物料间存在传热和传质两种过程，如图 2-19 所示，空气经过预热升温后，从湿物料的表面流过。热气流将热能传至物料表面，再由表面传至物料内部，这是一个传热过程；同时，水分从物料内部汽化扩散至物料表面，水汽透过物料表面的气膜扩散至热气流的主体，这是一个传质过程。因此，对流干燥过程属于传热和传质相结合的过程。干燥速率既和传热速率有关，又和传质速率有关。干燥过程中，干燥介质既是载热体，又是载湿体。干燥进行的必要条件是物料表面气膜两侧必须有压力差，即被干燥物料表面所产生的水汽压力必须大于干燥介质（空气）中的水汽分压。两者的压力差的大小表示汽化水分的推动力。压力差越大，干燥过程的进行越迅速。所以，必须用干燥介质及时地将汽化的水分带走，以保持一定的传质推动力。

2.2.10　塑料干燥的操作条件应如何确定？

　　塑料干燥的操作条件与干燥器的形式、物料的特性及干燥过程的工艺要求等很多因素有关，而且干燥介质的温度和湿度等各种操作条件之间又是相互制约的，所以干燥过程的最佳操作条件应综合考虑，一般的选择原则有以下几方面：

　　（1）干燥介质的选择

　　干燥介质的选择，决定于干燥过程的工艺及可利用的热源。基本的热源有饱和水蒸气、液态或气态的燃料和电能。在对流干燥中，干燥介质可采用空气、惰性气体、烟道气和过热蒸汽。

当干燥操作温度不太高且氧气的存在不影响被干燥物料的性能时，可采用热空气作为干燥介质。对某些易氧化的物料，或从物料中蒸发出易爆的气体时，则宜采用惰性气体作为干燥介质。烟道气适用于高温干燥，但要求被干燥的物料不怕污染，且不与烟气中的 SO_2 和 CO_2 等气体发生作用。由于烟道气温度高，因此可强化干燥过程，缩短干燥时间。此外，还应考虑干燥介质的经济性及来源。

（2）流动方式的选择

气体和物料在干燥器中的流动方式，一般可分为逆流、并流和错流。

逆流干燥是物料移动方向和介质的流动方向相反的操作。整个干燥过程中的干燥推动力较均匀，它主要适用于物料含水量高且不允许采用快速干燥的场合；或在干燥后期，可耐高温的物料；或要求干燥产品的含水量很低的情况。

并流干燥是物料的移动方向与介质的流动方向相同的操作。与逆流操作相比，若气体初始温度相同，并流时物料的出口温度比逆流时低，被物料带走的热量就少，就干燥强度和经济性而论，并流优于逆流，但并流干燥的推动力沿流向逐渐下降，后期变得很小，使干燥速率降低，因而难于获得含水量低的产品。并流干燥的操作主要适用于物料含水量较高，且允许进行快速干燥而不产生龟裂或焦化的物料；或干燥后期不耐高温，即干燥产品易变色、氧化或分解等的物料。

错流干燥是干燥介质与物料间运动方向相互垂直的操作。其各个位置上的物料都与高温、低湿的介质相接触，因此干燥推动力比较大，又可采用较高的气体速度，所以干燥速率很高。它主要适用于无论在高或低的含水量情况下都可以进行快速干燥，且可耐高温的物料；或因阻力大或干燥器构造的要求不适宜采用并流或逆流操作的场合。

（3）干燥介质进入干燥器时的温度

为了强化干燥过程和提高经济性，干燥介质的进口温度宜保持在物料允许的最高温度范围内，但也应考虑避免物料发生变色、分解等理化变化。对于同一种物料，允许介质的进口温度随干燥器形式不同而异。

（4）干燥介质离开干燥器时的相对湿度和温度

增大干燥介质离开干燥器的相对湿度，可以减少空气消耗量及传热量，即可降低操作费用；但因介质离开干燥器的相对湿度增大，即介质中水汽的分压增大，故会使干燥过程的平均推动力下降，干燥速率下降。

干燥介质离开干燥器的温度增高，则热损失大，干燥热效率就低；若离开干燥器的温度降低，则湿度又会增大，此时湿空气可能会在干燥器后面的设备和管路中析出水滴，因此会破坏干燥的正常操作。因此，操作时应综合介质的相对湿度和温度加以考虑。

（5）物料离开干燥器时的温度

物料出口温度与很多因素有关，但主要取决于物料的临界含水量值及降速干燥阶段的传质系数。临界含水量值愈低，物料出口温度愈低；传质系数愈高，物料出口温度也愈低。

2.2.11 塑料干燥操作过程中应如何节能？

塑料干燥时的能量消耗一般都较大，因此，必须设法提高干燥设备的能量利用率，节约能源，采取措施改变干燥设备的操作条件，选择热效率高的干燥装置，回收排出的废气中部分热量等来降低生产成本。干燥操作可通过以下途径进行节能：

（1）减少干燥过程的各项热量损失

一般来说，干燥器的热损失不会超过 10%，大中型生产装置若保温适当，则热损失约为 5%。因此，要做好干燥系统的保温工作，求取一个最佳保温层的厚度。

为防止干燥系统的渗漏，一般在干燥系统中采用送风机和副风机串联使用，经过合理调整使系统处于零表压状态操作，这样可以避免对流干燥器因干燥介质的泄漏造成干燥器热效率的下降。

（2）降低干燥器的蒸发负荷

物料进入干燥器前，通过过滤、离心分离或蒸发等预脱水方法，增加物料中固体含量，降低干燥器蒸发负荷，这是干燥器节能的最有效方法之一。例如，将固体含量为30％的料液增浓到32％，其产量和热量利用率提高约9％。对于液体物料（如溶液、悬浮液、乳浊液等），干燥前进行预热也可以节能，因为在对流式干燥器内加热物料利用的是空气显热，而预热则是利用水蒸气的潜热或废热等。对于喷雾干燥，料液预热还有利于雾化。

（3）提高干燥器入口空气温度、降低出口废气温度

由于干燥器热效率定义可知，提高干燥器入口热空气温度，有利于提高干燥器热效率。但是，入口温度受产品允许温度限制。在并流的颗粒悬浮干燥器中，颗粒表面温度比较低，因此，干燥器入口热空气温度可以比产品允许温度高很多。

一般来说，对流式干燥器的能耗主要由蒸发水分和废气带走这两部分组成，而后一部分占15％～40％，有的高达60％，因此，降低干燥器出口废气温度比提高进口热空气温度更经济，既可以提高干燥器热效率，又可增加生产能力。

（4）部分废气循环

部分废气循环的干燥系统，由于利用了部分废气中的部分余热使干燥器的热效率有所提高，但随着废气循环量的增加而使热空气的湿含量增加，干燥速率将随之降低，使湿物料干燥时间增加而带来干燥装置费用的增加，因此，存在一个最佳废气循环量的问题。一般的废气循环量为总气量的20％～30％。

2.2.12　塑料干燥时干燥工艺应如何控制？

塑料干燥时必须控制的工艺条件主要是物料的干燥温度、干燥时间和料层厚度等。对于塑料的干燥，干燥温度一般应控制在塑料的软化温度、热变形温度或玻璃化温度以下；为了缩短干燥时间，可适当提高温度，以干燥时塑料颗粒不结成团为原则，一般不超过100℃。而对于填料及其他物料，其干燥温度一般在100℃左右。注意干燥时温度不能太低，否则不易排除水分。

物料的干燥时间与干燥的温度有关，一般温度高，干燥时间可稍短些；相反，干燥温度低时，干燥时间需长些。一般干燥时间也不宜过长；否则浪费能源，效率低，不经济，还会导致物料出现过热分解；时间太短，则会造成干燥不完全。

干燥时料层厚度不宜大，一般为20～50mm。

干燥时还应注意：①干燥后的原料要立即使用，如果暂时不用，则要密封存放，以免再吸湿，长时间不用的已干燥的树脂，使用前应重新干燥；②对于不易吸湿的塑料原料，如PE、PP、PS、POM等，如果储存良好、包装严密，一般可不干燥。

物料干燥后一般要求水分含量应在0.05％～0.3％以下，对高温易水解的物料如聚碳酸酯要求更高，水分含量应在0.03％以下。常用树脂的吸湿率及干燥条件如表2-1所示。

表2-1　常用树脂的干燥条件及吸湿率

树脂名称	吸水率（ASTM方法）/％	干燥温度/℃	干燥时间/h
聚苯乙烯（通用）	0.1～0.3	75～85	2以上
AS树脂	0.2～0.3	75～85	2～4
ABS树脂	0.1～0.3	80～100	2～4

树脂名称	吸水率(ASTM方法)/%	干燥温度/℃	干燥时间/h
丙烯酸酯树脂	0.2~0.4	80~100	2~6
聚乙烯	0.01以下	70~80	1以上
聚丙烯	0.01以下	70~80	1以上
聚酰胺(Noryl)	1.5~3.5	80	2~10
聚碳酸酯	0.12~0.25	80~90	2~4
硬质聚氯乙烯树脂	0.1~0.4	60~80	1以上
PBT 树脂	0.30	130~140	4~5
ER-PET	0.10	130~140	4~5

2.2.13 真空干燥箱应如何操作?

采用真空干燥箱干燥物料时,其操作可按如下步骤进行:

① 首先将需干燥处理的物料放入真空干燥箱内,将箱门关上,并关闭放气阀,开启真空阀。

② 将真空干燥箱后面的导气管用橡胶管与真空泵连接,接通真空泵电源开始抽气。当真空表指数值达到 0.1MPa 时,关闭真空阀,再关闭真空泵电源开关。

③ 把真空干燥箱电源开关拨至"开"处,选择所需设定的温度,箱内温度开始上升,当箱内温度接近设定温度时,加热指示灯忽亮忽熄,反复多次,一般 120min 以内搁板层面可进入恒温状态。

④ 当所需工作温度较低时,可采用二次设定方法,如所需温度为 60℃,则第一次可设定 50℃;等温度过冲开始回落后,再第二次设定 60℃。这样可降低甚至杜绝温度过冲现象,尽快进入恒温状态。

⑤ 根据不同物品的潮湿程度,选择不同的干燥时间,如干燥时间较长,真空度下降,则需再次抽气恢复真空度,应先开真空泵电源开关,再开启真空阀。

⑥ 干燥结束后应先关闭干燥箱电源,开启放气阀,解除箱内真空状态,再打开箱门取出物品。解除真空后,如密封圈与玻璃门吸紧变形不宜立即打开箱门,需经过一段时间,等密封圈恢复原形后,才能方便开启箱门。

真空干燥箱操作时还应注意以下几方面:

① 真空箱外壳必须有效接地,以确保使用安全。

② 真空箱不需连续抽气时,应先关闭真空阀,再关闭真空泵电机电源,否则真空泵油要倒灌至箱内。

2.2.14 沸腾床干燥器应如何安全操作?

① 开启压缩空气阀门,检查设备上各个密封部位密封条是否嵌入到位并密封良好,巡视设备,看外观及各连接是否正常,接地是否充分,确认无异常后方可进行下一步操作。

② 检查油雾器内润滑油是否清洁、足量;检查分水过滤器内的积液是否及时排放;清扫进风口异物及粉尘。

③ 检查容器通风是否流畅,容器是否清洁、干燥;检查布袋是否完好、清洁干净、悬挂捆绑牢固;连接好各进料管、进空气管道。

④ 开机,打开控制柜电源→启动控制电源钥匙开关→程序启动→安装滤袋→滤袋锁紧→旋进喷雾室→推入原料容器(接插好物料温度传感器和接地线)→气囊充气→启动风机→滤袋清粉→调整进风温度控制仪表的参数→加热→快速开关疏水阀旁边的旁通阀门,打

开时间约为 3s，重复 2～3 次。

⑤ 试车。首先检查引风机旋向：启动 1～2s 后停止，观察风机旋向是否与蜗壳上的标记一致；如果旋向相反，则应报修调整旋向，使风机叶轮旋向与蜗壳上的标记一致。再检查各处密封应严密无泄漏；检查各执行气缸动作是否灵敏。然后启动风机及加热，检查各测温点的温度传感器是否正常。

⑥ 加料。采用人工加料时应在拉出原料容器前取下原料容器的温度传感器和接地线。若采用真空吸料，则在启动系统至运行滤袋清粉状态时，调节进风调节阀至一挡，打开进料阀，利用胶管使物料在引风机的负压抽吸下进入容器。真空吸料吸料结束后，关闭进料阀，适当将进风调节阀开大，使物料有良好的流化状态即可。

⑦ 干燥器运行过程中，经常观察被干燥物料的流化状态，一般流化高度以不超过喷雾室的观察视镜的高度为宜。当流化态差时，可通过调节进风量来改善流化状态；当出现异常情况如沟流、结块时，可启动鼓噪功能，待流化状态趋于正常后，停止鼓噪重新干燥作业；若鼓噪还不能改善流化状态则应停机处理。还应注意观察引风机出口有无跑料，若有跑料现象，则布袋可能出现了断纤、穿孔、破裂等，应立即停机更换或缝补。另外，还应经常检查各密封是否良好，有无漏气。

⑧ 颗粒水分干燥达到工艺要求后，即可结束干燥，进行停机操作。停机操作程序是：加热停止→物料降温至工艺要求→风机停→人工清粉→气囊排气→容器降→取下物料温度传感器和接地线→拉出原料容器卸料→旋出喷雾室→拆下滤袋→清理残留物料→关闭蒸汽主进气阀、压缩空气主进气阀。

2.2.15　沸腾床干燥器操作过程中应注意哪些问题？

① 经常清理加热器、风机、容器及干燥室内外、气缸、控制柜的集灰和污垢，保持设备清洁。

② 进气源（空气处理器）的油雾器要经常检查，在空气处理器的油雾器油筒（靠出气侧）内加入 5 号、7 号机械油（变压器油），装油量为油雾器总量的 2/3；分水滤气器内有水时应及时排放。

③ 喷雾干燥室的支承轴承转动应灵活，转动处每天清洗并滴入润滑油 5～8 滴。

④ 设备闲置不用时，应每隔 15 天启动一次，启动时间不少于 20min，防止电磁阀、气缸等因时间过长润滑油干枯，造成电磁阀和气缸损坏。

⑤ 及时清洗设备，清洗方法是：拉出原料容器，喷雾干燥室，放下滤袋架，取下捕集袋，关闭风门，清理残留在主机各部分的物料，特别是对原料容器内气流分布板上的缝隙要彻底清洗干净；特别是对布袋应及时清洗干净，烘干备用。

⑥ 布袋安装好后应松开钢丝绳以防钢丝绳受力断裂或损坏气缸和其他部件。出料前抖动布袋清灰，并取下物料温度传感器。发现跑料或布袋破损或干燥效率低下时应及时更换布袋。

⑦ 每次投入湿料总量应小于 200kg。气囊充气压力控制在 0.05～0.1MPa，过大会损坏气囊。

2.2.16　气流干燥器应如何安全操作？

① 检查气流干燥器各控制点、机械传动点有无异常情况，蒸汽、压缩空气输送管道是否完好，安全无误方可进行操作。

② 首先启动引风机，使蝶阀开启在所需的刻度，保证气体流量。启动空气压缩机，控

制调节多路压缩空气在设计压力工艺条件下作业。

③ 开启布袋脉冲控制器反吹系统，并调节反吹频率，保证气体进口压力在 0.5～0.6MPa 之间工作。

④ 将湿物料投入加料斗中，启动热风炉加热，使干燥机的空气进口温度逐渐上升。当干燥机的空气出口温度超过 110℃时，启动螺旋输料电机，调节控制加料速度，保证出口温度在 60℃左右时稳定。待进口温度达到 130～150℃时，重新调节输料电机速度，控制干燥器进口、出口温度在设计温度工艺条件下作业。

⑤ 观察系统中各设备（及其他部位）运转是否正常，取样检测物料的干燥质量，合格后包装、入库。

⑥ 干燥完成后，首先应停止螺旋加料器加料。将干燥机中余料继续吹干，并带出机外，半小时以后停掉热风炉。之后停止引风机引风。

⑦ 停止空气压缩机，停止布袋除尘器反吹系统。关闭控制仪表。

2.2.17 气流干燥器工作过程中主要应控制哪些方面？出现异常情况时应如何排除？

（1）主要控制方面

在气流干燥操作中主要控制干燥器中的空气流量、空气进口和出口温度、加料量。其中加料量作为从属变量调节。

（2）异常情况与排除

在气流干燥过程中，由于控制操作不当可能会导致物料的干燥出现一系列不正常现象，如进出口气流温度偏高、系统压力不平衡、布袋除尘器出口冒料、系统压力骤增等。若出现不正常现象时，相应的解决办法是：

① 在气体进口温度一定、其他条件正常的情况下，若气体出口温度高，则可缓慢提高加料器转速以增加进料量，使气体出口温度降至需要的温度；反之，若气体出口温度低，则可降低螺旋加料器转速，以减少进料量，使气体出口温度升至需要的温度。

② 当气流干燥器气体进口温度高时，当干燥塔内负压低时须降低加料速度待塔内负压回升稳定后再重新调节加料速度，保证出口温度为设计值。

③ 若出现系统压力不平衡的现象，则应检查系统是否有漏气或堵塞，以及测压管是否有堵塞。如果有漏气或堵塞现象，则应进行加强密封或清理。

④ 干燥过程中布袋除尘器气体出口冒粉料时，则应检查布袋是否脱落或破损，及时更换、维修。

⑤ 干燥过程中若遇长时间停电的情况，则应及时清洗干燥器内部，以防止干燥器内物料干而硬、堵塞干燥器出料口。

⑥ 在气流干燥过程中如果出现系统压力突然骤增而又无法消除的情况，则要马上切断电源，操作人员迅速离开操作现场，以防泄爆时伤害人身。操作过程中如泄爆阀突然打开，必须在第一时间内疏散人员，并首先关掉引风机再关掉进料器。

2.2.18 远红外干燥器应如何操作？操作过程中应注意哪些方面？

（1）操作方法

① 检查通风系统与加热系统是否正常，发现故障及时排除。

② 把需干燥处理的物料放入干燥箱内，关好箱门。

③ 把电源开关拨至"1"处，此时电源指示灯亮，控温仪上有数字显示。

④ 温度设定：先按控温仪的功能键"SET"进入温度设定状态，通过光标移动选择设定的温度后，按功能键"SET"确认。

⑤ 定时设定：当 PV 窗显示"T1"时，进入定时设定，出厂时一般设定为"0000"，表示定时器不工作；如不需要定时，即可按"SET"键退出，如需定 1h，可用移位键配合加键设定所需时间，设定的各项数据可长期保存。设定结束后，按"SET"键确认退出。

⑥ 打开升温开关，干燥箱进入升温状态，加热指示灯亮，当干燥器内温度接近设定温度时，加热指示灯忽亮忽暗，反复多次，控制进入恒温状态。如使用定时功能，则只有第一次箱内温度高于设定温度时，定时器开始工作，同时切断加热器电源。定时运行中，如要观察温度设定，按移位键即可转换。

⑦ 干燥结束后，把电源开关拨至"0"处，如需马上打开干燥器门取出物料，则应防止被高温物料烫伤。

⑧ 关闭排风管道电源，检查风口停风状况，确保关闭；关闭主机加热系统；关闭主机电源；打开干燥器门，放置 10min，再做好保护措施去取出已生产完的产品；关闭总电源与整体系统。

(2) 操作注意事项

① 干燥器应放置在具有良好通风条件的室内，在周围不可放置易燃易爆物品；干燥器外壳必须有效接地，以保证用电安全。

② 干燥器内物品放置切勿过挤，必须留出空间，以利热空气循环；干燥器无防爆装置，不得放入易燃易爆物品进行干燥。

③ 机器工作时禁止修改参数，应停机修改。

④ 机器出现故障时，第一时间按急停键，停止机器的动作，并向上级汇报；每次开机前确保没有其他人员靠近危险区域，若有则告之离开。

2.2.19　滚筒式干燥器应如何操作？

① 开机前检查热风炉、导管、调节阀门、给料送料及其他辅助设备是否正常，无异常情况方可开机。

② 热风炉升温。升温过程中，应缓慢进行，切忌升温过快。在整个升温过程中，热风炉的出口温度应控制在 150℃以内，以排出炉内的水分，避免突然升温造成热风炉损坏。在正常使用条件下，升温时间不得少于 1h。

③ 空车试运转。检查各运转部位润滑情况，然后启动电机，检查正反转情况，观察各运转部位有无异常。确定无异常后即可进行联动试车。

④ 试运转正常后，启动引风机，开启除尘压缩空气系统，将压力调至 0.5～0.7MPa。启动加料输送系统，控制出口温度在 60～100℃内。当出风口温度低时，可调低滚筒转速，从而减少出料或上料的数量。当出口温度偏高时，可提高滚筒转速，增加出料量或上料量。

⑤ 停机前先降低热风炉温度，降温过程中，相应减少加料量，当热风入口温度降低后，停止加料。当出料口无料输出时，先关闭滚筒，再关闭出料口，然后关闭风器和引风机。

2.3 研磨设备操作与疑难处理实例解答

2.3.1 物料研磨作用是什么？研磨设备的类型有哪些？各有何结构特点？

（1）研磨的作用

研磨是用外力对物料进行碾压、研细的加工过程。配制色母料或成型多组分着色塑料制品（如 PVC 有色薄膜等）时，物料混合之前常常需把分散性差、用量少的助剂（如着色剂、粉状稳定剂等）先进行研磨细化后，再与树脂及其他助剂混合，以提高其分散性和混合效率，保证制品的性能要求。经过研磨的物料，不仅能把颗粒细化，而且能降低颗粒的凝聚作用，使其更均匀地分散到塑料中。

（2）研磨设备类型

研磨的设备有多种类型，常见的主要有三辊研磨机、球磨机、砂磨机、胶体磨等几种类型。

（3）各研磨设备的特点

三辊研磨机是生产中常用的研磨设备，主要用于浆状物料的研磨。采用三辊研磨时物料的细化分散效果好，能加工黏稠及极稠的色浆料，可连续化生产，可加入较高体积分数的颜料，换料、换色时清洗方便。但设备操作、维修保养技术要求较高，生产效率低，一般主要用于小批量的生产。

球磨机主要用于颜料与填料的细化处理，适于液体着色剂或配制成色浆料的研磨。球磨机研磨时无须预混合，可直接把颜料、溶剂及部分基料投入设备中进行研磨。其操作简单，维修量少。由于是密闭式操作，因此适用于挥发或含毒物浆料的加工，但操作周期长，噪声大，换色较困难，不能细化较黏稠的物料。

砂磨机主要用于液体着色剂及涂料的研磨，其生产效率高，可连续高速化操作，设备操作、维修保养简便，且价格便宜、投资少，应用广泛；但对于密度大、难分散的颜料，如炭黑、铁蓝等，灵活性较差，更换原料和颜色较困难。

胶体磨是一种无介质的研磨设备，通过转子的高速旋转对色浆料产生剪切、混合作用，使颜料得以细化分散。胶体磨使用方便，可连续化操作，生产效率高，但浆料黏度过高时，会使转子减速或停转；转子与定子间距最小为 $50\mu m$，大型胶体磨通常在 $100\sim200\mu m$ 间距下运行，因而不宜于分散细度要求较高的色浆。

2.3.2 三辊研磨机的结构组成是怎样的？三辊研磨机的工作原理是怎样的？

（1）三辊研磨机的结构组成

三辊研磨机主要由辊筒、挡料装置、调距装置、出料装置、传动装置和机架组成，如图 2-20 所示。

三辊研磨机的辊筒是对物料产生剪切挤压的场所，一般为三个等径辊筒平行排列组成，辊筒直径的大小决定研磨机规格的大小。通常情况下三辊研磨机的辊筒为冷硬合金铸铁离心铸造而成，表面硬度达 7°HS 以上；辊筒的圆径经过高精密研磨，精准细致，能使物料的研磨细度达到 $15\mu m$ 左右，因此能够生产出均匀细腻的高品质产品。

挡料装置位于慢、中速辊之间，挡板的位置可通过螺钉进行调节，其作用是防止加料时物料进入辊筒两端的轴承中。

调距装置的作用是调节辊间距离及压紧力，改变对物料的剪切和挤压作用以达到研磨的要求。

出料装置（刮刀片）一般多用钢板制成，其作用是将辊筒表面上的浆料刮下。为了有利于将快速辊表面上的浆料刮下，应贴在快速辊的表面上，其刀口位置应设在高于辊筒轴线 3mm 处。

传动装置主要由电动机、减速箱、联轴器、速比齿轮组成，其作用是为各辊筒提供所需的转矩和转速。电动机通过三角皮带传动，经减速箱后，直接由联轴器传入中速辊，再通过速比齿轮来带动快、慢速两辊作同向旋转。

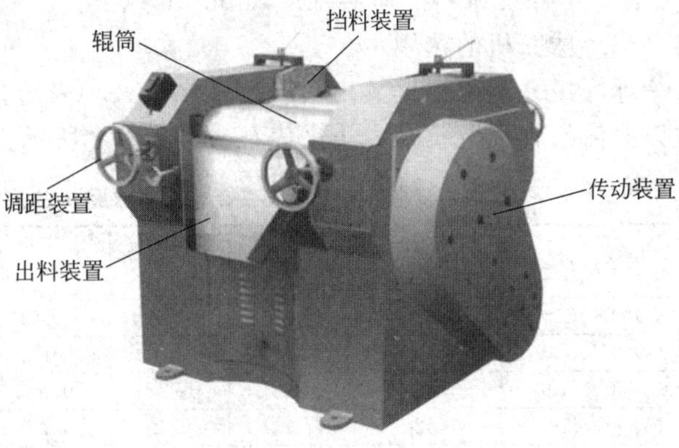

图 2-20 三辊研磨机

（2）三辊研磨机的工作原理

三辊研磨机有三个辊筒安装在铁制的机架上，中心在一直线上。辊筒可水平安装，也可稍有倾斜，钢质辊筒中空，可以通水对其进行冷却。对物料的研磨是通过水平的三根辊筒的表面相互挤压及不同速度的摩擦而达到研磨效果的。三辊研磨机工作时，三个辊筒在传动装置的驱动下，分别以大小不同的速度彼此相向旋转，如图 2-21 所示，通常三个辊筒的速比为 1：3：9。原料由中辊和后辊及两块挡料板之间加入，由于相邻两辊间有一个速度差和辊隙间压力的存在，使加入到相向旋转慢速与中速辊之间的物料大部分被带入辊隙中，经中、后两辊的相反异步旋转而引起原料的急剧摩擦翻动，并被辊筒挤压、剪切，而包在转速较快的中速辊

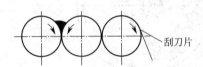

图 2-21 三辊研磨机的旋转状况

上，由于强大的剪切外力破坏了原料颗粒内分子之间的结构应力。物料被带入中速与高速辊辊隙后，再经中前两辊高速的二次研磨，使物料再次被挤压和剪切，而迅速地粉碎和分散，进而达到各种原料的高度均匀混合，且又包在快速辊上，最后被装在前辊前面的刮刀刮下。为了达到均匀研细，物料通常需要研磨 2～3 遍，研磨的细度可由细度板测定，通常浆料的研磨细度都应达到 50μm。

2.3.3 球磨机的结构组成是怎样的？工作原理是怎样的？应如何选用？

（1）球磨机的结构组成

球磨机主要用于颜料与填料的细化处理，适于浆料的研磨。球磨机有多种结构类型，按物料形式分为干式球磨机和湿式球磨机，按外形分为立式球磨机、卧式球磨机等。如图 2-22 所示是一种卧式球磨机，主要由筒体、电机、减速机、传动皮带、机架等组成。筒体内都装有许多大小不同的钢球或瓷球、钢化玻璃球等，球体的容积一般占圆筒容积的 30%～35%。筒体内镶有耐磨衬板，具有良好的耐磨性。

（2）球磨机的工作原理

球磨机有一个回转的筒体，筒体内装有许多研磨球，如图 2-23 所示，研磨球的规格和材质种类很多，可根据研磨的物料选用研磨球。当球磨机工作时，研磨球由于离心力的作用贴在球磨机筒体内壁上，并与筒体一道回转，并被带到一定高度自由落下，下落时研磨球将筒体内的物料击碎，并靠研磨球与球磨机的内壁的研磨作用将物料磨碎。转动时，球体对加入的物料产生碰撞冲击及滑动摩擦，使物料粒子破碎，达到研细的目的。经研磨后的浆料通过球磨机的过滤网过滤，再排出。球磨机中过滤器的过滤网一般有三层，目数一般为 80～

100目，可保证浆料的研磨细度在 $50\mu m$ 以下。

（3）球磨机的选用

球磨机一般可根据其出料粒度及产量大小来选择其规格型号大小。球磨机的规格型号通常以磨筒的直径及长度大小来表征。如表 2-2 所示为几种球磨机的主要技术参数。

表 2-2　几种球磨机的主要技术参数

规格型号	筒体转速 /(r/min)	装球量 /t	给料粒度 /mm	出料粒度 /mm	产量 /(t/h)	电动机功率 /kW	机重 /t
Φ900×1800	38	1.5	≤20	0.073~0.89	0.63~2	18.5	3.6
Φ900×3000	38	2.7	≤20	0.073~0.89	1.1~3.5	22	4.5
Φ1200×2400	32	3.8	≤25	0.073~0.6	1.3~4.8	45	11.5
Φ1200×4500	32	7	≤25	0.072~0.4	1.3~5.8	55	13.8
Φ1500×3000	27	8	≤25	0.072~0.4	2~5	90	17
Φ1500×4500	27	14	≤25	0.072~0.4	2~7	110	21
Φ1500×5700	27	15	≤25	0.072~0.4	3.3~8	132	24.7

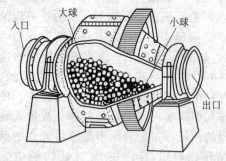

图 2-22　球磨机结构示意图

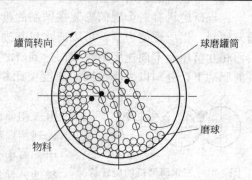

图 2-23　球磨机工作原理示意图

2.3.4　砂磨机的结构组成是怎样的？工作原理是怎样的？

（1）砂磨机的结构组成

砂磨机又称珠磨机，是一种水平湿式连续性生产的超微粒分散机，主要用于液体物料的湿法研磨。砂磨机常见的有立式砂磨机、卧式砂磨机、篮式砂磨机、锥棒式砂磨机、纳米级卧式砂磨机等多种类型。砂磨机主要由机体、磨筒、砂磨盘（拨杆）、研磨介质、电机和送料泵组成，如图 2-24 所示。筒体部分备有冷却或加热装置，以防筒内因物料、研磨介质和圆盘等相互摩擦所产生的大量的热影响产品质量，或因送入的浆料冷凝以致流动性降低而影

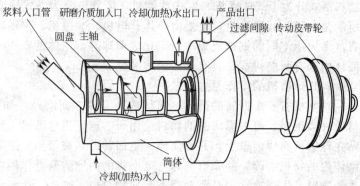

图 2-24　砂磨机的结构

响研磨效能。研磨介质一般有氧化锆珠、玻璃珠、硅酸锆珠等。一般除立式砂磨机选用普通的直径为 2～3mm 或 3～4mm 的玻璃珠外，其他砂磨机均采用直径为 0.8～2.4mm 的氧化锆珠。进料的快慢由送料泵控制。

（2）砂磨机的工作原理

砂磨机是利用料泵将经过搅拌机预分散润湿处理后的固-液相混合物料输入筒体内，物料和筒体内的研磨介质一起被高速旋转的分散器搅动，从而使物料中的固体微粒和研磨介质相互间产生更加强烈的碰撞、摩擦、剪切作用，达到加快磨细微粒和分散聚集体的目的。

砂磨机筒体内的旋转主轴上装有多层圆盘。当主轴转动时，研磨介质在旋转圆盘的带动下研磨压入筒内的浆料，使其中的固体物料细化，合格的浆料穿过小于研磨介质粒度的过滤间隙或筛孔流出。筒体部分设有加热或冷却装置，以防筒内因物料、研磨介质和圆盘等相互摩擦所产生的大量的热影响产品质量，或因送入的浆料冷凝导致流动性降低而影响研磨效能。研磨分散后的物料经过动态分离器分离研磨介质，从出料管流出。砂磨机在细化物料的同时，还有分散和混合作用，适于磨制染料、颜料、药物和其他悬浮液或胶悬剂等。

2.3.5　胶体磨的结构组成是怎样的？工作原理是怎样的？

（1）胶体磨的结构组成

胶体磨是处理精细物料的理想设备，胶体磨其主要构造由磨头部件、底座、传动装置、电机等几部分组成。其中磨头部件是机器核心部分，由动磨盘与静磨盘、机械密封件等构成。在电机凸缘端加装挡水盘，以防渗漏。胶体磨的结构如图 2-25 所示。

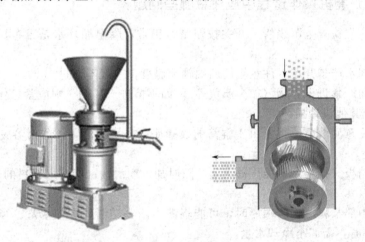

图 2-25　胶体磨的结构

（2）胶体磨的工作原理

胶体磨是由电动机通过皮带传动带动转齿（或称为转子）与相配的定齿（或称为定子）作相对的高速旋转，其中一个高速旋转，另一个静止，被加工物料通过本身的重量或外部压力（可由泵产生）加压产生向下的螺旋冲击力，透过定、转齿之间的间隙（间隙可调）时受到强大的剪切力、摩擦力、高频振动、高速旋涡等物理作用，使物料被有效地乳化、分散、均质和粉碎，达到将物料超细粉碎及乳化的效果，主要用于颜料、染料、涂料、润滑油、润滑脂、塑料等的精细研磨。

2.3.6　三辊研磨机的操作步骤是怎样的？

正常操作过程中，三辊研磨机的操作步骤为：

① 首先按规定穿戴好劳动保护用品，再检查辊面是否清洁，辊间是否有异物。检查下料刮刀是否锋利，检查各润滑部分是否足够润滑。

② 清理干净接浆罐，并放置在接料位置上。再将辊筒依次松开，然后将料刀松开，挡尖轻微松开。同时必须打开阀门，调节冷却水量。

③ 一切处理正常后，再启动三辊研磨机，开始运转辊筒，再根据物料要求，调节三辊研磨机的中辊和后辊之间的间隙，一般将间隙调节为 0.3mm 左右。

④ 调节挡料板，适当地压紧辊筒。

⑤ 加入适当的物料。在加料的过程中，观察物料着色的深度，然后再进一步调节后辊，待所有浆料均匀分布后，锁紧固定螺母。

⑥ 调节慢辊和快辊向中间靠拢，观察辊面是否平行，调节好滚筒的松紧。调节压紧下料刮刀的压力大小，以刮刀刀刃全部与辊面贴实不弯曲为宜。

⑦ 调节挡尖松紧，以不漏为宜。同时还应检查出料均匀程度及浆料的细度，如果不合格，则应继续进行前后辊的调整。

⑧ 操作过程中应观察电流表指针，不得超过三辊研磨机的额定电流。

⑨ 研磨完成后停机时，应待浆料流完后，再用少量同品种脂类或溶剂快速将辊筒洗干净。然后松开辊筒，松开挡尖、下料刮刀等，再按下电钮开关停车。

⑩ 关闭冷却水阀门。清洗挡尖、刮刀、接料盘，将机械全部擦拭干净，清理设备现场周围。长期停车，将辊筒涂上一层 40 号机油，以防辊筒生锈。

2.3.7　三辊研磨机操作过程中应注意哪些问题？

① 操作前首先检查电源线管、开关按钮是否正常，降温循环水是否有，一切正常方可开机。

② 不开冷却水严禁开车。注意辊筒两端轴承温度，一般不超过 100℃。

③ 两辊中间严禁进入异物（如金属块等），如不慎进入异物，则应紧急停车取出，否则会挤坏辊面或使其他机件损坏。

④ 应随时注意调节前后辊，由于辊筒的线膨胀，一不小心，工作时容易胀死，甚至刹住电机产生意外。

⑤ 挡料铜挡板（挡尖）不能压得太紧，随时加入润滑油（能溶入浆料的），否则会很快磨损。

⑥ 当辊筒中部浆料薄、两端厚时，可能辊筒中凸，需调大冷却水量。当辊筒两端浆料薄、中间浆料厚时，需调小冷却水量。

⑦ 操作中应注意是否有异常，如有应即刻停机。

2.3.8　三辊研磨机辊筒间隙应如何测量？三辊机辊筒间隙应如何设置？

（1）辊筒间隙的测量

三辊机辊筒的间隙大小一般用塞尺来测量，塞尺又称厚薄规或间隙片，它是由许多层厚薄不一的薄钢片组成的，如图 2-26 所示，按照塞尺的组别制成一把一把的塞尺，每把塞尺中的每片都具有两个平行的测量平面，且都有厚度标记，以供组合使用。测量辊筒之间的间隙时，先将要测量工件的表面清理干净，不能有油污或其他杂质，必要时用油石清理。根据目测的间隙大小选择适当规格的塞尺逐个塞入。如用 0.03mm 的塞尺能塞入，而用 0.04mm 的不能塞入，就说明所测量的间隙值在 0.03mm 与 0.04mm 之间。当间隙较大或希望测量出更小的尺寸范围时，单片塞尺已无法满足测量要求，可以使用数片叠加在一起插入间隙中

（在塞尺的最大规格满足使用间隙要求时，尽量避免多片叠加，以免造成累计误差）。如用 0.03mm 的塞尺能塞入，而用 0.04mm 的不能塞入，若在 0.03mm 的塞尺上叠加 0.005mm 的塞尺也能塞入，则得到所测间隙值在 0.035mm 与 0.04mm 之间。测量辊筒间隙时应注意选用塞尺片数愈少愈好；测量时不能用力太大，以免塞尺遭受弯曲和折断；不能测量温度较高的工件；测量时不能强行把塞尺塞入辊筒间隙，以免塞尺弯曲或折断。

图 2-26　塞尺

（2）三辊研磨机辊筒间隙的设置

三辊研磨机是依靠辊筒之间的巨大剪切力，相互挤压和摩擦以达到所需的细度和研磨效果的，辊间隙的大小不等于最终可以达到的细度要求。在实际操作中，辊筒之间必须留有间隙，以保证所加工材料可以从辊筒之间顺利经过。通常建议辊间隙大小设置在 25μm 左右。一般理论上，辊筒之间的间隙可以达到 0μm，但如果辊筒间隙太小，则三辊研磨机工作过程中辊筒会受热膨胀而导致辊筒互相接触，这样很有可能损伤辊筒。特别是辊筒没有及时得到冷却时，损伤会更严重。

2.3.9　三辊研磨机为何会出现研磨效果不佳的情况？应如何处理？

（1）研磨效果不佳的主要原因

三辊研磨机研磨时出现研磨效果不佳情况的主要原因有：

① 添加剂与着色剂混合不充分，或者混合不恰当；

② 混合的物料配比不合适，使物料的黏度太低，浆料太稀薄；

③ 加料太多，或辊筒挡板位置设置不合理，使辊筒两侧出现漏料；

④ 辊筒与辊筒之间的距离调节不合理，辊筒间隙太大。

（2）研磨效果不佳的处理办法

① 研磨前将添加剂与着色剂充分混合均匀；

② 调整混合物料的配比，使物料有合适的黏度；

③ 减少辊筒间的存料量，调整合适的挡板位置，防止辊筒两侧出现漏料；

④ 调节辊筒间隙，并测量物料细度，直到细度合格为止。

2.3.10　三辊研磨机工作过程中电机为何易出现过载？应如何处理？

（1）过载原因

三辊研磨机工作过程中电机易出现过载的主要原因是：

① 电源电压太低。

② 物料中混入较大、坚硬颗粒或杂质，或物料混合搅拌不均匀。

③ 润滑系统的润滑油太少，使轴承系统润滑不够充分，而出现过热。

④ 检查挡板是否压得太紧。

（2）处理办法

① 检查电源电压是否太低，改换合适稳定电压的电源。

② 确保混合材料搅拌均匀，防止较大坚硬颗粒或杂质混入物料。

③ 检查润滑系统，添加足够的润滑油，确保轴承系处于良好的润滑状态，不会出现过热现象。

④ 调节挡板对于辊筒的压紧程度，使其处于合适状态。

2.3.11 三辊研磨机在操作过程中齿轮为何会出现异常噪声？应如何处理？

三辊研磨机在操作过程中齿轮出现异常噪声的原因很可能是齿轮发生错位。三辊研磨机辊筒之间的间隙是可以调节的，相应支持辊筒间隙调节的齿轮也是可以移动的。如果辊筒在不平行的状态下运行，则齿轮会产生错位，便会伴随异常噪声出现。

如果有噪声出现，则应及时调整辊筒之间的间隙，使辊筒间隙调节的齿轮保持良好的啮合状态，以防止对齿轮和辊筒造成损伤。

2.3.12 采用球磨机研磨塑料原料时操作流程是怎样的？球磨机操作过程中应注意哪些问题？

(1) 操作流程

采用球磨机研磨塑料原料时操作流程如图 2-27 所示，一般如下：

① 开机前的准备与检查。检查润滑站油箱、减速箱内、电机主轴承内、球磨机筒体主轴瓦内、大小齿轮箱内是否有足够的油量，油质是否符合要求；检查减速器、主轴瓦冷却水是否通畅；检查各部连接螺栓、键、柱销是否松动、变形；检查传动齿轮润滑是否良好、有无异物；检查筒体衬板及道门螺栓是否松动；检查给料、出料装置是否运行正常；检查电动机的接触情况是否良好；检查仪表、照明、动力、信号等系统是否完整、灵活可靠。

② 加料启动。启动球磨机，启动顺序为开动给料设备→开动主电机→开始对球磨机供料、供水。

③ 运行中的观察。启动球磨机后，应注意观察密封处是否严密，有无漏料、漏油、漏水等现象；检查球磨机运转是否平稳，有无不正常的振动，有无异常声音。

④ 球磨结束，停机。球磨机停机时，先做好停机的准备工作，首先用预定的信号通知各附属的人员，应先做好停机准备工作。停机顺序为：停止喂料设备→停止主电机→停止润滑和冷却水供应。

(2) 注意事项

① 启动操作前必须清场，并做好准备启动警示，先点动试车。

② 停车、出现异常维修操作等需挂警示牌，严禁带电维修作业。

③ 工作期间严禁擅自离开岗位，发现异常应立即按照停车作业顺序停车，并做好记录上报问题。

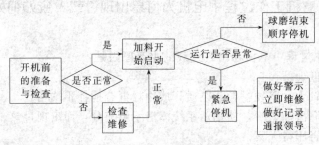

图 2-27 球磨机操作流程

2.3.13 采用砂磨机研磨塑料原料时应如何操作？砂磨机操作过程中应注意哪些问题？

(1) 操作方法

① 做好试车前的准备工作。检查各部件安装是否牢固；各机的旋转方向应按箭头所指

方向运转（应点动试方向）；检查冷却水是否通畅；每工作50h后，再调正三角带一次。

② 从筒体顶部加入研磨介质。

③ 先启动进料泵，输入物料，待顶筛上出料后，再启动主机。

④ 砂磨机研磨过程中应注意观察物料状况，出现异常应及时处理。

⑤ 研磨结束后即可停机。停机时间较长时，应清理干净筛网，清洗分散器，清洗时轻微地、间歇性地转动，以免损坏分散器。

（2）操作应注意的问题

① 较长时间停车后，再启动时，往往由于物料中的固体颗粒和研磨介质沉降而"卡"紧分散器，尤其是黏稠性物料在较低温度时，"刹车"现象尤为严重。此时，点动电机不能启动时，应用手在主轴皮带轮"盘车"辅之，以输入少量对物料有溶解能力的溶剂，使物料溶解、分散器松动后再启动。不能强行启动，以免损坏电器和机体。

② 一旦出现"冒顶"时，应立即停车清洗筛网，放置接浆盆，调整供浆泵速度，重新启动。否则物料有可能侵入主轴轴承而导致轴承磨损，或者损坏进浆泵。

③ 在筒体内没有漆料和研磨介质时严禁启动。

④ 用溶剂清洗筒体时，只能将分散器轻微、间歇地转动，以免部件磨损。

2.3.14 胶体磨的操作步骤是怎样的？

① 使用前，检查各紧固螺钉是否拧紧；转动转子，检查与定子是否接触，有无卡死现象；检查电源线是否为380V三相交流电，机体是否接地保护；并注意转子旋转方向是否正确，一般应为顺时针旋转方向。检查黄油杯油量，及时补充黄油。

② 接通冷却水，并注意水嘴的进出水标志。再接上出料循环管和排漏管。

③ 首先点动电机开关，检查是否有杂音、振动。如果情况不正常应立即停机，排除故障后再启动电机。

④ 在运转状态下清洗定子、转子内残余物料，清洗时先将大卡盘向逆时针方向旋转不小于90°后进行清洗。

⑤ 调节定、转子间隙。调节方法是：在运转状态下，先松动两个手柄，扳动手柄带动大卡盘旋转，进行间隙的调整，定位盘顺时针旋转间隙缩小，物料粒度变小；逆时针旋转间隙加大，物料粒度变大。当定、转子间隙调整后，应同时顺时针拧紧两个手柄。根据加工物料的粒度和批量要求，选择最佳定、转子间隙后即可调整限位螺钉以达到限位目的。

⑥ 再注入1~2kg的液料或其他与加工物料相关液体，并将湿料保持在循环管内的回流状态，然后启动胶体磨，待运转正常后即可正常投料生产。胶体磨研磨过程中应注意电机负荷，发现过载及时减少投料。

⑦ 研磨过程中可根据物料加工要求进行一次或多次研磨。

⑧ 研磨结束时，关机之前，应在进料斗内加入或留存适量加工物料相关液体或其他液体，并将湿料保持循环管内的回流状态。

⑨ 停机时，先关闭闸阀、压力表，然后停止电机。

2.3.15 胶体磨在研磨过程中出现不正常情况时应如何拆卸进行检查？

胶体磨在研磨过程中出现不正常情况时应立即拆卸进行检查，并进行处理。拆卸的方法是：

① 定子总成的拆卸。先除去料斗去掉进出水嘴，松掉盖形螺钉，取下刻度盘，手握手柄，逆时针旋转取下大卡盘，向上提起磨头盖即可将定子总成取出。

② 转子总成的拆卸。把定子提出后，拆下出料口拧下左旋螺钉就可将转子和叶轮拆下。转子和定子的组装可按与上面所述相反的顺序进行，装配前每个零件应清洗干净。安装时，需要在各接触面和螺纹部分涂抹符合要求的润滑油后装配。拆装时应注意各密封圈不得损坏、错装和丢失。

③ 皮带轮的拆卸与更换。按所需转速更换皮带轮时，先松动电机盖端螺母，沿水平方向向磨头方向推动电机，使三角皮带放松，将机器放倒，然后拧下主轴上螺母和电机轴上的紧固螺钉，卸下原皮带轮。更换所需皮带轮时可用手锤轻轻敲入，不可用力重击，以免损坏皮带轮，破坏机器精度。换好后，用螺母和螺钉紧固，再将机器轻轻立起。机器立起后，沿水平方向推动电动机，使三角皮带拉紧，然后上好盖板。

2.3.16 胶体磨研磨过程中应如何调节磨盘间隙？

胶体磨的磨盘间隙决定物料的研磨细度，研磨过程中一定要调节好磨盘间隙。通常磨盘间隙的调节方法是：首先将出料口方块上限位螺钉松下，在不开机的情况下将调节盘（刻度盘）上两手柄逆时针拧松，然后顺时针转动调节盘，当转动调节盘感到有少许阻力时马上停止，此时调节盘上刻度对准体上指针的读数确定动、静磨盘间隙为0。再反转（逆时针）调节盘几圈使动、静磨盘之间隙略大于0。调节盘的刻度每进退一大格为0.01mm。一般在满足加工物料细度要求的情况下，尽可能使磨盘间隙保持一定间距，同时用手柄将调节盘锁紧，然后将进料口方块上限位螺钉调好，确保机器正常运作。但应注意的是：胶体磨在出厂时，设备出料口方块上已装有调好的限位螺钉，磨盘间隙是最佳加工细度间隙。

2.3.17 胶体磨在使用过程中应注意哪些问题？如何维护保养？

（1）注意的问题

① 注意不能研磨干状固体物料，只能进行湿式加工，物料研磨前应清除杂物，物料粒度应小于1mm，物料硬度不得高于309HV，以防损坏机器。

② 启动、关闭及开机清洗前、后，胶体磨机体内一定要留有水或液态物料，禁止空转与逆转。否则，操作失当会严重损坏硬质机械组件或静磨盘、动磨盘，或发生泄漏烧毁电机等故障。

③ 胶体磨用毕或短期内不用，应很好地清洗内腔，以防腐蚀，最好用高压空气吹干。清洗时根据不同的物料选用合适的清洗剂，但应保证不损坏密封件（密封件材料采用丁腈橡胶）。

④ 接好电源后，特别要注意开机运转方向，判别电机是否沿正常方向旋转，或从进料管径处看方向是否同胶体磨上红色警示标志旋转方向箭头相一致。绝对禁止空转（腔内缺料液）和反转。

⑤ 胶体磨在动作中，绝不许关闭出料阀门，以免磨腔内压力过高而引起泄漏。

⑥ 胶体磨属高精密机械，磨盘间隙极小，转动速度快。操作人员应严守岗位，按规章作业，发现故障及时停机，排除故障后再生产。

⑦ 胶体磨使用后，应彻底清洗机体内部，勿使物料残留在体内，以免硬质机械黏结而损坏机器。

（2）维护与保养

① 经常检查胶体磨管路及结合处有无松动现象。用手转动胶体磨，试看胶体磨是否灵活。

② 定期向轴承体内加入轴承润滑机油，观察油位应在油标的中心线处，润滑油应及时更换或补充。一般在工作第一个月内，经100h后更换润滑油，以后每500h换油一次。

③ 开机时，首先应点动电机，试看电机转向是否正确。开动电机，当胶体磨正常运转后，打开出口压力表和进口真空泵视其显示出适当压力后，逐渐打开闸阀，同时检查电机负荷情况。如发现胶体磨有异常声音应立即停车检查原因。

④ 尽量控制胶体磨的流量和扬程在标牌上注明的范围内，以保证胶体磨在最高效率点处运转，只有这样才能获得最大的节能效果。

⑤ 胶体磨在运行过程中，轴承温度不能超过环境温度30℃，最高温度不得超过80℃。

⑥ 定期检查轴套的磨损情况，磨损较大时应及时更换。

⑦ 胶体磨在寒冬季节使用时，停车后，需将泵体下部放水螺塞拧开将介质放净，以防止冻裂。

⑧ 胶体磨长期停用时，需将泵全部拆开，擦干水分，将转动部位及结合处涂以油脂装好，妥善保存。

2.4　混合设备操作与疑难处理实例解答

2.4.1　塑料混合设备类型主要有哪些？各有何特点？

（1）混合设备的主要类型

塑料混合设备类型较多，常用的主要有捏合机、Branetali 混合机、高速分散机、高速混合机、连续混合器等。

（2）各类混合设备的特点

捏合机主要用于高黏度物质的混合分散，如粉状颜料、色母料等。物料在可塑状态下，在捏合机的工作间隙中承受强烈的剪切挤压，使颜料凝聚体破碎、细化、混合分散。捏合机能形成较强烈的纵混和横混，从而表现出强烈的分散能力和研磨能力。

Branetali 混合机主要用于各种黏度乳液的混合和分散，混合机中一般都有温控装置，生产过程中温度容易控制；还有一对同轴不同转速且轴心位于混合室中心的框型板，工作时得用框型板与混合室内壁对物料产生摩擦、剪切、挤压等作用，使物料间相互碰撞、交叉混合，以使其均匀分布。混合机的工作容量范围较宽，可以是总容量的 25%～80%，混合室拆装方便，换料换色容易。但框型板对物料在重力方向的作用较弱，故对超高黏度的乳液混合分散效果不佳。

高速混合机是广泛使用的混合设备，主要用于粉体树脂的混合与分散，如粉状 PVC 树脂与其他助剂的混合、颜料与分散剂及树脂的混合等。由于桨叶运动速度很高，物料间及物料与所接触的各部件相互碰撞、摩擦频率很高，使得团块物料破碎。加上折流板的进一步搅拌，使物料形成无规的漩涡状流动状态而导致快速的重复折叠和剪切撕捏作用，因此其混合效果好，混合均匀，且生产效率高。

连续混合器是一种转子式混合器，它主要用于聚烯烃色母料、聚苯乙烯类色母料的配料的混合分散。混合器中有转子，该转子相当于螺杆送料器。当物料加入到转子的加料段时，能把物料推到转子的混合段。物料在转子和筒壁之间因强烈剪切力作用而混合分散，并在转子间的研磨作用下被捏合。一般连续混合器是多种组分的物料连续地或分批计量混合，并保持连续出料。

2.4.2　高速混合机的结构组成是怎样的？

普通高速混合机主要由混合锅、回转盖、折流板、搅拌桨叶、排料装置、驱动电动机、机座等部分组成，如图 2-28 所示。

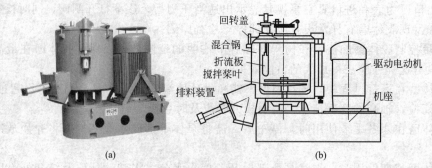

图 2-28　高速混合机

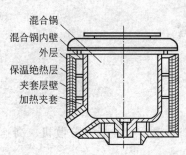

图 2-29　混合锅的结构

混合锅是混合机的主要部件，是物料受到强烈搅拌的场所，其结构如图 2-29 所示。外形呈圆筒形，锅壁由内壁层、加热或冷却的夹套层、绝热及外套层等三层构成。内壁通常是由锅炉钢板焊接而成，有很高的耐磨性。为避免物料的黏附，混合锅内壁表面粗糙度 $Ra \leqslant 1.25\mu m$。夹套层一般用钢板焊接，用于通入加热或冷却介质以保证物料在锅内混合所需的温度。夹套外部是保温绝热层，与管板制成的最外层组成隔热层，防止热量散失。

混合锅上部是回转盖，回转盖通常由铝质材料制成。其作用是安装折流板，封闭锅体以防止杂质的混入、粉状物料的飞扬和避免有害气体逸出等。为便于投料，回转盖上设有 2～4 个主、辅投料口，在多组分物料的混合时，各种物料可分别同时从几个投料口投入而不需要打开回转盖。

折流板的作用是使做圆周运动的物料受到阻挡，产生旋涡状流态化运动，促进物料混合均匀。折流板一般是用钢板做成的，且表面光滑，断面呈流线形，内部为空腔结构，空腔内装有热电偶，以控制料温。折流板上端悬挂在锅盖上，下端伸入混合锅内靠近锅壁处，且可根据混合锅中投入物料的多少上下移动，通常安装高度应位于物料高度的 2/3 处。

搅拌装置是混合机的重要工作部件。其作用是在电动机的驱动作用下高速转动，对物料进行搅拌、剪切，使物料分散。搅拌装置一般由搅拌桨叶和主轴驱动部分组成，通常设在混合锅底部。

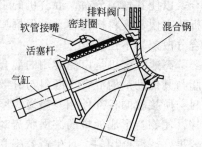

图 2-30　排料装置的结构示意图

排料装置设置混合锅底部前侧，其结构如图 2-30 所示。排料阀门与气缸内的活塞通过活塞杆相连，当压缩空气驱动活塞在缸内移动时，可带动排料阀门迅速地实现排料口的开启和关闭。排料阀门外缘一般都装有橡胶密封圈，排料阀门关闭时，阀门与混合锅成为一体，形成密而不漏的锅体。当物料混合完毕，经驱动排料阀门与混合锅体脱开而实现排料。安装在排料口盖板上的弯头式软管接嘴连接压缩空气管，可在排料后通入压缩空气，用以清除附着在排料阀门上的混合物料。

2.4.3　高速混合机工作原理是怎样的？

高速混合机工作时，其混合锅中的搅拌桨叶在驱动电动机的作用下高速旋转，搅拌桨的表面和侧面分别对物料产生摩擦和推力，迫使物料沿桨叶切向运动。同时，物料由于离心力的作用而被抛向锅壁，物料受锅壁阻挡，只能从混合锅底部沿锅壁上升，当升到一定的高度后，由于重力的作用又回到中心部位，接着又被搅拌桨叶抛起上升，如图 2-31 所示。这种上升运动和切向运动的结合，使物料实际上处于连续的螺旋状上、下运动状态。由于桨叶运动速度很高，物料间及物料与所接触的各部件相互碰撞、摩擦频率很高，因此使得团块物料破碎。加上折流板的进一步搅拌，使物料形成无规则的旋涡状流动状态而导致快速重复折叠和剪切撕捏作用，达到均匀混合的目的。

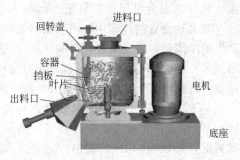

图 2-31　高速混合机的工作原理示意图

2.4.4　高速混合机有哪些类型？塑料成型过程中应如何选用？

（1）高速混合机的类型

高速混合机有多种类型，通常可按加热的方式、搅拌桨叶的结构形式及混合锅容量规格大小等不同的方式对其进行分类。其按加热方式分一般可分为蒸汽加热式、电加热式及油加热式等三种；按搅拌桨叶的结构形式分有普通式和高位式两种类型；按混合锅容量规格大小分有微型、小型、中型和大型等多种类型，如 10L、50L 属于微型，100L、150L 属于小型，300L、500L 属于中型，800L 则属于大型。

（2）高速混合机的选用

塑料成型过程中，高速混合机加热形式的选用应根据生产的条件来进行确定；搅拌桨叶的结构形式和组合安装的形式应根据物料的特性来进行选用；高速混合机容量规格大小应根据后续设备生产能力大小来进行选择。

① 蒸汽加热的高速混合机，加热时升、降温速度快，易进行温度控制，但当蒸汽压力不稳定时，锅壁温度也不稳定，易使物料在锅壁处结焦，对混合质量有一定影响。此外，还需增设蒸汽发生的设备。

② 电加热的高速混合机操作方便，卫生性好，无须增添其他设备，但升、降温速度慢，热容量较大，温度控制较困难，使锅壁温度不够均匀，物料易产生局部结焦。

③ 油加热的高速混合机在加热时，锅壁温度均匀，物料不易产生局部结焦，但升、降温速度慢，热容量大，温度控制较困难，并且易造成油污染。

搅拌桨叶结构、安装对物料的搅拌混合效果有较大影响，在选用时应根据物料的特性来选择搅拌桨叶的结构形式和组合安装的形式，尽量减少搅拌死角，提高搅拌的效果。普通式的搅拌桨装在混合锅底部，传动轴为短轴，因此混合锅内物料较多时效果不佳；高位式的搅拌桨叶装在混合锅的中部，传动轴相应长些，高速混合时，物料在桨叶上下都形成了连续交叉流动，因而混合速度快、效果好，且物料装填量较大。

生产中还应根据后续设备大小、生产速度及产量的大小等选择合适规格的高速混合机，一般生产中常用高速混合机的规格主要有 200L、300L、500L、800L 等。

2.4.5　高速混合机应如何控制？

高速混合时，物料混合质量通常与设备结构因素如搅拌桨的形状、搅拌桨的安装位置等有关，也与混合过程中的控制、操作因素如桨叶转速、物料的温度、混合时间、投料量、物料的加入次数及加入方式等有关。因此在物料的混合时，应控制的主要工艺因素是混合温度、转速、混合时间、投料量、加料顺序等。

在高速混合的过程中，由于物料之间以及物料与搅拌桨、锅壁、折流板间较强的剪切摩擦产生的摩擦热，以及来自外部加热夹套的热量使物料的温度迅速升高，促使一些助剂熔融（润滑剂等）及互相渗透、吸收，同时还对物料产生一定的预塑化作用，有利于后续加工。一般混合温度升高有利于物料的互相渗透和吸收，但温度太高会使树脂熔融塑化，不利于组分的分散。

如 PVC 加工中物料的混合时，一般应控制加热蒸汽压力为 0.3～0.6MPa，出料温度在 90～100℃。在实际生产中，在较高的搅拌桨转速下，当物料的摩擦热可以达到较好的混合效果时，如硬质的 PVC 物料，混合过程中可不要外加热。

高速混合时，搅拌桨的转速越快，越有利于物料的分散，物料混合越均匀。如某企业压延成型 PVC 片材时，物料高速混合时转速控制为 500r/min。

混合时间长有利于物料的分散均匀性，提高混合效果。但混合时间过长，会使物料出现过热，不利于后道工序的温度控制，同时也会增加能量的消耗。一般 PVC 物料的混合时间以控制在 5～8min 为佳。

高速混合时一般投料量不能太大，过多的物料不利于混合时物料的对流，使物料不能很好地分散，因而影响混合效果。一般投料量应是在高速混合机容量的 2/3 以下，但也不能太少，物料面应在搅拌桨叶之上。

在高速混合时还应注意物料的加入顺序，一般应不阻碍物料的互相渗透、吸收。如果在加软质颜料到高速混合机中之前，先将混合温度升到 80℃，或将其加入冷却后的混合机中，就能得到优良的分散性。硬质颜料，如氧化物颜料，在混合容器中会使金属磨损。含有重金属的颜料，不仅会发生颜色的改变（尤其是白色色调变灰），而且降低老化性能，因为重金属尤其是铁，通常生成金属氯化物导致 PVC 发生催化降解，因此通常在混合过程中应在后阶段添加颜料，以避免 PVC 发生催化降解。

2.4.6 高速混合机应如何进行安装与调试？

（1）高速混合机的安装

① 在安装高速混合机前，应仔细阅读使用说明书。根据厂方提供的地基图，做好地基，并留出安装地脚螺钉的方孔。高速混合机一般安装于水泥基础或钢架基础之上。

② 采用水泥基础时，应待地基接近干燥时，将机器吊在地基的上空，将地脚螺钉穿入螺钉孔。

③ 高速混合机安在地基上后，以混合锅投料口为基准，用水平仪校平。在预留的方孔内灌注水泥，完成地基表面的最后平整工作。

④ 待水泥干燥后，将机座与地坪上的地脚螺栓紧固。

⑤ 安装时下桨叶与混合室内壁不允许有刮碰，排料阀门启闭应灵活可靠。

（2）高速混合机的调试

① 混合机安装牢固后，应首先检查所有电源、气源、蒸汽等与样本的要求是否一致，各部分的安装是否符合要求，各润滑点是否加满指定的润滑脂。

② 点动电动机，检查搅拌桨旋向是否正确。整机运转时应平稳，无异常声响，各紧固部位应无松动。

③ 空载试验。检查一切正常后，先进行低速空载试验，再进行高速空载试验，并分别检查回转盖的保险开关与气动部件的运行是否正常。混合机的空运转时间不得少于 2h，其手动工作制和自动工作制应分别试验，并按 JB/T 7669 规定进行检验。

④ 负荷试验。空运转试验合格后，应进行不少于 2h 的负荷试验，并按 JB/T 7669 规定

进行检验。负荷试验的投料量由工作容量的 40％ 起，逐渐增加至工作容量。负荷试验时应先进行低速负荷试验，再进行高速负荷试验，并分别检查回转盖的保险开关与气动部件的运行是否正常。整机负荷运转时，主轴轴承最高温度不得超过 80℃，温升不得超过 40℃，噪声不应超过 85dB（A）。加热、冷却测温装置应灵敏可靠，测温装置显示温度值与物料温度实测值误差不大于 ±3℃。

2.4.7　高速混合机应如何安全操作？操作过程中应注意哪些问题？

（1）操作方法

① 开机前需认真检查混合机各部位是否正常。首先应检查各润滑部位的润滑状况，及时对各润滑点补充润滑油。检查混合锅内是否有异物，搅拌桨叶是否被异物卡住。如需更换产品的品种或颜色时，必须将混合锅及排料装置内的物料清洗干净。检查三角皮带的松紧程度及磨损情况，应使其处于最佳工作状态。还应检查排料阀门的开启与关闭动作是否灵活，密封是否严密。检查各开关、按钮是否灵敏，采用蒸汽和油加热的应检查是否有泄漏。

② 检查设备一切正常后，方可开机。开机时首先调整折流板至合适的高度位置，然后打开加热装置，使混合锅升温至所需的工艺温度。

③ 当温度达到设定温度后，即可按工艺要求的投料顺序向混合锅投料。先低速启动搅拌桨叶，再缓慢加料。

④ 启动搅拌桨叶时应先低速启动，无异常声响后，再缓慢升至所需的转速，如出现异常声响应及时停机检查。

⑤ 物料混合好后，打开气动排料阀门排出物料，停机时应使用压缩空气对混合锅内壁、排料阀门进行清扫，再关闭各开关及阀门。

（2）操作应注意的问题

① 投料时严格按工艺要求的投料顺序及配料比例分别加入混合锅中，投料时应避免物料集中在混合锅的同一侧，以免搅拌桨叶受力不平衡。物料尽量在较短的时间内加入到混合锅内，锁紧回转锅盖及各加料口。

② 启动搅拌桨叶时应先低速启动，后高速运转，高速混合机启动前不得投料，以减小启动阻力。

③ 在高速混合机工作过程中严禁打开回转锅盖，以免物料飞扬。

④ 在物料混合过程中要严格控制物料的温度，以避免物料出现过热的现象。

2.4.8　高速混合机应如何维护与保养？

高速混合机在使用时应注意其维护与保养，以保证物料的混合质量与设备的使用寿命。一般应制订相应的维护与保养规程。高速混合机的维护与保养除了遵循一般设备的维护保养规则以外，还应需注意以下几方面：

① 高速混合机初次运行 10h 后，应该进行全面检查，必要时各零部件的连接部分应该再拧紧一次。应该检查三角带的拉紧程度。当调节丝杠将三角带均匀拉紧后，需将电机机座的锁紧螺栓拧紧，防止松动。

② 高速混合机运行 300h 后，应该全面地对机身各润滑点普遍注油润滑。

③ 高速混合机各部分应该保持清洁，尤其是混合室的内壁、卸料阀等部门。清扫时，可以采用压缩空气进行清扫，停机时，应该用干净的布将混合室内壁、搅拌桨、卸料浆、卸料阀等部件的表面擦拭干净。

④ 高速混合机若长期停放不用，应该对混合室、卸料阀、卸料管等部件的光滑表面涂

抹防锈油脂，防止潮浸、酸蚀。

⑤ 注意设备缓慢启动，正常后再加料混合，加料应按要求顺序缓慢加入。

⑥ 易损件严重损坏时，应该及时修理、更换。备齐密封圈、联轴器用橡胶圈、V 带和滚动轴承，这些部件的工作部位容易出故障，必要时应及时更换。

⑦ 定期（一般一季度）检查各紧固件是否有松动现象；检查 V 带安装的松紧程度；设备各部分要清扫除污、除尘。主轴应该按照要求每月加油一次，一般采用二号钠基润滑脂润滑。整机每半年检修一次，更换各处的密封件，检查电气线路和元件的使用情况。温度显示控制仪表应该定期校对。

2.4.9 冷混合机的作用是什么？其结构是怎样的？

（1）冷混合机的作用

冷混合机的作用是：可将热混合机混合好的热混物料加入混合锅内，工作时混合锅夹套通水冷却，在搅拌桨作用下使物料在较短的时间里均匀冷却，有效地防止物料因过热而出现降解，同时排除热混物料中的残余气体，并使混合物料的组分进一步地均匀化。

热混合机

冷混合机

图 2-32 立式结构的冷混合机

（2）冷混合机的结构

冷混合机的结构与普通的高速热混合机的结构基本相同，且通常与热混合设备配套使用，如图 2-32 所示。工作时，混合锅夹套通水冷却，将热混合机混合好的热混物料加入混合锅内，在搅拌桨作用下使物料混合。通常冷混合时，冷混合装置中一般通入冷却水进行冷却，冷却水的温度为 $0 \sim 20℃$，物料冷却后的温度一般在 $40 \sim 60℃$，搅拌桨工作转速一般为 $200r/min$ 左右。冷混合机的形式分为立式和卧式两种，如图 2-32 所示为立式结构的冷混合机。

2.4.10 捏合机结构组成是怎样的？工作原理是怎样的？

（1）捏合机的结构组成

捏合机是一种低速混合机，根据其内部搅拌器的形状可分为 Z 形和 S 形，如图 2-33 所示，主要由捏合部分、机座部分、液压系统、传动系统和电控系统等五大部分组成。

捏合部分主要由混合室、搅拌器等组成。混合室是一钢槽，槽底为两个半圆形，内衬不锈钢，槽体装有加热/冷却的夹套。一对搅拌桨装在槽壁两边近底部。两个桨叶的旋转速度是有差别的，根据不同的工艺可以设定不同的转速。捏合部分可以根据需求设计成加热和不加热的形式，换热方式通常有：电加热、蒸汽加热、循环热油加热、循环水冷却等。

液压系统主要完成捏合锅盖的启闭、捏合锅体的翻转等功能。

传动系统是由电机驱动，经弹性联轴器至减速机减速后，由输出装置传动，使其达到规定的转速，也可由变频器进行调速。出料方式有液压翻缸倾倒、球阀出料、螺杆挤出等。

S形捏合机

Z形捏合机

图 2-33 捏合机的结构组成

（2）捏合机的工作原理

捏合机工作时是由于混合室内的一对 Z 形（或 S 形）转子的相向转动，对物料产生叠合、对流和压缩的作用，使物料分散混合均匀。混合物的出料可通过底部的阀门来完成或将混合室倾斜倒出。另外，捏合机上也可装上脱气装置以除去挥发物或空气。捏合机转速一般比较低，其主轴转速为 20～40r/min，副轴为 10～20r/min。捏合机兼用于干、湿两种物料的混合，可用于聚氯乙烯的混料、热固性模塑料的配制，也可用于化学过程如纤维素的乙酰化或硝化。

2.4.11　捏合机应如何操作？

① 开机前，操作人必须穿好工作服，戴好安全帽、口罩和护目镜等劳保用品。再检查并确认捏合机内无杂物，皮带轮护罩已经上好紧固，减速机内齿轮油位在油位计 1/2～2/3 处。用手盘动捏合机，保证转动部件无异响和摩擦等现象。

② 检查一切正常后，合上电源总闸开关，打开捏合机电源，根据工艺要求设定捏合温度，打开加热开关，开始给捏合机混合室升温。

③ 温度达到设定值后，恒温一段时间，使混合室温度均匀。

④ 启动电机，低速转动桨叶，观察空机运转时电流是否在范围内，观察机械传动部件运转情况是否良好；若有振动或异响等情况，应立即停机检查，排除故障。

⑤ 关死冷却水泵进出水阀门，用手能够灵活盘动冷却水泵后，点动冷却水泵观察其转向是否正确。保证冷却水泵转向正确及空转状态良好后，全开冷却水泵进水阀门。开循环冷却水时应遵循先开出水再开进水的原则，以保证设备夹套不会被挤爆。

⑥ 再将捏合机进、出水阀门全开，启动冷却水泵。根据冷却水泵出水管路压力表压力显示，渐渐打开冷却水泵出水阀门，保证冷却水压力不超过 0.3MPa。在打开冷却水泵出水阀门过程中，若压力表反应不正常时，应立即停泵，更换新的压力表后再继续操作。

⑦ 加料。加料时应根据工艺要求，遵循"均匀下料，少量快加"的原则，保持连续均匀加料。

⑧ 合上混合室盖，并锁紧。再调节搅拌桨叶转速至适当，使物料捏合均匀。捏合过程中应注意观察电流表、压力表等的读数，如有异常，应及时停机检查并排除。

⑨ 捏合完成后，即可关闭加热开关，再降低搅拌桨叶转速，打开排料开关，进行排料操作，排出物料。

⑩ 排料完成后即可停机，然后再清理干净混合室，清理时，要戴好安全帽、护目镜、口罩和手套等劳保用品，同时穿好鞋套，避免杂物污染系统中的物料。

⑪ 关闭冷却水阀，合上捏合室外盖，关上电源总开关，清扫场地。

2.4.12　捏合机操作过程中应注意哪些问题？

① 投料前检查缸内有无异物、杂质，保证清洁后才能投料生产。在清理设备时，设备电源应为关闭状态，严禁在电源未关的情况下清理，以防止发生意外。

② 在加料或出料时，先停机，同时将盖固定好再加料或出料，在搅拌桨转动的情况下严禁手和其他一切杂物进入内部，防止人受伤或损坏设备。

③ 设备运转过程中严禁将手或其他工具伸入旋转的设备内。若要清理捏合机上黏附的物料时，要先将捏合机关停，断开断路器后挂上警示牌，同时安排人员在配电室内看守或将配电室门锁死。

④ 严禁超负荷使用，以免烧坏电机；发现故障，立即停机检查，不得让机械设备带病工作，以免引发更大的事故。

⑤ 捏合机清理物料时，要戴好安全帽、护目镜、口罩和手套等劳保用品，同时穿好鞋套，避免杂物污染系统中的物料。生产过程中发现设备有不正常现象，操作人员应立即关掉电源，报修。

⑥ 检修捏合机时，需断开捏合机断路器，挂上警示牌并安排专人看护或将配电室门锁死。检修完后由检修负责人摘下警示牌，清除捏合机内部和现场杂物。

⑦ 冷却水及蒸汽在使用时，一定要独立使用，即开蒸汽，接通冷却水的阀门必须是关闭的；开冷却水时，接通蒸汽的阀门必须是关闭的，防止冷却水与蒸汽互混发生爆炸或影响冷却系统，甚至烧坏冷却机。

⑧ 生产过程中发现设备有不正常现象时，操作人员应立即关掉电源，及时报告设备管理员，并认真及时准确填写操作记录。

2.4.13 螺带混合机结构是怎样的？工作原理是怎样的？

（1）结构

螺带混合机结构有卧式和立式之分，卧式螺带混合机又可分为单轴和双轴两种，如图 2-34 所示。单轴式的混合机按混合室的形式分为 U 型和 O 型；单轴卧式螺带混合机的机体以 U 型为主，O 型主要为小型机，机体外壳由普钢或不锈钢制造。机体上盖板一般设有两个进料口，大型混合机有三个进料口。机体两端采用了内外层墙板的空心夹层结构。混合机的主要工作部件由螺带、支撑杆及主轴组成。其中螺带的结构形式设计决定着混合机的混合质量和效率。螺带的结构形式有单头单层螺旋、双层单头螺旋、单头双层螺旋、单头双层螺旋和双头双层螺旋等多种形式。其中以双头双层双旋向的居多，内、外螺旋叶片分别为左、右螺旋，为了使内、外叶片输送物料能力相等，以保持料面水平，内螺带应宽于外螺带，一般为外螺带的 3～5 倍。

(a)卧式单轴螺带混合机　　　　(b)卧式双轴螺带混合机

图 2-34　卧式螺带混合机

（2）工作原理

对于卧式 U 型螺带混合机，其机体的长筒体结构，保证了被混合物料（粉体、半流体）在筒体内的小阻力运动正反旋转螺条安装于同一水平轴上，形成一个低动力高效的混合环境，双层或三层螺带状叶片的外层螺旋将物料从两侧向中央汇集，内层螺旋将物料从中央向两侧输送，可使物料在流动中形成更多的涡流，从而能加快混合速度，提高混合均匀度。螺带式混合机工作时，由于搅拌轴的螺旋带运动，使内外螺旋带在较大范围内翻动物料，内螺旋带将物料向两侧运动，外螺旋带将物料由两侧向内运动，使物料来回掺混；另一部分物料在被螺旋带推动下，沿轴向径向运动，从而形成对流循环。由于上述运动的搅拌，物料在较短时间内获得快速均匀混合。卧式螺带混合机是一款高效率、高均匀度、高装载系数、低能耗、低污染、低破碎的新型搅拌混合设备。

第❸章

塑料混炼塑化设备操作与疑难处理实例解答

3.1 密炼机操作与疑难处理实例解答

3.1.1 塑料混炼设备主要类型有哪些？

塑料混炼设备主要有开炼机、密炼机和挤出机等。

开炼机结构简单，加工适用性强，经开炼机混合、塑炼的物料具有较好的分散度和可塑性，可用于造粒或直接供给压延机制得压延产品。物料在开炼机进行塑炼时，物料是在辊筒的外部加热及辊筒对物料剪切和摩擦所产生的热量下渐渐软化或熔融的。

密炼机是密闭式操作的混炼塑化设备，相对于开炼机来说，密炼机具有物料混炼时密封性好、混炼条件优越、自动化条件高、工作安全与混炼效果好、生产效率高等优点。

挤出机具有良好的加料性能、混炼塑化性能、排气性能、挤出稳定性等特点，但混炼速率相对较小，混炼的效率相对于密炼机、开炼机要小。

3.1.2 密炼机有哪些类型？结构是怎样的？

（1）密炼机的类型

密炼机是密闭式操作的混炼塑化设备，又称为密闭式炼塑机，是一种高剪切、高强力混合机，属塑料加工业规模化生产的常规设备之一。密炼机有多种类型，按密炼机混炼室的结构形式来分，可分为前后组合式和上下组合式；按转子的几何形状来分，可分为椭圆形转子、三棱形转子和圆转子的密炼机，椭圆转子密炼机相对其他类型有更高的生产效率和塑炼能力，应用较为广泛；按转子转速大小来分，可分为低速密炼机（转子转速为 20r/min 左右）、中速密炼机（转子转速为 30～40r/min）、高速密炼机（转子转速大于 60r/min）；按转速的调节方式来分，可分成单速、双速和多速密炼机。

（2）密炼机的结构

密炼机主要由密炼室和转子部分、加料和压料部分、卸料部分、传动部分及加热冷却系统、液压传动系统、气压传动系统、电气控制系统和润滑系统等组成。如图 3-1 所示为 S(X)M-30 型椭圆转子密炼机的基本结构。

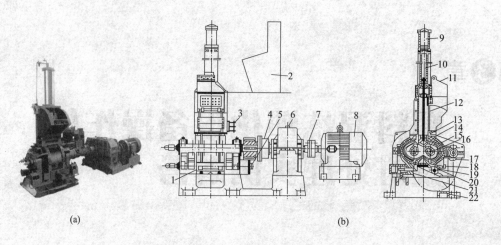

(a) (b)

图 3-1 S(X)M-30 型椭圆转子密炼机结构图

1—卸料装置；2—控制柜；3—加料门摆动油缸；4—万向联轴器；5—摆动油缸；
6—减速机；7—弹性联轴器；8—电动机；9—氮气缸；10—油缸；11—顶门；
12—加料门；13—上顶栓；14—上机体；15—上密炼室 16—转子；17—下密炼室；
18—下机体；19—下顶栓；20—旋转轴；21—卸料门锁紧装置；22—机座

密炼室和转子部分一般包括密炼室、转子、密封装置等。密炼室壁是由钢板焊接而成的夹套结构，在密炼室空间内完成物料混炼过程，夹套内可通加热循环介质，目的是使密炼室快速均匀升温来强化塑料混炼。

密炼室内有一对转子，转子是混炼室内炼塑物料的运动部件，通常两转子的转速不等、转向相反。转子固连在转轴上，转子内多为空腔结构，可通加热介质。

密炼室转子轴端设有密封装置，以防止转动时溢料，常用的有填料式或机械迷宫式密封装置等。

加料和压料部分处于密炼机上方，加料部分主要由加料斗和翻板门所组成。

压料部分主要由活塞缸、活塞、活塞杆及上顶栓组成。上顶栓与活塞杆相连，由活塞带动能上下往复运动，可将物料压入密炼室，在混炼时对物料施加压力，强化塑炼效果。

卸料部分主要由下顶栓与锁紧装置组成。下顶栓与气缸缸体相连，由气缸驱动，使缸体底座上的导轨往复滑动而实现卸料门的启闭，锁紧装置实现卸料门锁紧或松开。下顶栓内部还可通入加热介质。

传动部分主要由电动机、弹性联轴器、减速齿轮机构、万向联轴器、速比齿轮等组成。电动机通过弹性联轴器带动减速机、万向联轴器等使密炼室中的两转子相向转动。

密炼机加热冷却系统通常由管道及各控制阀件等组成，一般采用蒸汽加热。液压传动系统在密封机中主要由叶片泵、油箱、阀件、冷却器和各种管道组成。

气动控制系统的部件主要由压缩机、气阀、管道等组成，主要完成加压与缸料机构的动力与控制。电控系统主要由控制箱和各种仪表组成。

润滑系统主要由油泵、分油器和管道等组成，主要作用是完成对传动系统齿轮和轴承、转子轴承及导轨等各运动部件的润滑。

3.1.3　密炼机的工作原理是怎样的?

密炼机工作时,物料首先从密炼机加料口投入混炼室,然后压下上顶栓,物料在上顶栓一定压力的作用下压入密炼室。在方向相反并有一定速比的两个转子的剪切、搅拌等作用及上下顶栓、转子、密炼室壁的加热作用下,实现对物料的混合、塑化和均化。混炼好的物料可通过开启卸料门将物料卸出。密炼机的工作过程如图3-2所示。

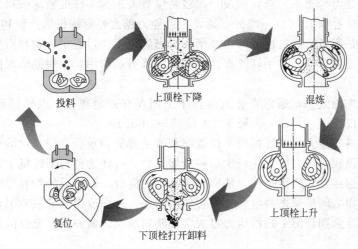

投料　　　上顶栓下降　　　混炼

复位　　　下顶栓打开卸料　　　上顶栓上升

图3-2　密炼机工作过程

密炼机转子在旋转过程中,由于转子呈Z形或S形,如图3-3所示,使其与混炼室之间的间隙不断变化,因而对物料起着较大的捏炼作用,同时物料在摩擦力的作用下会沿转子作轴向运动,使两个转子对物料产生折卷与往返切割作用。另外,转子与卸料门间也会对物料产生搅拌的作用。因此,物料能在密炼室内受到高剪切、高强力的混合、混炼,从而使物料混炼均匀。

图3-3　Z形密炼机转子

3.1.4　生产中应如何选用密炼机?

生产中选用密炼机时,通常从结构形式和规格参数两方面综合考虑。

(1)结构形式的选用

密炼室的结构形式通常有前后组合式和对开组合式两种类型。前后组合式由前后正面壁和左右侧面壁组成,用螺钉和销钉与左右支架连接和固定,结构简单,制造容易,但装拆不便。对开组合式的密炼室由上下两夹套组成,安装和检修都比较方便,目前国内一些新型密炼室多用对开组合式。

密炼室的加热装置主要有夹套式和钻孔式两种结构,夹套中间有许多隔板,蒸汽由一边进入后,在夹套中沿轴线方向循环流动至另一边流出。国内生产的密炼机多采用夹套加热结构。密炼机钻孔式加热结构是在密炼室壁上钻多个轴向小孔,成等间距分布,使蒸汽能沿小孔形成循环气道流动。由于钻孔通道靠密炼室壁较近,导热距短,而且钻孔通道中蒸汽有节流增速效应,蒸汽与金属表面的接触面积大,因此导热效率高。

卸料机构的结构常用的主要有滑动式、摆动式两种类型。摆动式卸料机构启闭速度快,启闭一次花费2~3s,一般大型或高速密炼机均用此构造,但它要增加液压传动系统。

椭圆形转子有两棱和四棱之分，四棱转子有两个长棱和两个短棱，与物料的接触面积大，传热效果好，转子每转一周多受一次剪切、捏炼作用，来回搅拌翻捣的作用也增加，混炼作用加强，所以混炼效果远比两棱椭圆形转子好。

（2）规格型号的选用

密炼机的规格参数主要包括生产能力、转子的转速、转子的驱动功率及上顶栓压力等，这些参数是选择和使用密炼机的主要依据。

密炼机生产能力与密炼机总容积及一次装料量有关。为了保证密炼效果，密炼机的装填料一般为密炼机总容积的 $50\%\sim85\%$。通常生产能力越大，密炼机的产量越大。

转子的转速是衡量密炼机性能的主要指标。密炼机工作过程中，物料所受的剪切作用的大小与转子的转速成正比，转子转速提高可增大混炼剪切作用，缩短混炼时间，从而可大大提高生产效率。

为了增强混炼的效果，通常密炼机两转子之间存在一定速差，以椭圆形转子密炼机为例，两转子的速度比值（速比）一般为 $1:1.15\sim1:1.19$。

上顶栓对物料的压力对密炼机的工作效率和质量都极为重要，是强化混炼过程的主要手段之一。加大上顶栓的压力，可使一次加料量增大，并可使物料与密炼机工作部件表面、各物料之间更加迅速接触，产生挤压，从而加速物料的混合。同时，使物料之间及物料与密炼机各接触部件表面之间的摩擦力增大，剪切作用增强，从而改善了分散效果，提高了混炼质量，也缩短了混炼周期。但上顶栓压力过大会使物料填塞过紧而没有充分的活动空间，会引起混炼困难。

上顶栓压力的取值可根据加工物料的软硬来选，一般硬料比软料取值大。目前常用的上顶栓压力为 $0.2\sim0.6\text{MPa}$ 之间，国际上较先进的密炼机也有用到 1MPa 的。

3.1.5 密炼机应如何进行安全操作？

① 开机前首先检查所加工的物料，确保清洁无异物、脏物。清洁密炼机，特别是加料门、压料装置、卸料门等与物料接触部位。若黏附有物料或杂质，则会影响部件的运动和密封性能。

② 检查压缩空气、冷却水或蒸汽的压力是否符合要求，如不符合则不应投料混炼。

③ 检查各润滑系统管路是否畅通无阻，润滑点出油是否正常。各润滑部位应根据润滑细则灌注规定量的润滑剂。

④ 检查压料装置、加料门及卸料门等运动情况，其运动应灵活、可靠，不得有卡紧现象。检查电器设备安全、可靠性。

⑤ 一切正常即可接通电源，通入蒸汽升温至所需温度，再保持温度恒定一段时间后方可投料。

⑥ 工作时，通过气控系统把上顶栓提升，加料门打开进行投料，然后把加料门关闭，重锤下压，使物料压在密闭的混炼室内进行混炼。物料混炼后，通过气动系统把卸料门打开，把物料卸出。卸料完毕后，即把卸料门关闭并锁紧，以进行下一次的混炼。

⑦ 密炼完成后，停机前需关闭蒸汽阀门，打开排气管排出气体，然后通冷却水让转子在转动过程中降温至 50℃ 方能正式关机。

⑧ 关机后需清理工作台，将上顶栓升起，插入保险销，并打开下顶栓，关上加料门。

3.1.6 密炼机操作过程中应注意哪些问题？

① 注意观察机器各部分的运动情况，齿轮减速机及整个传动装置运动情况，传动应平

稳，无异常杂声及冲击声。观察各连接部件应无松动。

② 观察密封装置是否良好，在混炼过程中有少量油糊状物料从密封装置中漏出一般属正常现象。如出现泄漏严重的情况，应停机检查并及时修复。

③ 注意机器各部分温度不应有骤升现象，各部分壳体温度不得超过如下规定值：转子轴承温度 ≤40℃，短时最高温度 ≤120℃；减速机轴承温度 ≤40℃，短时最高温度 ≤70℃。

④ 如因事故临时停车，混炼室物料无法卸出，则必须先提起上顶栓，将转子反转，卸出物料，以免第二次启动时过载。

⑤ 加料斗下料口处，如粘有污物造成上顶栓卡住时，在进行检查前必须将上顶栓提起，插上安全销，然后才能进行检查和清洁。

3.1.7　密炼机应如何维护与保养？

① 平时注意保持各运转部位处于良好润滑状态，尤其是转子轴承和密封装置。

② 经常擦洗机器外表，保持设备清洁。密炼机加料口应与负压通风畅通，应及时清理工作散出的粉料以维护环境清洁。

③ 密炼机应定期检修，平时应经常检修各连接与紧固件、密封装置、上下顶栓密封填料、各阀门与仪表。

④ 若设备长时间停止使用，则应在加热系统中将一个空气阀门打开，通入压缩空气，将部分残存的冷凝水排出。

⑤ 定期（一般 3 个月左右）检查联轴器柱销有否松动，检查减速机的润滑油量、油质，及时补充或更换，检查油泵、气泵的工作情况，检查气缸是否工作平稳、可靠、无爬行现象，检查安全保护装置是否可靠。

⑥ 定期调整上顶栓及轴承间隙，检查传动部分、电机、轴承、万向联轴器铜瓦及减速机齿轮磨损情况，并更换磨损的轴承、铜瓦等。

3.1.8　密炼机的自动密封装置是如何对密炼室侧壁进行密封的？密炼机的侧壁密封处漏料应如何处理？

（1）自动密封装置的密封

为防止密炼机混炼时漏料，通常在密炼机的轴颈和密炼室侧壁间环形间隙处设置密封装置，常用的密封装置有内压端面自动密封式、液压式、填料式和机械式。密炼机密封装置的性能与使用寿命将直接影响塑料密炼质量与车间的环境。

密炼机工作时能自动密封轴颈和密炼室侧壁间环形间隙，如内压端面自动密封装置中套圈固定在转子轴颈上，套圈上套内密封圈，由压板、螺钉、弹簧固定，套圈随转子转，外密封圈则通过一组螺钉固定在端面挡板上。挡板固定在机架上，表面堆焊耐磨合金。内密封圈、端面挡板与物料接触的表面镀铬。密封装置工作时由于密炼室中的物料向外挤压而产生较大的压力，使内外密封圈紧密接触，以实现密封的作用，并处于良好的密封状态。密封圈上有软化油入口和润滑油口。软化油可使密炼室漏出的物料变为黏状物（半流体）而使密封保持压力。润滑油可润滑内、外密封圈的接触处。密封装置的密封压力和密封程度一般可由密炼室内的压力来自动调节。

（2）密封处漏料的处理办法

密炼机的侧壁密封处如果出现密封件磨损或转子的轴颈磨损，则可能出现密封处漏料现象。生产中出现密封处漏料时应首先检查密封装置和转子轴颈，及时更换或修复密封装置、轴颈；其次检查密封圈上的润滑系统。

3.1.9 密炼机的密炼室内出现异常声响是何原因？应如何解决？

（1）产生原因
① 转子与密炼室壁间的间隙太小，产生了碰撞、刮擦。
② 间隙装置中青铜环破损，转子调隙失灵。
（2）处理办法
① 调整转子与密炼室壁间的间隙使之适当。
② 更换青铜环。

3.1.10 密炼机工作过程中上顶栓动作为何会失灵？应如何解决？

（1）产生原因
① 上顶栓密封圈损坏。
② 油压或气压不足。
③ 活塞磨损，密封性不好。
④ 上顶栓入口通道不畅通。
（2）解决办法
① 更换密封圈。
② 修复活塞、电气设备。
③ 清理通道。
④ 维修压缩空气供应系统。

3.2 开炼机操作与疑难处理实例解答

3.2.1 开炼机的结构组成是怎样的？开炼机应如何选用？

（1）开炼机的结构组成
开炼机通常主要由机座、机架、前后辊筒、调距装置、传动装置、加热冷却装置、润滑装置和紧急停车装置等部件组成。其结构如图 3-4 所示。传动装置包括万向联轴器、减速机、制动器及电动机等。

开炼机的前、后两辊筒分别在水平方向上平行放置，并通过轴承安装于机架上。两辊筒由传动系统传递动力，使其相向旋转，对投入辊隙的物料实现滚压、混炼。机架上安装有调距装置，以调节两个辊筒之间的距离，两辊间安装有挡料板以防止物料进入辊筒轴承内。辊筒内腔设有加热装置，由加热载体通过辊筒使混炼时辊筒能保持恒温。开炼机的紧急停车装置可在非常情况发生时迅速停机。由于开炼机是开放式的操作，因此机器上通常设置排风罩，用于抽出废气和热气，以改善工作环境，减少有害气体对操作人员健康的影响。

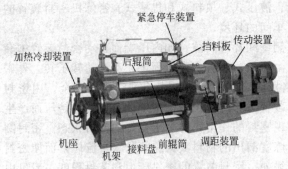

图 3-4　开炼机的基本结构图

（2）开炼机的选用
在选用开炼机时通常应根据开炼机的生产能力、辊筒直径与长度、辊筒线速度与速比、驱动功率等方面进行选择。

开炼机生产能力是指开炼机单位时间内的产量，即 kg/h。生产能力越大，效率越高。辊筒是开炼机的主要工作零件，辊筒工作部分长度与辊筒直径直接决定一次装料量。通常用辊筒工作部分长度与辊筒直径来表征开炼机的规格。辊筒直径指辊筒最大外圆的直径，而辊筒长度是指辊筒最大外圆表面沿轴线方向的长度。一般开炼机的规格都已标准化，如表 3-1 所示为我国常用开炼机的规格及技术参数。

表 3-1 部分国产开炼机规格及技术参数

型号	辊筒直径 /mm	工作长度 /mm	前辊线速 /(m/min)	速比	一次加料量 /kg	电机功率 /kW
SK-160	160	320	1.92~5.76	1：1.5	1~2	5.5
SK-230	230	630	11.3	1：1.3	5~10	10.8
SK-400	400	1000	18.65	1：1.27	30~35	40
SK-450	450	1100	30.4	1：1.27	50	75
SK-550	550	1500	27.5	1：1.28	50~60	95

辊筒线速度是指辊径上的切线速度。开炼机前辊的速度一般小于后辊速度，两辊筒速度之比简称速比。速比的存在可提高对物料的剪切塑化效果，同时使物料产生一个包覆前辊的趋势。前、后辊的速比为 1.2~1.3。辊筒工作的线速度主要根据被加工材质、工艺条件及开炼机的规格与机器的机械化水平选取。辊筒的线速度与辊筒直径成正比，如表 3-2 所示。

表 3-2 辊筒直径与线速度

前辊直径/mm	辊筒线速度/(m/min)	前辊直径/mm	辊筒线速度/(m/min)
150~200	10~12	600~660	25~32
300~400	12~20	750~810	34~40
400~600	20~28		

开炼机是能耗较大的设备，合理确定其功率对机器选型、电机匹配及生产经济指标的确定都很重要。开炼机的功率消耗通常与被加工材料的性能、辊筒规格的大小、加工温度、辊距大小、辊速、速比等有关。一般物料黏度大、辊筒规格大、温度低、辊距小、辊速大时，功率消耗大。

3.2.2 开炼机的工作原理是怎样的？

开炼机的两个空心辊筒平行安放装在机架上的轴承内，作相对不同线速度的回转，物料在辊子之间混合、塑炼或粉碎，横梁由螺栓与机架固定，组成一个力的封闭系统，承受工作时的全部载荷；两侧的机架下部用螺栓与机座固定，组成一个机器整体。一个辊子安装在固定轴承内，另一个辊子安装在活动轴承内，而调距螺杆与活动轴承相接，实现辊子之间的间隙调节。为了满足混炼时的辊筒温度要求，由加热系统向辊筒内腔提供一定的能量，输入或排出水或蒸汽。

图 3-5 开炼机工作原理图

开炼机工作时，前、后两辊筒相向旋转，且速度大小不同，具有一定的速比。物料由于与辊筒表面的摩擦和黏附作用而被拉入辊隙中，在辊筒强热的剪切和挤压作用下，产生拉伸延展，增加组分间的接触界面，产生分布混合的作用。辊筒的加热及剪切和摩擦热，使物料软化或熔融，通过辊隙时，料层变薄且包在温度较高的前辊筒上（前辊），如图 3-5 所示。经多次反复滚压使物料各组分达到预定的分散度和塑炼状态。

3.2.3 开炼机的操作步骤是怎样的？操作过程中应注意哪些问题？

（1）开炼机操作步骤

① 开机操作之前，首先应检查所有润滑部位，并检查各传动部分有无阻碍，检查各部位有无泄漏。检查安全装置中安全片的完好情况，以免在安全片损坏后继续使用调距装置造成不良后果。同时还必须检查制动装置的可靠性，空运转制动行程不得超过辊筒的1/4圈。还应检查开炼机及周围环境的清洁，以免将金属等杂物带入辊隙而损坏辊筒和设备等。

② 在开炼机启动时，应先调开辊距，把辊筒转速调低，启动油泵运转数分钟，使减速器获得充分润滑，再开动主电动机，低速运转辊筒。

③ 打开加热装置，使辊筒在低速运转中缓慢通入蒸汽，进行加热升温，直至工艺控制温度。

④ 调节辊距至合适位置，注意调节辊距时左右两端要均匀，不要相差太大，否则易损坏辊筒轴颈和铜轴瓦。调节两侧挡料板的宽度，保证混炼物料的幅宽和防止物料的外泄。

⑤ 投料。投料时应先沿传动端少量加料，待包辊完毕，再逐渐增加，以避免载荷冲击，引起安全片或速比齿轮的损坏。物料在混炼过程中注意要不断翻动、折叠物料，以使物料混炼更加均匀，提高混炼效率等。

⑥ 停机时，应先停止加料，再关闭加热装置停止加热，然后调开辊距，卸下物料，调低辊筒的转速，让辊筒在低速运转中缓慢冷却。

⑦ 待辊温低于70℃时停机，清扫设备和场地。

（2）操作注意事项

① 操作人员应注意周围环境清洁，以免将杂物带入辊缝中轧坏辊筒和机器，一旦有其他物品混入时，禁止用手或其他工具抓取，应立即拉动安全拉杆，使机器停车。

② 事故停车装置主要用于发生故障或事故时才用。注意，一般停车时不要使用，以免制动带磨损。

③ 投料时不要使用过小的辊距，并且两端辊距应尽量均匀，避免机器超载。

④ 辊筒的加热与冷却必须在运转中缓慢进行，不得在静止状态时进行加热和冷却。否则冷铸铁辊筒会因温度的突变而产生变形甚至断裂。另外，在加热时应使辊隙有一定距离，以防止辊筒受热膨胀，产生挤压变形。

⑤ 机器工作时，传动装置或运动部件若出现噪声、撞击声、强烈震动时应立即停车，检查处理；开炼机轴承、传动齿轮、速比齿轮等承载较大时，操作中要经常检查其温升和润滑情况，保证良好的润滑。

⑥ 操作开炼机的劳动强度较大，温度高，有粉尘，所以应注意通风和劳动保护，设法减轻劳动强度。

3.2.4 开炼机操作过程中应如何控制？

开炼机操作过程中主要控制的是辊筒温度、辊筒线速度和速比、一次加料量、物料的翻转次数等工艺参数。

物料在开炼机中进行塑炼时，物料是在辊筒的外部加热及辊筒对物料剪切和摩擦所产生的热量下渐渐软化或熔融的，因此应控制合适辊筒的温度，温度太高会出现过热分解，过低又会塑化不良。为了能使物料顺利地包在操作辊筒上（前辊），前辊的温度应控制稍高一些，一般前辊比后辊高5℃左右。如通常对于PVC着色物料塑炼的温度应控制在160～180℃。

开炼机工作时，两辊筒的线速度及速比越大，物料与辊筒表面的摩擦、剪切作用越强，从而使物料受拉伸延展作用越大，形变越大，可增加组分间的接触界面，增强分布混合作用。

开炼机混炼过程中要不断地翻料，使物料沿辊筒轴线移动，破坏原有的封闭回流域，以增强物料混炼的均匀性。

开炼机正常操作时的物料量应是包覆前辊后在两辊间还有一定数量的积存料，相向旋转的辊筒将这些积料不断带入辊隙，同时又不断形成新的积料。积料过多时，物料不能顺利地进入辊隙，只能在原地滚动而影响混炼的质量。

3.2.5 开炼机应如何维护与保养？

开炼机的维护与保养主要包括机械、电器两部分。

（1）机械部分的维护与保养

开炼机在使用过程中合理、科学地进行维护与保养是主要零部件免于受损破坏、延长机器使用寿命的必要条件。开炼机的辊筒、辊筒轴承、调距机架、机架及停车装置等均承受较大的载荷。通常机械部件的维护与保养主要有以下几方面：

① 要经常检查调距装置，检定刻度与实际辊距是否相符，以免造成左、右端辊距相差太大，因而造成辊筒轴颈和铜瓦的破坏。

② 每次开车前，应先启动油泵电动机，使减速机在获得充分的润滑条件下才开动主电动机。在工作中要注意减速机的润滑情况，当压力表的压力过高或过低时，都应检查是否管路渗漏或堵塞，并及时消除故障。

③ 万向联轴器要经常注意补加润滑油。若调距时万向联轴器有阻碍现象，则应及时检修。

④ 经常注意调节制动器制动轮间的间隙，以保证在使用事故停车装置时，辊筒继续转不大于1/4转。

⑤ 使用中要经常注意辊筒轴承的温升，其最高温度不应大于70℃。如果温度过高，应适当减少负荷量并补加润滑油，然后还应检查轴承润滑系统和轴承座冷却系统情况。

⑥ 每月至少检查1～2次减速机、万向联轴器以及辊筒轴承等，即打开视孔盖或盖板检查齿轮工作面情况及润滑油的清洁情况。

⑦ 新机器使用三个月后（以后每隔半年），至少要详细检查一次减速机、调距装置等的使用情况，打开箱盖或盖板检查齿面或工作面有无麻点、擦伤、胶合等缺陷，检查轮齿、滚动轴及密封装置的磨损情况及润滑油的质量等，并将减速机内壁进行清洗，换新油。

⑧ 如机器停用时间较长（如数十天），则应将减速机内及万向联轴器的润滑油及辊筒内部积水排除干净，并在辊筒工作表面轴承等处涂上防锈油。

（2）电器部分的维护与保养

① 定期检查控制柜内的各接触器及继电器等触点，其接触必须良好，动作灵活。如有烧损等情况，应及时加以修复。

② 注意各导线接头是否松动脱落，各电器的温升和绝缘是否符合标准，电磁铁制动器的动作是否灵活，运行是否可靠。

③ 确保各电器设备的外壳可靠接地。

④ 电器设备必须保持清洁，定期进行清扫和检修，并检验绝缘电阻值。

⑤ 按电动机专用维护保养规则对电动机进行保养。

⑥ 按润滑细则要求进行定期加油及换油。

3.2.6 开炼机的辊筒及轴承应如何修复？

（1）辊筒的修复

辊筒的修复一般包括以下几个工序：① 清除空腔中的机械性污垢和水垢；② 用金属喷镀法修复辊颈；③ 磨削辊身。

辊筒空腔的清洗一般可用硫酸溶液或盐酸溶液进行酸洗等化学清理法进行。采用酸洗法时可将溶液从双孔接头直接导入进行清洗。当有大量污垢时，一般要用铣刀或刷子的机械清洗法进行清理。

辊筒轴颈的修复一般可用金属喷镀法，必要时也可磨削辊颈，再配以铜瓦以达到修复的目的。修复辊筒轴颈时需使用大型的车床和起重设备。

辊筒辊身的修复一般采用磨削法来修复，对辊身的磨削主要有以下三种方法：

① 在专用磨床上进行；

② 在安装地点用携带式磨削工具进行；

③ 在安装地点用专用研磨膏借助辊子彼此之间的磨合来进行。

（2）轴承的修复

开炼机辊筒的轴承通常是整体的铸铁座，其中装入整个或拼合的轴瓦。有的轴承座还设有水冷却的孔道。辊筒轴承受力主要集中在半部轴瓦上，所以，许多设备都采用一半是青铜，一半是铸铁的拼合轴瓦。对轴瓦的维护与更换则只是针对半个青铜轴瓦来进行的，通常采用金属喷镀或敷焊的方法来修复。

3.2.7 开炼机工作过程中为何突然闷车不动？应如何处理？

（1）产生原因

① 温度出现下降，没有达到设定温度。

② 辊间加料或存料太多，负荷太大。

③ 机械部件有断裂、磨损等故障。

（2）处理办法

① 首先"反车"，取出物料，待温度达到要求后，找出故障部位予以修理后再行开车。

② 检查辊筒温度，适当提高辊温。

③ 减少辊间的物料。

④ 检查机械部件，出现断裂、磨损等问题及时更换或修复。

3.2.8 辊筒轴承座的温度过高是何原因？应如何解决？

（1）产生原因

① 辊间加料太多，负荷太大。

② 辊筒水冷却通道不畅或冷却水温太高。

③ 润滑系统的润滑油太少或润滑系统故障，造成润滑不良。

（2）解决办法

① 减少辊筒间的物料，降低开炼机的负荷。

② 检查冷却管路，清理或维修冷却管路。

③ 检查润滑油情况及润滑管路。

3.3 普通单螺杆挤出混炼设备操作与疑难处理实例解答

3.3.1 挤出机有哪些类型? 普通单螺杆挤出机对于塑料的混炼有何特点?

(1) 挤出机的类型

挤出机有多种结构形式,按螺杆的有无可分为螺杆式挤出机和无螺杆式挤出机;螺杆式挤出机按螺杆的数目又可分为单螺杆挤出机、双螺杆挤出机和多螺杆挤出机等;按可否排气来分,可分为排气挤出机和非排气挤出机;按螺杆在空间的位置来分,可分为卧式挤出机和立式挤出机。生产中较为常用的是卧式单螺杆或双螺杆挤出机。

(2) 普通单螺杆挤出机的混炼特点

普通单螺杆挤出机是将塑料原料加热,通过螺杆的旋转,使物料混炼、塑化,使之呈黏流状态,在压力的作用下被连续挤出。用于物料混炼时,主要具有以下几方面的特点:

① 由于挤出过程具有连续性并且效率高,易实现生产过程的自动化。

② 适应性能较广。能加工绝大多数的热塑性塑料和一些热固性塑料,可用于这些原料的混合、塑化、脱水、着色、造粒、压延喂料等;也可用于电缆料、色母料等半成品的加工;还可用于制品的成型;既能生产管材、板材、棒材、异型截面型材、薄膜、复合膜、丝、带等制品,又能生产中空容器等单件塑料制品。

③ 由于挤出机结构简单、操作方便、成本低,因此投资少、收效快。

④ 有较完善和先进的控制系统,能准确无误地、协调地控制挤出机的各个动作,使挤出机的温度、压力和流率等严格控制在工艺条件所规定的范围内,以获得高质量的产品。

⑤ 具有足够的强度和刚度,结构合理、紧凑,利于操作和维护,成本低。

3.3.2 普通单螺杆挤出机的结构组成是怎样的?

普通单螺杆挤出机主要由挤压系统、传动系统、加料系统、加热冷却系统、控制系统等部分组成。如图 3-6 所示为普通单螺杆挤出机的结构组成。

挤压系统主要由料筒、螺杆、分流板和过滤网等组成,如图 3-7 所示为普通螺杆与机筒。物料通过挤压系统而塑化成均匀的熔体,并在这一过程中建立起一定的压力,使物料在螺杆的作用下被压实,并连续地定压、定量、定温地挤出。

传动系统主要由电机、齿轮减速箱和轴承等组成。其作用是驱动螺杆,并使螺杆在给定的工艺条件(如温度、压力和转速等)下获得所必需的扭矩和转速并能均匀地旋转,完成挤出过程。

加料系统主要由料斗和自动上料装置等组成。其作用是向挤压系统稳定且连续不断地提供所需的物料。

加热冷却系统主要由机筒外部所设置的加热器、冷却装置等组成。其作用是通过对机筒、螺杆等部件进行加热或冷却,保证成型过程在工艺要求的温度范围内完成。

挤出机的控制系统由各种电器、仪表和执行机构组成,根据自动化水平的高低,可控制挤出机的拖动电机、驱动油泵、油(气)缸和其他各种执行机构按所需的功率、速度和轨迹运行,以及检测、控制挤出机的温度、压力、流量,最终实现对整个挤出机组的自动控制和对产品质量的控制。

图 3-6 单螺杆挤出机结构组成图 　　　　　图 3-7 普通螺杆与机筒

3.3.3 普通单螺杆挤出机的螺杆有哪些类型？螺杆的结构是怎样的？

（1）螺杆的类型

螺杆是挤出机的关键部件，挤出机螺杆的结构形式比较多，包括普通螺杆和新型螺杆。普通螺杆按其螺纹升程和螺槽深度不同，可分为等距变深螺杆、等深变距螺杆和变深变距螺杆；其中等距变深螺杆按其螺槽深度变化快慢，又分为等距渐变螺杆和等距突变螺杆。而新型螺杆则包括分离型螺杆、屏障型螺杆、分流型螺杆和波状螺杆等。

（2）普通螺杆的结构

普通螺杆的结构如图 3-8 所示，螺杆的结构参数主要包括螺杆直径、螺杆的有效工作长度、长径比、螺槽深度、螺距、螺旋角、螺棱宽度、压缩比、螺杆（外径）与机筒（内壁）的间隙等。

螺杆直径（D）是指螺杆外径，单位为 mm。

螺杆的有效工作长度（L）是指螺杆工作部分的长度，单位为 mm。对普通螺杆人们常常把螺杆的有效工作长度 L 分为加料段（L_1）、熔融段（L_2）、均化段（L_3）三段。

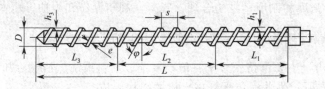

图 3-8 普通螺杆的结构示意图

① 加料段（L_1）的作用是将松散的物料逐渐压实并送入下一段；减小压力和产量的波动，从而稳定地输送物料；对物料进行预热。

② 熔融段（L_2）又称为压缩段，其作用是把物料进一步压实；将物料中的空气推向加料段排出；使物料全部熔融并送入下一段。

③ 均化段（L_3）又称为计量段，其作用是将已熔融物料进一步均匀塑化，并使其定温、定压、定量、连续地挤入机头。

螺杆长径比是指螺杆有效工作长度（L）与螺杆直径 D 之比，通常用 L/D 表示。

螺槽深度是一个变化值，用 h 表示，单位为 mm。对普通螺杆来说，加料段的螺槽深度用 h_1 表示，一般是一个定值；均化段的螺槽深度用 h_3 表示，一般也是一个定值；熔融段的螺槽深度是变化的，用 h_2 表示。

螺距是指相邻两个螺纹之间的距离，一般用 s 表示，单位为 mm。

螺旋角是指在中径圆柱面上，螺旋线的切线与螺纹轴线的夹角，一般用 φ 表示，单位为（°）。

螺棱宽度是指螺棱法向宽度，用 e 表示，单位为 mm。

螺杆（外径）与机筒（内壁）的间隙一般用 δ 表示，单位为 mm。

压缩比：在螺杆设计中压缩比的概念一般指几何压缩比，它是螺杆加料段第一个螺槽容积和均化段最后一个螺槽容积之比，用 ε 表示。

$$\varepsilon = \frac{(D-h_1)h_1}{(D-h_3)h_3}$$

式中，h_1、h_3 分别是螺杆加料段第一个螺槽的深度和均化段最后一个螺槽的深度。还有一个物理压缩比，它指的是塑料受热熔融后的密度和松散状态的密度之比。设计时采用的几何压缩比应当大于物理压缩比。

3.3.4 单螺杆挤出机的料筒结构是怎样的？有哪些形式？各有何特点？

（1）料筒结构

在挤出过程中，料筒和螺杆一样也是在高压、高温、严重的磨损、一定的腐蚀条件下工作的，同时料筒还要将热量传给物料或将热量从物料中带走，料筒外部还要设置加热冷却系统，安装机头、加料装置等。因此，料筒的结构和材料的选择对挤出过程有较大影响。

大中型挤出机料筒一般由衬套和料筒基体两部分组成，基体一般由碳素钢或铸钢制造，衬套由合金钢制成，耐磨性好，且可以拆出加以更换。衬套和基体要有良好的配合，如采用 H7/h6～H7/k6 配合。

为了提高固体输送率，在料筒加料段内壁开设纵向沟槽和将加料段靠近加料口处的一段料筒内壁做成锥形（IKV 加料系统）。

在料筒加料段处开纵向沟槽时，只能在物料仍然是固体或开始熔融以前的那一段料筒上开。纵向沟槽长为 $(3～5)D$，有一定锥度。沟槽的数目与螺杆直径有关，一般槽数不能太多，否则会导致物料回流，使输送量下降。如表 3-3 所示为几种直径的螺杆下料筒纵向沟槽的开设情况。

料筒内壁做成锥形时，一般锥度的长度可取 $(3～5)D$（D 为料筒内径），加工粉料时，锥度可以加长到 $(6～10)D$。锥度的大小决定于物料颗粒的直径和螺杆直径，螺杆直径增加时，锥度要减少，同时加料段的长度要相应增加。

表 3-3　几种直径的螺杆下料筒纵向沟槽的开设

螺杆直径 D /mm	沟槽数目	槽宽 b /mm	槽深 h /mm	螺杆直径 D /mm	沟槽数目	槽宽 b /mm	槽深 h /mm
45	4	8	3	120	12	10	4
60	6	8	3	150	16	10	4
90	8	10	4				

（2）料筒的结构形式与特点

料筒的结构形式通常有整体式料筒、组合式料筒、衬套式料筒和双金属料筒等几种，如图 3-9 所示。整体式料筒是在整体坯料上加工出来的。这种结构容易保证较高的制造精度和装配精度，也可以简化装配工作，便于加热冷却系统的设置和装拆，而且热量沿轴向分布比较均匀，但这种料筒要求较高的加工制造条件。

组合式料筒是指一根料筒是由几个料筒段组合起来的。一般排气式挤出机和用于材料改性的挤出机多用组合式料筒。采用组合式料筒有利于就地取材和加工，对中小型厂是有利的，但实际上组合式料筒对加工精度和装配精度要求很高。组合式料筒各料筒段多用法兰螺栓连接在一起，这样就破坏了料筒加热的均匀性，增加了热损失，也不便于加热冷却系统的设置和维修。

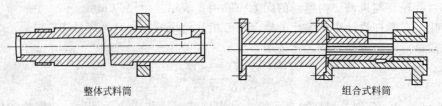

整体式料筒　　　　　　　　　　　　组合式料筒

图 3-9　料筒的结构

双金属料筒通常是在碳素钢料筒的内壁离心浇铸一层耐磨合金，如 Xaloy 合金，然后加工至所需尺寸，这种料筒有很好的耐磨性、耐腐蚀性，从而可大大延长料筒的使用寿命。

3.3.5 表征单螺杆挤出机性能的参数主要有哪些？挤出机的型号如何表示？

（1）单螺杆挤出机主要的性能参数

表征单螺杆挤出机性能的参数主要有螺杆直径、螺杆长径比、螺杆的转速范围、驱动电机功率、料筒加热段数、料筒加热功率、挤出机生产率以及挤出机的外形尺寸等。

螺杆直径是指螺杆外径（D，单位为 mm），通常用来表示挤出机的规格。

螺杆长径比（L/D）是指螺杆的工作部分长度（即有螺纹部分的长度）与螺杆直径之比，一般可表征螺杆的强度，长径比越大，螺杆的强度会越小。

螺杆的转速范围一般用 $n_{min} \sim n_{max}$ 表示。n_{max} 表示最高转速，n_{min} 表示最低转速，用 n（单位为 r/min）表示螺杆转速。

驱动电机功率（N，单位为 kW）是指驱动螺杆旋转的所需功率。

料筒加热段数（B）：为了能保证物料的塑化质量，一般料筒需分段加热控制，加热段数越多，越有利于温度的准确控制。通常挤出机料筒的加热段数应在三段以上。

料筒加热功率（E，单位为 kW）：一般料筒的加热功率越大，加热至所需温度的时间越短。

挤出机生产率（Q，单位为 kg/h）是指单位时间的挤出产量。挤出机生产率越高，产量越高。

机器的中心高（H，单位为 mm）是指螺杆中心线到地面的高度，机器的外形尺寸为长、宽、高，单位为 mm。

（2）挤出机规格型号的表示

由于挤出机的品种类型较多，因此对于挤出机规格型号的表示国家橡胶塑料机械标准 GB/T 12783—2000 中做了统一的规定。根据规定，我国挤出机型号编制是以字母加数字来表示的，其表示方法为：

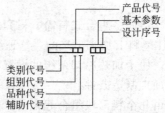

产品代号
基本参数
设计序号

类别代号
组别代号
品种代号
辅助代号

从左向右的顺序如下。第一格为类别代号，塑料机械代号为 S。第二格为组别代号，挤出成型机械代号为 J。第三格为品种代号，是指挤出机生产不同产品和不同挤出机的结构形式代号：排气式代号为 P，发泡代号为 F，喂料代号为 W，鞋用代号为 E，阶式代号为 J，双螺杆代号为 S，锥形代号为 Z，多螺杆代号为 D。这三个格组合在一起为：塑料挤出机 SJ，塑料排气式挤出机 SJP，塑料发泡挤出机 SJF，塑料喂料挤出机 SJW，塑料鞋用挤出机 SJE，阶式塑料挤出机 SJJ，双螺杆塑料挤出机 SJS，锥形双螺杆挤出机 SJSZ，双螺杆发泡塑料挤出机 SJSF，多螺杆塑料挤出机 SJD。第四格为辅助代号，用来表示辅机，代号为 F；如果是挤出机组，则代号为 E。第五格为规格参数，标注螺杆直径和长径比。第六格为设计序号，是指产品设计顺序，按字母 A、B、C 等顺序排列。第一次设计不标注设计号。

例如：SJ-45×25 表示塑料挤出机，螺杆直径为 45mm，螺杆长径比为 25∶1；螺杆长径比为 20∶1 时不标注。

3.3.6　普通螺杆的结构参数应如何确定？

普通螺杆的结构参数主要包括螺杆直径和长径比、螺杆三段参数、压缩比、螺杆和料筒配合间隙、螺纹升角的确定等。

(1) 螺杆直径的确定

螺杆直径是指螺杆的外径，它是挤出机的重要参数，是表征挤出机规格的参数。

挤出螺杆的直径我国目前已实现标准化、系列化，目前所颁布的螺杆直径系列主要有：30mm、45mm、65mm、90mm、120mm、150mm、200mm 等规格。

生产中螺杆直径一般根据所加工制品的断面尺寸、加工塑料的种类和所要求的生产率来确定。用于物料的混炼时，一般根据生产能力的大小来选择螺杆直径的大小。一般来说，要求生产能力大的应选大的螺杆直径，反之对生产能力要求不高时则可选较小的螺杆直径。

(2) 螺杆长径比的确定

螺杆的长径比在一定意义上也表征螺杆的塑化能力和塑化质量。螺杆的长径比大，螺杆的长度大，塑料在料筒中停留的时间长，塑化得更充分更均匀，故可以保证产品质量。在此前提下，可以提高螺杆的转速，从而提高挤出量。但长径比大时，螺杆、料筒的加工和装配都比较困难和复杂，成本也相应提高，并且使挤出机加长，增加所占厂房的面积。此外，长径比大，螺杆的下垂度增大，因此会增加螺杆的弯曲度而造成螺杆与料筒的间隙不均匀，有时会使螺杆刮磨料筒而影响挤出机的寿命。单螺杆挤出机用于物料的混炼时一般选择较小的螺杆长径比。常用的长径比是 16、18 等。

(3) 螺杆各段长度的确定

对于普通三段螺杆，各段参数的确定一般应根据所加工物料的性质来确定。加工 PVC 等非结晶性塑料时，通常压缩段的长度比较长，占螺杆有效部分长度的 55%～65%。而加料段比较短，为 (3～5)D。为了提高 PVC 粉料的产量，可以将这一段的长度增加到 (6～10)D。

加工 PE 等结晶性塑料时，压缩段长度较短一般仅为 (2～5)D。加料段为螺杆有效部分长度的 60%～65%。

(4) 压缩比的确定

压缩比的作用是将物料压缩、排除气体、建立必要的压力，保证物料到达螺杆末端时有足够的致密度。压缩比的确定除了应考虑塑料熔融前后密度的变化之外，还要考虑在压力下熔融塑料的压缩性，螺杆加料段的装填程度和挤压过程中塑料的回流等因素。压缩比与物料的性质、制品的情况等有关。用于物料混炼的螺杆通常压缩比可小些。

(5) 螺杆与料筒配合间隙

螺杆与料筒配合间隙是一个表征螺杆与料筒相互关系的参量。通常螺杆与料筒配合间隙增大时，为熔融所需要的螺杆长度就要增加。例如，直径 $D=65mm$ 的螺杆，加工 LDPE

时配合间隙约为 $0.5\%D$，则此时所需要的熔融长度是间隙为零时所需要的熔融长度的 2.25 倍。配合间隙的大小还会直接影响熔融过程的稳定性。螺杆与料筒配合间隙大时，漏流也会随之增加，因而使挤出量下降。一般配合间隙达到均化段螺槽深度的 15% 时，漏流相当大，螺杆即不能再使用。

螺杆和料筒的配合间隙的确定必须结合被加工物料的性质、机头阻力情况、螺杆料筒的材质及其热处理情况、机械加工条件以及螺杆直径的大小来选取。对于不同的物料应选择不同大小的配合间隙。例如 PVC，由于其对温度敏感，配合间隙小会使剪切力增大，易造成过热分解，因此应选得大一些。而对于低黏度的非热敏性材料，如 PA、PE，应当选尽量小的配合间隙，以增加其剪切力。一般来说，螺杆直径越大，配合间隙的绝对值应选得越大。如螺杆直径为 30mm 时，其配合间隙一般在 $0.10\sim0.25$mm 之间；而螺杆直径为 90mm 时，其配合间隙一般在 $0.30\sim0.50$mm 之间。

（6）螺纹升角

一般物料形状不同，对加料段的螺纹升角要求也不一样。用于粉料的加工，螺纹升角一般在 30°左右较为合适；用于圆柱形物料的加工，一般在 17°左右较为合适；用于方块形物料的加工，一般在 15°左右较为合适。

3.3.7 挤出螺杆头有哪些结构形式？各有何特点？

当塑料熔体从螺旋槽进入机头流道时，其料流形式急剧改变，由螺旋带状的流动变成直线流动。为了得到较好的挤出质量，要求物料尽可能平稳地从螺杆进入机头，尽可能避免因局部受热时间过长而产生热分解现象。螺杆头是物料从螺旋槽到机头的一个过渡件，螺杆头部的结构形式会直接影响塑料熔体在机头内的流动，从而影响产品的质量。目前国内外常用的螺杆头部结构形式主要有钝形、锥形、光滑鱼雷头形等。

钝形螺杆头与机头之间有较大的空间，一般容易使物料在螺杆头前面停滞而产生分解，也易造成挤出波动，故一般用于加工热稳定性较好的塑料（如聚烯烃类）。这类螺杆头一般在其前面还要求装分流板。

锥形螺杆头主要用于加工热稳定性较差的塑料（如 PVC），但仍然能观察到因有物料停滞而被烧焦的现象；锥部斜截的螺杆头，其端部有一个椭圆平面，当螺杆转动时，它能使料流搅动，物料不易因滞流而分解。锥部带螺纹的螺杆头，能使物料借助锥部螺纹的作用而运动，较好地防止物料的滞流结焦，主要用于电缆行业。

光滑鱼雷头与料筒之间的间隙通常小于它前面的螺槽深度，有的鱼雷头表面上开有沟槽或加工出特殊花纹，它有良好的混合剪切作用，能增大流体的压力和消除波动现象，常用来挤出黏度较大、导热性不良或有较为明显熔点的塑料，如纤维素、聚苯乙烯、聚酰胺、有机玻璃等，也适于聚烯烃造粒。

3.3.8 螺杆常用的材料有哪些？各有何特点？

在挤出过程中螺杆需经受高温、一定腐蚀、强烈磨损、大扭矩的作用。因此，螺杆的制作材料必须是耐高温、耐磨损、耐腐蚀、高强度的优质材料，并且还应具有良好的切削性能以及热处理后残余应力小、热变形小等特点。目前螺杆常用的制作材料主要有 45 钢、40Cr、渗氮钢等。

45 钢便宜，加工性能好，但耐磨耐腐蚀性能差。

40Cr 的性能优于 45 钢，但往往要镀上一层铬，以提高其耐腐蚀、耐磨损的能力，因此对镀铬层要求较高；镀层太薄易于磨损，太厚则易剥落，剥落后反而加速腐蚀。

渗氮钢综合性能比较优异，应用比较广泛。例如，采用 38CrMoAl 渗氮处理深度为 0.3～0.6mm 时，外圆硬度在 740HV 以上，脆性不大于 2 级。但这种材料抵抗氯化氢腐蚀的能力较 40Cr 钢低，且价格较高。渗氮钢 34CrAlNi7 和 31CrMoV9 等，渗氮后表面硬度可达 1000～1100HV，其强度极限都在 900MPa 左右，有较好的耐磨、耐腐蚀性能。

3.3.9 何谓分离型螺杆？有何特点？

（1）分离型螺杆

分离型螺杆是指在挤出塑化过程中能将螺槽中固体颗粒和塑料熔体相分离的一类螺杆。根据塑料熔体与固体颗粒分离的方式不同，分离型螺杆又分为 BM 型螺杆、Barr 螺杆和熔体槽螺杆等。如图 3-10 所示为 BM 型螺杆的结构，这种螺杆的加料段和均化段与普通螺杆的结构相似，不同的是在熔融段增加了一条起屏障作用的附加螺棱（简称副螺棱），其外径小于主螺棱，这两条螺棱把原来一条螺棱形成的螺槽分成两个螺槽以达到固液分离的目的。一条螺槽与加料段相通，称为固相槽，其螺槽深度由加料段螺槽深度变化至均化段螺槽深度；另一条螺槽与均化段相通，称为液相槽，其螺槽深度与均化段螺槽深度相等。副螺棱与主螺棱的相交始于加料段末，终于均化段初。

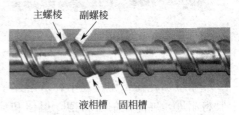

图 3-10 BM 型螺杆的结构

当固体床在输送过程中开始熔融时，因副螺棱与机筒的间隙大于主螺棱与机筒的间隙，使固相槽中已熔的物料越过副螺棱与机筒的间隙而进入液相槽，未熔的固体物料不能通过该间隙而留在固相槽中，这样就形成了固、液相的分离。由于副螺棱与主螺棱的螺距不等，因此在熔融段形成了固相槽由宽变窄至均化段消失，而液相槽则逐渐变宽直至均化段整个螺槽的宽度。

Barr 螺杆与 BM 螺杆不同之处是主副螺棱的螺距相等，固相螺槽和液相螺槽的宽度自始至终保持不变。固相螺槽由加料段的深度渐变至均化段的深度，而液相螺槽深度由零逐渐加深，至均化段固体床全部消失时，液相螺槽变至最深，然后再突变过渡至均化段的螺槽深度。这种螺杆加工比较方便，但由于液相螺槽到达均化段时很深，因此用于直径较小的螺杆时有强度不够的危险。

熔体槽螺杆是在熔融开始并形成一定宽度的熔池处的下方螺槽内开一条逐渐变深、宽度不变的附加螺槽，一直延续到均化段，再突变过渡至均化段螺槽深度。螺杆的液相螺槽窄而深，与机筒接触面积小，得到的热量少，受到的剪切力小，对实现低温挤出是有利的。而固相螺槽宽且保持不变，能保持与机筒内壁的最大接触面积，可以获得来自机筒壁较多的热量，故熔融效率高。

（2）特点

分离型螺杆具有塑化效率高、塑化质量好的特点。由于附加螺棱形成的固、液相分离而没有固体床破碎，温度、压力和产量的波动都比较小，排气性能好，单耗低，适应性强，能实现低温挤出等。

3.3.10 何谓屏障型螺杆？有何特点和适用性？

（1）屏障型螺杆

所谓屏障型螺杆就是在普通螺杆的某一位置设置屏障段，使未熔的固相物料不能通过，并促使固相物料彻底熔融和均化的一类螺杆，如图 3-11 所示。典型的屏障段有直槽型、斜槽型、三角型等。直槽屏障段是在一段外径等于螺杆直径的圆柱上交替开出数量相等的进、出料槽，如图 3-12 所示，进入出料槽前面的凸棱（屏障棱）与螺杆外径有一屏障间隙（C）。

图 3-11　屏障型螺杆

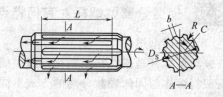

图 3-12　直槽屏障段的结构

（2）屏障型螺杆的特点与适用性

屏障型螺杆在工作过程中，若熔体中含有未熔的物料，则在经过屏障段时，会被分成若干股料流进入屏障段的进料槽，熔体和粒度小于屏障间隙 C 的固态小颗粒料越过屏障棱进入出料槽。塑化不良的小颗粒料在屏障间隙中受到剪切作用，大量的机械能转变为热能，使小颗粒物料熔融。另外，由于在进、出料槽中的物料一方面向前作轴向运动，另一方面会随螺杆的旋转作圆周运动，因而使物料在进、出料槽中呈涡状环流，促进物料之间的热交换，加快固体物料的熔融；物料在进、出料槽的分流与汇合增强了对物料的混合作用。

屏障段是以剪切作用为主、混合作用为辅的元件。屏障段通常是用螺纹连接于螺杆主体上，替换方便。屏障段可以是一段，也可以将两个屏障段串接起来，形成双屏障段，可以得到最佳匹配来改造普通螺杆。屏障型螺杆的产量、质量、单耗等项指标都优于普通螺杆。

屏障型螺杆主要适用于聚烯烃类物料的成型加工。

3.3.11　何谓分流型螺杆？销钉型螺杆有何特点？

（1）分流型螺杆

所谓分流型螺杆是指在普通螺杆的某一位置上设置分流元件，如销钉或通孔等，将螺槽内的料流分割，以改变物料的流动状况，促进物料的熔融、增强对物料混炼和均化的一类新型螺杆。其中利用销钉起分流作用的简称为销钉型螺杆，如图 3-13 所示；利用通孔起分流作用的则称为 DIS 螺杆。

（2）销钉型螺杆的特点

销钉型螺杆是在普通螺杆的熔融段或均化段的螺槽中设置一定数量的销钉，且按照一定的相隔间距或方式排列。销钉可以是圆柱形的，也可以是方形或菱形；可以是装上去的，也可

图 3-13　销钉型螺杆

以是铣出来的。

销钉型螺杆是以混合作用为主，剪切作用为辅。由于在螺杆的螺槽中设置了一些销钉，因此易将固体床打碎，破坏熔池，打乱两相流动，并将料流反复地分割，改变螺槽中料流的方向和速度分布，使固相物料和液相物料充分混合，增大固体床碎片与熔体之间的传热面积，对料流产生一定阻力和摩擦剪切作用，从而增强对物料的混炼、均化。

这种形式的螺杆在挤出过程中不仅温度低、波动小，而且在高速条件下这个特点更为明显；可以提高产量，改善塑化质量，提高混合均匀性和填料分散性，获得低温挤出。

3.3.12 何谓波型螺杆？有何特点？

（1）波型螺杆

波型螺杆是螺杆的螺棱呈波浪状的一类螺杆。常见的是偏心波型螺结构杆，如图 3-14 所示，它一般设置在普通螺杆原来的熔融段后半部至均化段上。波型段螺槽底圆的圆心不完全在螺杆轴线上，是偏心地按螺旋形移动的，因此，螺槽深度沿螺杆轴向改变，并以 $2D$ 的轴向周期出现，槽底呈波浪形，所以称为偏心波状螺杆。物料在螺槽深度呈周期性变化的流道中流动，通过波峰时受到强烈的挤压和剪切，得到由

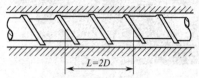

图 3-14 偏心波型螺杆结构示意图

机械功转换来的能量（包括热能）；到波谷时，物料又膨胀，使其得以松弛和能量平衡；结果是加速了固体床破碎，促进了物料的熔融和均化。

（2）波型螺杆的特点

由于物料在波型螺杆的螺槽较深处停留时间长，受到剪切作用小，而在螺槽较浅处受到剪切作用虽强烈，但停留时间短，因此，物料温升不大，可以达到低温挤出。另外，波型螺杆的物料流道没有死角，不会引起物料的停滞而分解，因此，可以实现高速挤出，提高挤出机的产量。

3.3.13 何谓静态混合器？静态混合器有哪些结构形式？

（1）静态混合器

静态混合器是设在挤出机口模与螺杆之间的新型混炼元件。静态混合器是一组形状特殊并按一定规律排列的固定元件。由螺杆输送来的物料在压力下通过这些元件时，会被不断地分割成若干股，每股料流不断改变其流动方向和空间位置，然后汇合进入机头。在静态混合器中，物料的各种组分得到均化，温度也更均匀。静态混合器用于挤出生产线时，不需要修改原塑化装置，因此特别适用于改造旧的挤出机以提高产品质量。但其一般会增加压力损失，使熔体有少量温升，因此选用时应加以注意。

（2）静态混合器的结构形式

静态混合器种类很多，常见的主要有 Kenics 静态混合器、Ross 静态混合器和 Sulzer 静态混合器等三种结构形式。这几种形式的静态混合器几乎适用于所有热塑性塑料的加工，如 LDPE、LLDPE、HDPE、PP、PS、PC、ABS、PET、PA6 等。但由于 PVC 易分解，因此使用时要注意。

① Kenics 静态混合器是由许多扭曲板件（扭曲方向有左、右之分）按不同方向相对交错镶嵌在空心圆管内壁构成的，相邻两个板件端面交叉成 90° 焊接在一起。图 3-15 为 Kenics 静态混合器元件的结构图。

熔体通过这组元件时，被不断地分割，通过多个元件就被分成两股料流，而且两股料流通过元件时都会产生回转，回转方向与元件螺旋方向相反，在两元件交界处产生混合流动。这些流动能消除径向的组分浓度、温度、黏度的差异，如可使径向温度差降低至几摄氏度。这种混合器特别适合吹塑薄膜生产。

② Ross 静态混合器是由多个两端有 120° 切口的圆柱体切口互成 90°、入口的切口内凹、出口的切口外凸的元件连接而成，两个相接元件间形成一个四面体空间，如图 3-16 所示。每个元件出入端都有四个排列在一条直径线上的孔，两条直径线互成 90°，而且每个孔的径向位置发生变化，原在一端外侧的孔，到达另一端时，就变成位于内侧的孔。前一个元件的

四个孔的排列直线与后一个元件的四个孔排列直线成 90°。

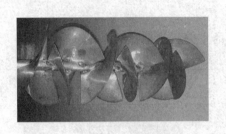
图 3-15　Kenics 静态混合器元件

图 3-16　Ross 静态混合器元件

图 3-17　Sulzer 静态混合器元件

元件上 120°的斜切面可以使水平方向流进的物料转换成垂直方向流出的物料。两个相邻元件孔的扭向一个是顺时针，一个是逆时针，这样可以提高物料的混合效果。

③ Sulzer 静态混合器是由几个以不同方式排列的波状薄片组成的叠层单元放在圆管中构成的，每一叠层单元的相邻薄片的波纹互成 90°。其元件结构如图 3-17 所示。物料进入混合器后，被分割成许多层，而且与其他波状薄片的料流发生混合、转向，以达到均化的目的。

3.3.14　挤出螺杆头部设置分流板和过滤网的作用是什么？应如何设置？

（1）设置分流板和过滤网的作用

在螺杆头部和口模之间设置分流板和过滤网的作用是使料流由螺旋运动变为直线运动，阻止未熔融的粒子进入口模，滤去金属等杂质。同时，分流板和过滤网还可提高熔体压力，使制品比较密实。另外，当物料通过孔眼时能进一步塑化均匀，从而提高物料的塑化质量。但应注意在挤出硬质 PVC 等黏度大而热稳定性差的塑料时，一般不宜采用过滤网，甚至也不用分流板。

（2）分流板和过滤网的设置方法

分流板有各种形式，目前使用较多的是结构简单、制造方便的平板式分流板。分流板多用不锈钢板制成，其孔眼的分布一般是中间疏、边缘密；或者边缘孔的直径大、中间的孔直径小，以使物料流经时的流速均匀，因为料筒的中间阻力小、边缘阻力大。分流板孔眼多按同心圆周排列，或按同心六角形排列。孔眼的直径一般为 3~7mm，孔眼的总面积为分流板总面积的 30%~50%。分流板的厚度由挤出机的尺寸及分流板承受的压力而定，根据经验取为料筒内径的 20%左右。孔道应光滑无死角，为便于清理物料，孔道进料端要倒出斜角。

在制品质量要求高或需要较高的压力时，例如生产电缆、透明制品、薄膜、医用管、单丝等，一般应放置过滤网。过滤网一般使用不锈钢丝编织粗过滤网，铜丝编织细过滤网。网的细度为 20~120 目，层数为 1~5 层。具体层数应根据塑料性能、制品要求来叠放。

设置分流板及过滤网时，其顺序是：螺杆—过渡区—过滤网—分流板。分流板至螺杆头的距离不宜过大，否则易造成物料积存，使热敏性塑料分解；距离太小，则料流不稳定，对制品质量不利，一般为 0.1D（D 为螺杆直径）。

设置过滤网时，如果采用两层过滤网，则应将细的过滤网放在靠螺杆一侧，粗的靠分流板放；若采用多层过滤网，则可将细的过滤网放在中间，两边放粗的，这样可以支撑细的过滤网，防止细的过滤网被料流冲破。

3.3.15　换网装置有哪些类型？各有何特点？

分流板及过滤网，在使用一段时间后，为清除板及网上杂质，需要进行更换。挤出机上简单的分流板及过滤网需要停车后用手工更换，当塑料中含有杂质较多时，过滤网堵塞较快，必须频繁更换。过滤网两侧使用压力降连续监控装置，如压力超过某一定值，则表明网上杂质比较多，需要换网。换网装置目前主要有非连续换网器和连续换网器两种。

(1) 非连续换网器

非连续换网器有手动操作的快速换网装置和液压驱动的滑板式非连续换网器等多种结构形式。手动操作的快速换网装置结构如图 3-18 所示，它是最简单的一种换网装置，在换网时挤出生产线必须中断。液压驱动的滑板式结构如图 3-19 所示，它是通过液压驱动滑板实现换网动作的。需要换网时，液压活塞将带有滤网组的分流板向一侧移开，移出的脏网更换后备用，同时将带有新网的分流板移入相应位置。此装置的换网时间少于 1s，但熔体的流动会受到瞬时影响，其主要用于工业生产中，若用于拉条切粒生产，则会破坏料条。

(a)手动旋转式换网器

(b)手动滑板式换网器

图 3-18 手动操作的快速换过滤网装置

(2) 连续换滤网器

连续换网器的结构有单柱塞式和双柱塞式两种形式，其主要组成为换网器驱动装置（液压驱动装置）及换网器本体两部分，如图 3-20 所示。

单柱塞式连续换网器密封性好，具有短平直的熔体流道，可快速换网不停机。运行成本低，性价比高，适用于低黏度熔体，但是压力波动较高，最高应用温度为 300℃。

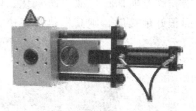

图 3-19 液压驱动的滑板式
非连续换网装置

双柱塞式连续换网器总共有四个过滤流道，在换网时至少有一个滤网在工作，可在工作中不中断熔体的流动并在多孔板并入流道时排出空气。两个滑板有一个缓慢的运动，使聚合物熔体预填入多孔板，从而保证挤出压力波动很小。

(a)单柱塞式

(b)双柱塞式

图 3-20 连续性换网器

3.3.16 挤出机加热的方式有哪些？各有何特点？

挤出机的加热通常有液体加热、电加热和电感应加热三两种方式，其中电加热方式用得最多。

（1）液体加热

液体加热的原理是先将液体（水、油、联苯等）加热，再由它们加热料筒，温度的控制可以用改变恒温液体的流率或改变定量供应液体的温度来实现。这种加热方法的优点是加热均匀稳定，不会产生局部过热现象，温度波动较小。但其加热系统比较复杂，以及有的液体（如油）加热过高有燃烧的危险，有的液体（如联苯和苯的低共熔点混合物）又易分解出有毒气体，而且这种系统有较大的热滞，故应用不大广泛。其主要应用在一些有严格温度控制的场合，例如热固性塑料挤出机等。

（2）电加热

电加热又分为电阻加热和电感加热，其中电阻加热的使用最为普遍。电阻加热是利用电流通过电阻较大的导线产生大量热量来加热料筒和机头。这种加热方法包括带状加热器、铸铝加热器和陶瓷加热器等。

① 带状加热器是将电阻丝包在云母片中，外面再覆以铁皮，然后再包围在料筒或机头上，其结构如图 3-21 所示。这种加热器的体积小，尺寸紧凑，调整简单，装拆方便，韧性好，价格也便宜。但在 500℃ 以上时，云母会氧化，其寿命和加热效率决定于加热器是否在所有点都能很好地与金属料筒相接触。如果装置不当，就会导致料筒不规则过热，也会导致加热器本身过热甚至损坏。

② 铸铝加热器是将电阻丝装于铁管中，周围用氧化镁粉填实，弯成一定形状后再铸于铝合金中，将两半铸铝块包到料筒上通电即可加热，其结构如图 3-22 所示。它除具有带状加热器的体积小、装拆方便等优点外，还因省去云母片而节省了贵重材料，因电阻丝为氧化镁粉铁管所保护，故可防氧化、防潮、防震、防爆，且寿命长，如果能够加工到与料筒外表面很好地接触，则其传热效率也很高；但温度波动较大，制作较困难。

图 3-21 带状加热器

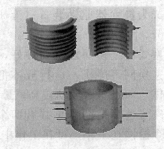

图 3-22 铸铝加热器

③ 陶瓷加热器是将电阻丝穿过陶瓷块，然后固定在铁皮外壳中，如图 3-23 所示。这种加热器具有耐高温、寿命长（4～5 年）、抗污染、绝缘性好等特点，能满足现代塑料加工业中需要高温加热的工程塑料的加工要求，最高加热温度可达 700℃。

图 3-23 陶瓷加热器

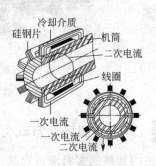

图 3-24 电感应加热器

电阻加热装置的特点是外形尺寸小、重量轻、装拆方便。

（3）电感应加热器

电感应加热是在机筒的外壁上隔一定间距装上若干组外面包以主线圈的硅钢片构成的，其结构如图3-24所示。当将交流电源通入主线圈时，产生电磁，而电磁在通过硅钢片和机筒形成的封闭回路中时产生感应电动势，从而引起二次感应电压及感应电流，即图中所示的环形电流，亦叫作电的涡流。涡流在机筒中遇到阻力就会产生热量。

电感应加热的特点是预热升温的时间较短，加热均匀，在机筒径向方向上的温度梯度较小；对温度调节的反应灵敏；节省电能，比电阻加热器可节省大约30％；使用寿命比较长。但其加热温度会受感应线包绝缘性能的限制，不适于加工温度要求较高的塑料，成本高；机身的径向尺寸大，装拆不方便，不便用于加热机头。

3.3.17 挤出机的冷却系统应如何设置？

（1）料筒的冷却系统

挤出机的料筒的冷却方法有风冷和水冷两种。

料筒采用风冷系统时，通常每一冷却段都配置一个单独的风机，用空气作为风冷介质，通过风机鼓风进行冷却，如图3-25所示。一般中小型挤出机料筒采用铸铝加热器、带状加热器时，多采用风冷系统。风冷比较柔和、均匀、干净，但风机占的空间体积大，如果风机质量不好则易有噪声。

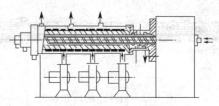

图3-25 风冷系统

料筒的水冷系统是由冷却管道、冷却介质循环装置以及水处理装置组成。料筒冷却管路的开设形式有多种，目前的常用形式是在机筒的表面加工出螺旋沟槽，然后将冷却水管（一般是紫铜管）盘绕在螺旋沟槽中，如图3-26(a)所示。这种结构最大的缺点是冷却水管易被水垢堵塞，而且盘管较麻烦，拆卸不方便。冷却水管与料筒不易做到完全接触而影响冷却效果。

如图3-26(b)所示是将冷却水管同时铸入同一块铸铝加热器中。这种结构的特点是冷却水管也制成剖分式的，拆卸方便。但铸铝加热器的制作变得较为复杂。如图3-26(c)所示是在电感应加热器内边设有冷却水套，这种装置装拆很不方便，冷冲击较为严重。

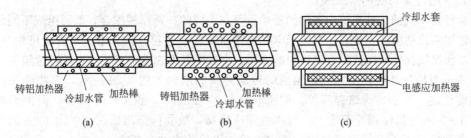

图3-26 料筒冷却系统

料筒采用水冷系统时，通冷却介质应是经过处理的去离子水，以防管壁生成水垢及被腐蚀。因此，还必须有冷却的水处理装置。水冷的冷却速度快，体积小，成本低；但易造成急冷，从而扰乱塑料的稳定流动，如果密封不好，就会有"跑、冒、滴、漏"现象。水冷系统主要用于大中型挤出机。

（2）螺杆冷却系统

螺杆冷却系统是由冷却管路和冷却介质循环装置两部分组成的。螺杆内部冷却管路的设置如图 3-27 所示，它是在螺杆中心开设通道后，再插入冷却水管，并可通过固定或轴向可移动的塞头或者不同长度的同轴管而使冷却水限制在螺杆中心孔的某一段范围内，对螺杆冷却长度进行调节，以适应不同要求。这种冷却装置也可采用油和空气作为冷却介质，油和空气的优点是不具有腐蚀作用，温控比较精确，也不易堵塞管道，但大型挤出机用水冷却效果较好。

（3）料斗座冷却系统

冷却料斗座的目的是为了防止加料段的物料温度太高，造成加料口产生所谓的"架桥"现象，使物料不易加入；同时还为了阻止挤压系统的热量传往止推轴承和减速箱，从而影响其正常工作条件。料斗座的冷却通常是在料斗座安装冷却水套，或在料斗座内开设冷却水通道，如图 3-28 所示。料斗座多用水作为冷却介质。

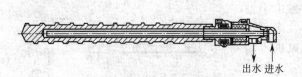

图 3-27　料斗座的冷却装置（一）

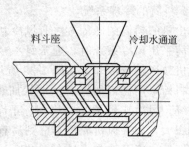

料斗座　冷却水通道

图 3-28　料斗座的冷却装置（二）

3.3.18 单螺杆挤出机传动系统由哪些部分组成？常用传动系统的形式有哪些？各有何特点？

（1）单螺杆挤出机传动系统的组成

单螺杆挤出机的传动系统一般由原动机和减速器两大部分组成。目前挤出机常用的原动机主要有整流子电机、直流电机、交流变频电机等，它们本身带有调速装置，传动系统可不必再设调速装置，这种原动机又称为变速电机。挤出机常用的减速装置主要有齿轮减速箱、蜗轮蜗杆减速箱、摆线针轮减速器、行星齿轮减速器等。

（2）常用传动系统的形式及特点

单螺杆挤出机的传动系统中不同的原动机可与不同的减速器相配合，即可组成不同的传动形式。常用的传动形式主要有：整流子电机与普通齿轮减速箱、直流电机与普通齿轮减速箱、直流电机和摆线针轮减速器或行星齿轮减速器、交流变频调速电机与普通齿轮减速箱等。

整流子电机与普通齿轮减速箱组成的传动系统的结构如图 3-29 所示，其特点是运转可靠，性能稳定，控制、维修都简单。调速范围有 1:3、1:6 和 1:10 几种。但由于调速范围大于 1:3 后电机体积显著增大，成本也相应提高，故我国挤出机大都采用 1:3 的整流子电机。若调速范围不足，则可采用交换皮带轮或齿轮的方法来扩大。

直流电机与普通齿轮减速箱组成的传动系统的结构如图 3-30 所示，其特点是启动比较平稳，调速范围大，如我国生产的 Z_2-51 型直流电机最大的调速范围为 1:16，它既可实现恒扭矩调速，也可实现恒功率调速，并且体积小、重量轻、传动效率高；但直流电机在转速低于 100r/min 时，其工作不稳定，而且在低速时电机冷却能力也相应下降。为了使直流电机在低速时散热良好，可以另加吹风设备进行强制冷却。

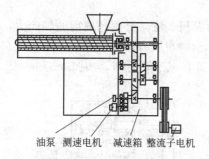

图 3-29 整流子电机与普通齿轮
减速箱组成的传动系统

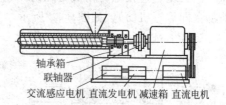

图 3-30 直流电机与普通齿轮
减速箱组成的传动系统

直流电机和摆线针轮减速器或行星齿轮减速器组成的传动系统具有结构紧凑、轻便、速比大、承载能力、效率高和声响小等优点，但维修较为困难，其在小型挤出机中应用越来越广泛。如图 3-31 所示为直流电机和摆线针轮减速器组成的传动系统。

交流变频调速电机与普通齿轮减速箱组成的传动系统具有的优点有调速范围宽、性能好，快速响应性优良，恒功率和恒转矩调速节能效果好；启动转矩大、过载能力强；运转可靠、性能稳定，能保持长时间低速或高速运行；噪声低、振动小；结构紧凑、体积小，控制简单、维修方便，容易实现自动化、数字化控制，调速方案先进，目前应用日渐增多。

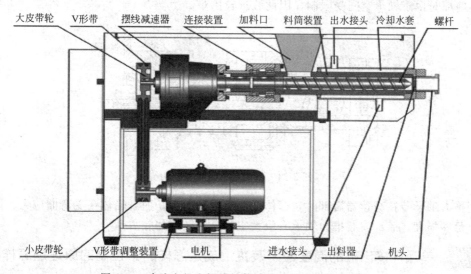

图 3-31 直流电机和摆线针轮减速器组成的传动系统

3.3.19 减速器用止推轴承有哪些类型？轴承的布置形式有哪些？各有何特点？

（1）减速器用止推轴承的类型

减速器用止推轴承有推力球轴承、推力圆柱滚子轴承、推力圆锥滚子轴承、推力向心球面滚子轴承等。推力球轴承承载能力小，推力向心球面滚子轴承的承载能力大。由于挤出机工作时所受的轴向力与挤出机大小有关，还与机头压力有关，一般挤出机机头压力都较大，通常在 30～50MPa，因此大中型挤出机一般不选用推力球轴承。我国一般使用推力向心球面滚子轴承（39000 和 69000 系列）。

（2）轴承的布置形式及特点

减速器中止推轴承的作用是将受到向后的轴向力及机头法兰处受到向前的轴向力，通过机筒、加料座、连接螺钉构成力的封闭系统。止推轴承的布置有两种形式：一是布置在减速箱前部（即靠近机筒），如图3-32所示；另一种是布置在减速箱后部，如图3-33所示。

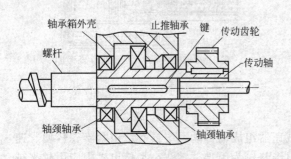

轴承箱外壳　止推轴承　键　传动齿轮
螺杆
传动轴
轴颈轴承
轴颈轴承

图3-32　推力轴承装在减速箱前部

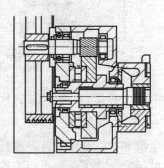

图3-33　推力轴承装在减速箱后部

当推力轴承装在减速器前部时，减速器箱体承受部分或不承受轴向力的作用，轴向力大都作用在料筒上，使之与机头作用在料筒上的力相平衡，因此在挤出机中应用广泛。当减速器箱体承受部分轴向力作用时，通常可通过加厚箱体受力部分的结构，以保证箱体有足够的强度和刚度。要使箱体不受力时，则可采用止推板或止推套结构，如图3-34所示。止推轴承装在前部时由于轴承空间受限制，因此装拆较困难。

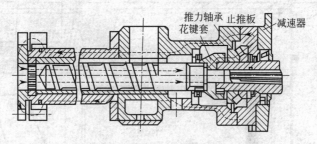

推力轴承　止推板　减速器
花键套

图3-34　推力轴承止推板结构

当推力轴承装在减速器后部时，箱体全部承受轴向力，而且箱体壁受弯曲应力，因此箱体要有足够强度。后部安装推力轴承有较大空间，安装维修较方便。

3.3.20　单螺杆挤出机的温度控制装置组成是怎样的？控制的原理是怎样的？

（1）温度控制装置组成

在挤出过程中准确地测定和控制挤出机的温度并减少其波动，对提高产品的产量和质量是至关重要的。挤出机通常主要是对机头、机筒、螺杆的各段进行温度的测量和控制。

温度控制装置主要由测温仪、温度指示调节仪两部分组成。测温仪主要有热电偶式、测温电阻式和热敏电阻式等类型，其中热电偶式最为常用。

热电偶的结构如图3-35所示，热电偶测温头是由两根不同的金属或合金丝（铂铑-铂、镍铬-镍铝等）一端连接，接点处为测温端；另一端作输出端，分别连接毫伏计或数字显示电路。测温时，由于测温端受热，与输出端产生温差，而形成温差电势，因此测出温差电势的大小，即可确定测温点的温度。热电偶安装在机头处时，最好是能使热电偶直接与物料接触，以便能更精确地测量和控制机头的温度，一般有两种设置情况，如图3-36所示。若需要测量和控制螺杆的温度，则热电偶可装在螺杆上。

图 3-35　热电偶

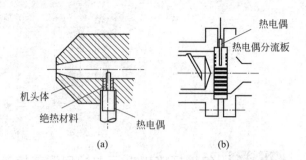

图 3-36　热电偶在机头上的两种设置情况

　　测温电阻是利用温度来确定导体电阻的数值，再将此数值转换成温度值的一种测温方法，结构如图 3-37 所示。它是用铂金、铜和镍等作为电阻的。测温电阻的体积比热电偶大，也比热敏电阻大。在测温时还存在探测的迟缓现象，但它可以直接测定温度。

　　热敏电阻是由数种金属氧化物组成的测温电阻，其结构如图 3-38 所示。它的温度系数小，探测的迟缓现象也小，所以得到广泛应用。用它来测低温的效果较好，在 360℃ 以上使用较长时间时，就会表现不稳定。

图 3-37　测温电阻

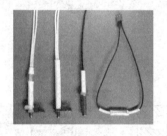

图 3-38　热敏电阻

　　温度指示调节仪的类型有可动线圈式示温控制仪、数字示温控制仪等。可动线圈式温度指示调节仪的主要部件是放于永久磁铁磁场内的可动线圈，由热电动势的作用所产生的电流通过它时，它就会按照电流的比例转动起来而指示温度，如图 3-39 所示。

　　数字示温控制仪是把热电偶产生的热电势通过数字电路用数码管显示出来，如图 3-40 所示，它更为准确、直观，调节方便，已越来越广泛地被用于挤出机的温度控制。

图 3-39　可动线圈式示温控制仪

图 3-40　数字示温控制仪

（2）温度控制的原理

　　如图 3-41 所示，由检测装置将控制对象的温度 T 测出，转换成热电势信号，输入到温度调节仪表与设定值温度 T_0 进行比较。根据偏差 $\Delta T = T - T_0$ 数值的大小和极性，由温度调节仪表按一定的规律去控制加热冷却系统，通过对加热量的改变，或者对冷却程度及冷却时间的改变，达到控制机筒或机头温度并使之保持在设定值附近的目的。

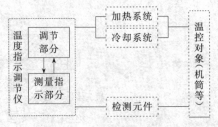

图 3-41　温度控制的原理

3.3.21　单螺杆挤出机压力如何调节控制？

单螺杆挤出机压力主要通过测压表和压力控制调节装置等进行调节控制。常用测压表的类型主要有液压式和电气式测压表等。液压式测压表的结构如图 3-42 所示，使用方便，但测量精度较低。电气式测压表的结构如图 3-43 所示，它可进行动态测试，并可自动记录数值，其测量的灵敏度、精度高，应用广泛。

图 3-42　液压式测压表

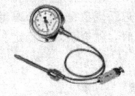

图 3-43　电气式测压表

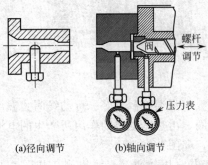

(a)径向调节　(b)轴向调节

图 3-44　各种压力调节装置

挤出机压力的调节一般是采用压力调节阀进行。它是通过改变物料输送过程中的流通面积来改变流道阻力，从而达到调节压力的目的。压力调节阀的形式有径向调节和轴向调节两种。径向调节形式如图 3-44(a) 所示，它是通过螺栓的上下调节流道阻力的。其结构简单，控制简便，但调节范围和精度很有限，且不利于物料的流通，适用于除硬质聚氯乙烯塑料以外的塑料加工。轴向调节形式如图 3-44(b) 所示，它是一种轴向调节间隙的压力调节装置，通过移动螺杆而调节阀口轴向的间隙，

其结构较复杂。

3.3.22　单螺杆挤出机应具有哪些安全保护措施？

单螺杆挤出机应具有的安全保护措施是过载安全保护、加热器断线报警、金属检测装置及磁力架、接地保护、防护罩保护等。

过载保护是为了防止挤出机的螺杆、止推轴承、机头连接零件等在工作过程中所承受的工作应力超出其强度许用应力范围时，可能造成零件损坏或发生人身安全事故的一种保护。

过载保护又有安全销（键）的保护、定温启动装置、继电器保护等多重保护。

安全销（键）的保护装置是在挤出机传动系统的皮带轮上设置安全销（键），当过载时，

安全销被剪断，切断电机传来的扭矩，起到保护作用。但这种方法可靠性较差。

定温启动是在料筒升温达不到工艺要求所设定温度时，即使按下启动按钮，挤出机电机也不能启动。

继电器保护是在电机的电路中设置热继电器和过流继电器，一旦出现过载，继电器便可以切断电源。

加热器断线报警是指在任何一段加热器断线，在电气柜上都有报警显示，以便及时维修。

金属检测装置及磁力架是为了防止原料中含有金属杂物或因工作不慎将金属物件落入料斗而严重损坏螺杆、机筒，一般在挤出机料斗上设置金属检测装置，一旦金属杂物进入料斗便自动报警或停机。磁力架是永久强磁磁铁，可以吸住进入料斗的磁性金属，以免金属落入料筒。

机身及电气柜都应按规定接地保护，电气控制柜应有开门断电保护及警示标牌，以避免发生人员触电事故。挤出机传动系统、联轴器和料筒的加热器都应设有防护罩。

3.3.23 单螺杆挤出机操作步骤是怎样的？操作过程中应注意哪些问题？

（1）单螺杆挤出机的操作步骤

① 开机前先检查电机、加热器、热电偶及各电源接线是否完好，仪表是否正常，水冷系统及润滑系统是否有泄漏，润滑油及各需润滑部位的状态是否良好，并对各润滑部位进行润滑。安装好分流板和机头，需要安装过滤网时还要按要求安装好过滤网。用铜塞尺调整口模间隙，使周向均匀一致。

② 打开总电源及挤出主机电源开关，根据工艺要求设定各段的工艺温度。

③ 开启电热器，对机身、机头及辅机均匀加热升温，待各部分温度比正常生产温度高10℃左右时，恒温30min，旋转模头恒温60min，使设备内外温度基本一致。

④ 待料筒温度达到要求后，若为带传动，则应拨动带轮，检查各转动部位、螺杆和料筒有无异常，螺杆旋向是否正确，螺杆是右旋螺纹时，其旋转方向从螺杆头方向看过去应为顺时针方向旋转。

⑤ 低速启动螺杆，空转2min左右，检查有无异常声响，各控制仪表是否正常，注意空转时间不能太长，以免损坏螺杆和料筒。

⑥ 待各部分都达到正常的开机要求后，先少量加入物料，待物料挤出口模时，方可正常投料。在物料被挤出之前，任何人均不得处于口模的正前方，以免发生意外。

⑦ 物料挤出后，检查挤出物料的塑化、水分、杂质等状态是否达到要求，并根据物料的状态对工艺条件做适当调节，直到挤出操作达到正常状态。

⑧ 在挤出机速度达到工作状态时，开通料筒加料段冷却循环水。

⑨ 停机时，先关闭主机的进料口，停止进料；再关闭料筒和机头加热器电源、关闭冷却水阀。断料后，观察口模的挤出量明显减少时，将控制主电机的电位器调至最小，频率显示为零，再断开主电机电源和各辅机电源。打开机头连接法兰，清理多孔板及机头各个部件。清理时应使用铜棒、铜片，清理后涂上少许机油。螺杆和料筒的清理，一般可用过渡料换料清理，必要时可将螺杆从机尾顶出清理。关掉控制柜面板总开关和空气开关。倒出剩余原料和清理场地。记下试车的情况，供今后查阅参考。

⑩ 挤出聚烯烃类塑料，通常在挤出机满载的情况下停车（带料停机），这时应防止空气进入料筒，以免物料氧化而再继续生产时影响制品的质量。遇到紧急情况需停主机时，应迅速按下红色紧急停车按钮。

（2）单螺杆挤出机操作注意事项

① 每次挤出机开车生产前都要仔细检查料筒内和料斗上下有无异物，及时清除一切杂物和油污。当发现生产设备工作运转出现异常声响或运转不平稳，且不清楚故障产生原因时，应及时停车，找有关人员解决。设备开车运行中不许对设备进行维修，不许用手触摸传动零件。

② 拆卸、安装螺杆和成型模具中各零件时，不许用重锤直接敲击零件，必要时应垫硬木再敲击拆卸或安装零件。

③ 如果料筒内无生产用料，则螺杆不允许在料筒内长时间旋转，空运转时间最长应不超过 2～3min。检查轴承部位、电动机外壳工作温度时，要用手背轻轻接触检测部位。

④ 当挤出机生产中出现故障，操作工在排除处理时，不许正面对着料筒或成型机头，防止料筒内熔料喷出伤人。挤出机正常生产中也要经常观察主电动机电流表指针的摆动变化，出现长时间超负荷工作现象时要及时停车，查出故障原因并排除后再继续开车生产。

⑤ 清理料筒、螺杆和模具上黏残料时，必须用竹或铜质刀具清理，不许用钢质刀刮料或用火烧烤零件上的残料。清理干净的螺杆如果暂时不使用，应涂一层防锈油，包扎好，垂直吊挂在干燥通风处。对于长时间停产不用的挤出机，成型模具的各工作面应涂好防锈油，进出料口用油纸封严。料筒上和模具上不许有重物堆放，免得长时间受压变形。

⑥ 对于新投入生产的挤出机生产线上各设备，试车生产 500h 后应全部更换各油箱及油杯中的润滑油（脂）。轴承、油杯、油箱和输油管路要全部排净原有润滑油，清洗干净，然后再加足新润滑油（脂）。

⑦ 挤出机生产工作中，操作工不许离岗做其他工作，必须离岗时应停车或找人代替看管。

3.3.24　单螺杆挤出机螺杆应如何拆卸？螺杆应如何清理和保养？

（1）单螺杆挤出机螺杆拆卸步骤

① 先加热机筒至机筒内残余物料的成型温度。

② 开机把机筒内的残余物料尽可能排净。

③ 在成型温度下，趁热拆下机头。

④ 排净机筒内物料后，停机，并关闭电源。

⑤ 松开螺杆冷却装置，取出冷却水管。

⑥ 在螺杆与减速箱连接处，松开螺杆与传动轴连接，采用专用螺杆拆卸装置从后面顶出螺杆。

⑦ 待螺杆伸出机筒后，用石棉布等垫片垫在螺杆上，再用钢丝绳套在螺杆垫片处，然后按箭头方向将螺杆拖出。采用前面拉后面顶的方法，趁热拨出螺杆。当螺杆拖出至根部时，用钢环套住螺杆，将螺杆全部拖出。

（2）螺杆的清理和保养

螺杆从挤出机中拆卸并取出后，应平放在平板上，立即趁热清理，清理时应采用铜丝刷清除附着的物料，同时也可配合使用脱模剂或矿物油，使清理更快捷和彻底，再用干净软布擦净螺杆。待螺杆冷却后，用非易燃溶剂擦去螺杆上的油迹，观察螺杆表面的磨损情况。对于螺杆表面上小的伤痕，可用细砂布或油石等打磨抛光。如果是磨损严重，则可采用堆焊等办法进行补救。清理好的螺杆应抹上防锈油，如果长时间不用，则应用软布包好，并垂直吊放，防止变形。

3.3.25 生产过程中应如何对挤出机进行维护与保养？

对挤出机进行合理的维护与保养，不但可以延长挤出机的使用寿命，还可以提高产品的质量，提高生产的效率。生产过程中对挤出机的维护与保养方法是：

① 经常保持挤出的清洁和良好的润滑状态，平时做好擦拭和润滑工作，同时保护好周围环境的清洁。

② 经常检查各齿轮箱的润滑油液面高度、冷却水是否畅通以及各转动部分的润滑情况，发现异常情况时，及时自行处理或报告相关负责人员处理（减速箱分配箱应加齿轮油，冷却机箱应加导热油）。

③ 经常检查各种管道过滤网及接头的密封、漏水情况，做好冷却管的防护工作。

④ 加料斗内的原料必须纯洁无杂质，决不允许有金属混入，确保机筒螺杆不受损伤。在加料时，检查斗内是否有磁力架，若没有则应立即放入磁力架，并经常检查和清理附着在磁力架上的金属物。

⑤ 机器一般不允许空车运转，以避免螺杆与机筒摩擦划伤或螺杆之间相互咬死。

⑥ 每次生产后立即清理模具和料筒内残余的原料，当机器有段时间不生产时，要在螺杆机箱和模具流道部分表面涂防锈油，并在水泵、真空泵内注入防锈剂。

⑦ 如遇电流供应中断，则必须将各电位器归零并把驱动系统和加热系统停止，电压正常后必须重新加热到设定值，经保温后（有的产品必须拆除模具）方可开机，这样不会开冷机损坏设备。

⑧ 辅机的水泵、真空泵应定期保养，及时清理水箱（槽）内堵塞的喷嘴以及更换定型箱盖上损坏的密封条。丝杆轴承需定期加油脂润滑，以防生锈。

⑨ 定期放掉气源三连件的积水。

⑩ 及时检查挤出机各紧固件，如加热圈的紧固螺钉、接线端子及机器外部护罩元件等的锁紧工作。

3.3.26 单螺杆挤出过程中为何有时会出现挤不出物料的现象？应如何解决？

单螺杆挤出机在挤出管材的过程中出现挤不出物料现象的可能原因主要有：

① 机筒、螺杆的温度控制不合理。机筒温度过高，与机筒接触的物料发生熔融，使物料与机筒内壁达到最小值，而螺杆温度较低，与螺杆接触的物料未发生熔融，与螺杆的摩擦系数较大而发生黏附，造成物料与机筒打滑而不出料，还将造成物料出现过热分解。

② 机头前的分流板和过滤网出现堵塞，而使物料向前输送的运动阻力过大，使物料在螺槽中的轴向运动速度大大降低，造成挤不出料的现象。

解决办法主要有：

① 降低机筒温度。

② 减小螺杆冷却水的流量，提高冷却水温度。

③ 及时清理分流板，清理或更换过滤网。

3.3.27 单螺杆挤出机在生产过程中发出"叽叽"的噪声，是何原因？

挤出机在生产时发出"叽叽"的噪声主要是螺杆旋转与机筒内壁摩擦时产生的响声。产生的原因主要有：

① 螺杆装配在机筒内，两零件同心误差大。

② 机筒端面与机筒连接法兰端面和机筒中心线的垂直度误差大。

③ 螺杆弯曲变形，轴中心线的直线度误差大。

④ 螺杆与其支撑传动轴的装配间隙过大，旋转工作时两轴心线同轴度误差过大。

3.3.28 单螺杆挤出过程中为何会出料不畅？应如何处理？

（1）产生原因

单螺杆挤出过程中出料不畅的可能原因主要有：

① 挤出某段加热器没有正常工作，使物料塑化不良，熔料通过机头时没有塑化好的颗粒卡在机头狭窄的流道内，而堵塞流道。

② 操作温度设定偏低，或塑料的分子量分布宽，造成物料塑化不良。

③ 物料中可能有不容易熔化的金属或杂质等异物。

（2）处理办法

① 检查加热器及加热控制线路，必要时更换。

② 核实各段设定温度，必要时与工艺员协商，提高温度设定值。

③ 检查并清理挤压系统及机头。

④ 选择好树脂，去除物料中的杂质等异物。

3.4 双螺杆挤出混炼设备操作与疑难处理实例解答

3.4.1 双螺杆挤出机有哪些类型？其结构是怎样的？

（1）双螺杆挤出机的类型

双螺杆挤出机的类型有很多，其分类方法也有多种。其根据两螺杆相对的位置分为非啮

合型（图3-45）和啮合型。啮合型根据啮合程度又分为全啮合型（紧密啮合型）和部分啮合型（不完全啮合型）。全啮合型是指一根螺杆的螺棱顶部与另一根螺杆的螺槽根部之间不留任何间隙，如图3-46所示。部分啮合型是指一根螺杆的螺棱顶部与另一根螺杆的螺槽根部之间留有间隙，

图3-45 非啮合型

如图3-47所示。

  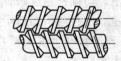 

图3-46 全啮合型   图3-47 部分啮合型

双螺杆挤出机根据相对旋转方向分为同向旋转型和异向旋转型。同向旋转型的两螺杆旋转方向一致，因此两根螺杆的几何形状、螺棱旋向完全相同，如图3-48（a）所示。异向旋转型的两根螺杆的几何形状对称，螺棱旋向完全相反。异向旋转双螺杆又分为向外异向旋转和向内异向旋转，分别如图3-48（b）、（c）所示。

双螺杆挤出机根据两根螺杆轴线的相对位置可分为锥形双螺杆型和平行双螺杆型。锥形双螺杆的螺纹分布在圆锥面上，螺杆头端直径较小；两根螺杆安装好后，其轴线呈相交状态，如图3-49所示。一般情况下，锥形双螺杆属于啮合向外异向旋转型双螺杆。

(a)同向旋转　　(b)向外异向旋转　　(c)向内异向旋转

图 3-48　双螺杆旋转方式

图 3-49　锥形双螺杆

平行双螺杆又分为共轭螺杆和非共轭螺杆。共轭螺杆是指两螺杆全啮合，而且其中一根螺杆的螺棱与另一根螺杆的螺槽具有完全相同的几何形状和尺寸，且两者能紧密地配合在一起，只有很小的制造和装配间隙。非共轭螺杆是指两根螺杆的螺棱与螺槽间存在较大的配合间隙。

（2）双螺杆挤出机的结构

双螺杆挤出机主要由挤压系统、传动系统、加热冷却系统、排气系统、加料系统和电气控制系统等组成，各组成部分的职能与单螺杆挤出机相同。双螺杆挤出机

图 3-50　双螺杆挤出机的螺杆与料筒

的两根螺杆并排安放一个"8"字形截面的料筒中，如图 3-50 所示。

双螺杆挤出机的加料系统一般有螺杆式加料系统和定量加料系统两种，其中定量加料装置应用较多。定量加料装置由直流电机、减速箱及送料螺杆组成。当改变双螺杆速度时，进料速度能在仪器上显示出来并可以跟踪调节，以保证供料与挤出量的平衡。

3.4.2　双螺杆挤出机为何对物料有良好的输送作用？

对于反向旋转啮合的双螺杆挤出机，其两根螺杆相互啮合时，一根螺杆的螺棱嵌入另一根螺杆的螺槽中，使一根螺杆中原本连续的螺槽，被另一根螺杆的螺棱隔离为一系列 C 形小室。螺杆旋转，两根螺杆之间形成的 C 形小室沿轴向前移，螺杆转一圈，C 形小室就向前移动一个导程。全啮合反向旋转双螺杆的 C 形小室是完全封闭的，小室中的物料就被向前推动一个导程的距离。因此，输送中不会产生滞留和漏流，而是具有正位移的强制输送物料的作用。

对于啮合同向回转的双螺杆挤出机，各螺纹与料筒壁组成封闭的 C 形小室，物料在小室中按螺旋线运动，但是由于在啮合处两根螺杆圆周上各点的运动方向相反，而且啮合间隙非常小，使物料不能从上部到下部，因此就迫使物料从一根螺杆与料筒壁形成的小室转移到另一根螺杆与料筒壁形成的小室，从而形成"8"字形的运动。这种同向啮合的双螺杆，一根螺杆的外径与另外一根螺杆的根径的间隙一般很小，因此，对物料有很强的自洁作用。

由于双螺杆挤出机对物料是正位移输送，使其加料性能好，不论螺槽是否填满，其输送速度基本保持不变，不易产生局部积料，因此能适用于各种形状物料的挤出，如粉料、粒料、带状料、糊状料、纤维、无机填料等。

3.4.3 双螺杆挤出机对物料为何有较强的混合作用？

双螺杆的混合作用是通过同时旋转的两根螺杆在啮合区内的物料存在速度差以及改变料流方向两方面的作用而实现的。

(1) 速度差的作用

对于反向旋转的双螺杆，在啮合点处一根螺杆的螺棱与另一根螺杆的螺槽的速度方向相同，但存在速度差，所以啮合区内的物料受到螺棱与螺槽间的剪切，而使物料得到混合与混炼。

对于同向旋转的双螺杆，因一根螺杆的螺棱与另一根螺杆的螺槽在啮合点速度方向相反。其相对速度就比反向旋转的要大，物料在啮合区受到的剪切力也大，故其混炼效果比反向旋转双螺杆好。

(2) 改变料流方向的作用

双螺杆挤出机两根螺杆的旋转运动会使物料的流动方向改变。对于同向旋转的双螺杆，因在啮合点速度方向相反，使一根螺杆的运动将物料拉入啮合间隙；而另一根螺杆却将物料带出，故使部分物料呈"8"字形运动，即改变了料流方向，促进了物料的混合与均化。

对于反向旋转的双螺杆，当部分料流经过啮合区后，部分物料包覆高速辊，即原螺槽中的物料转移到了螺棱方面，因而料流方向也有所改变。

但对于封闭型双螺杆，在 C 形小室中的物料得不到混合。因此通常开放型双螺杆的混合混炼效果要好些，但是挤出流率和机头压力会有部分损失。

另外，为强化混炼效果，有些双螺杆上设置了多种混合剪切元件，使物料获得纵、横向的多种剪切混合。

3.4.4 双螺杆挤出机的主要用途是什么？应如何选用？

(1) 双螺杆挤出机的用途

双螺杆挤出机的成型加工主要用于生产管材、板材及异型材。其成型加工的产量是单螺杆挤出机产量的两倍以上，而单位产量制品的能耗比单螺杆挤出机低 30%左右。因双螺杆输送能力强，故可直接加入粉料而省去造粒工序，使制件成本降低 20%左右。

双螺杆挤出机可用于配料、混料工序（以下简称配混）。因双螺杆挤出机可一次完成着色、排气、均化、干燥、填充等工艺过程，所以常用其给压延机、造粒机等设备供料。目前，配混双螺杆挤出机逐渐代替了捏合机-塑炼机系统。

双螺杆挤出机也可用于对塑料填充、改性及添加色母料。在单螺杆挤出机中难于在塑料中混入高填充量的玻璃纤维、石墨粉、碳酸钙等无机填料的加工，采用双螺杆挤出机更容易实现。

双螺杆挤出机还可用于反应挤出加工。与一般间歇式或连续式反应器相比，其熔融物料的分散层更薄，熔体表面积也更大，从而更有利于化学反应的物质传递及热交换。双螺杆挤出可使物料在输送中迅速而准确地完成预定的化学变化。在大搅拌反应器中不易制备的改性聚合物也能在双螺杆反应挤出机中完成制备。利用双螺杆挤出机进行反应加工，还具有容积小、可连续加工、设备费用低、不用溶剂、节能、低公害、对原料及制品都有较大的选择余地、操作简便等特点。

(2) 双螺杆挤出机的选用

啮合同向旋转双螺杆挤出机具有分布混合及分散混合良好、自洁作用较强、可实现高速运转、产量高等特点，但输送效率较低，压力建立较低。因此，它主要用于聚合物的改性，如共混、填料、增强及反应挤出等操作，而一般不用于生产挤出制品。

啮合异向双螺杆挤出机是双螺杆挤出机的另一大类，它包括平行和锥形两种；平行的又有低速运转型和高速运转型之分。

平行啮合异向双螺杆挤出机的正位移输送能力比同向双螺杆挤出机强很多，压力建立能力较高，因而多用来直接挤出制品，主要用来加工 RPVC、造粒或挤出型材。但由于存在压延效应，在啮合区物料对螺杆有分离作用，使螺杆产生变形，导致料筒内壁磨损，而且随螺杆转速升高而增强，因此此种挤出机只能在低速下工作，一般螺杆的转速在 10～50r/min。

对于平行异向非共轭的双螺杆挤出机，其压延间隙及侧隙都比较大，则当其高速运转时，物料若有足够的通过啮合区的次数，会加强分散混合及分布混合的效果，且熔融效率也比同向旋转双螺杆挤出机高。这种双螺杆挤出机主要用于混合、制备高填充物料、高分子合金以及反应挤出等，其工作转速可达 200～300r/min。

对于锥形双螺杆挤出机，若啮合区螺槽纵横向都是封闭的，则正位移输送能力及压力建立能力都很强，因此主要用于加工 RPVC 制品，如管、板以及异型材的加工等；若锥形双螺杆挤出机的径向间隙及侧向间隙都较大，则正位移输送能力会降低，但会加大混合作用，因此一般只用于混合造粒。

对于非啮合向内异向旋转的双螺杆挤出机，物料对金属的摩擦系数和黏性力是控制输送量的主要因素。其指数性的混合速率强于线性混合速率的单螺杆挤出机，具有较好的分布混合能力、加料能力、脱挥发分能力，但分散混合能力有限，建立压力能力较低。所以，这类挤出机主要用于物料的混合，如共混、填充和纤维增强改性及反应挤出等。

3.4.5 双螺杆挤出机主要有哪些性能参数？

双螺杆挤出机性能参数主要有螺杆公称直径、螺杆长径比、螺杆的旋转方向、螺杆的转速范围、双螺杆中心距等。

（1）螺杆公称直径

螺杆公称直径是指螺杆的外径，对于平行双螺杆挤出机其螺杆外径大小不变；而锥形双螺杆挤出机的螺杆直径有大端直径和小端直径之分，在表示锥形双螺杆挤出机规格大小时，一般用小端直径（螺杆头部）表示。一般双螺杆的直径越大，表示挤出机的加工能力越大。因两螺杆驱动齿轮的限制，双螺杆直径不能取得太小，一般生产用螺杆直径不小于 45mm，但实验用可小至 25mm。最大的螺杆直径为 400mm。螺杆直径增加，产量也相应增加。我国生产的异向旋转的挤出机的螺杆直径一般在 65～140mm 之间。

（2）螺杆长径比

螺杆长径比是指螺杆的有效长度与外径之比。由于锥形双螺杆挤出机的螺杆直径是变化的，其长径比 L/D 是指螺杆的有效长度与其大端和小端的平均直径之比。而对于组合式双螺杆挤出机来说，其螺杆长径比也是可以变化的，通常产品样本上的长径比应当为最大可能的长径比。一般来说，螺杆长径比增加，有利于物料的混合和塑化。因双螺杆加料、塑化、混合和输送能力比单螺杆强，而且，其所受的扭矩比单螺杆大，所以一般其长径比 L/D 比单螺杆小，一般 L/D 在 8～18，但目前的长径比取值范围已扩大，目前我国常用异向平行双螺杆挤出机的最大长径比 L/D 为 26，同向平行双螺杆挤出机的长径比 L/D 已达 48，但一般小于 32。

（3）螺杆的旋转方向

螺杆的旋转方向有同向和异向两种。两螺杆的相对转向关系不同，对物料的加工性能也不同。一般要根据对物料的加工要求来确定两螺杆的转向关系。同向旋转的两根螺杆几何形状可以完全一样，而反向旋转的两根螺杆的几何形状是对称的。一般同向旋转多用于混料，而异向旋转多用于挤出成型制品。

（4）螺杆的转速范围

螺杆的转速范围是指螺杆允许的最低转速和最高转速之间的范围。双螺杆挤出机两螺杆的旋向关系不同，对转速的限制要求也不同。由于反向旋转双螺杆具有"压延效应"，且会随螺杆转速的增加而加剧，因此反向旋转的双螺杆一般转速比较低，通常限制在$8\sim50$r/min。同向旋转的双螺杆挤出机因"压延效应"作用小，其转速可以较高，最高可达300r/min。

（5）双螺杆中心距

双螺杆中心距是指平行布置的两螺杆的中心距。双螺杆中心距取决于螺杆直径、螺纹头数和对间隙的要求。对于单头螺纹的双螺杆中心距可取为$(0.7\sim1)D$；双头螺纹的双螺杆中心距为$(0.77\sim1)D$；三头螺纹的双螺杆中心距通常为$(0.87\sim1)D$。

另外，双螺杆挤出机也与单螺杆挤出机一样，还有表征能耗大小及生产能力大小的参数，如螺杆的驱动功率、加热功率、比功率、比流量和产量等。

3.4.6 双螺杆结构是怎样的？有哪些类型？

双螺杆结构一般分为6个功能区段：加料段、熔融段、均化段、排气段、混合段和计量段（挤出段），如图3-51所示。根据加工工艺的需要也可设置有4段或5段的。

图 3-51　双螺杆的结构

双螺杆结构类型较多，通常按螺杆的整体结构来分可分为整体式和组合式两种类型。整体式螺杆由整根材料做成，锥形双螺杆挤出机和中小直径的平行异向双螺杆挤出机多采用整体式螺杆。组合式螺杆也称积木式螺杆，它是由多个单独的功能结构元件通过芯轴串接而成的组合体，如图3-52所示。串接芯轴有圆柱形芯轴、六方形芯轴、花键芯轴三种类型，其中花键芯轴用得最多。组合式双螺杆可根据不同用途、不同的加工对象及加工要求，选用不同的基本元件组成不同职能段螺杆，一杆多用，经济、方便。一般平行同向双螺杆多采用组合式。

图 3-52　组合式螺杆

3.4.7 组合双螺杆的元件有哪些类型？各有何功能特点？

（1）组合双螺杆的元件类型

组合双螺杆的元件的类型有很多，形状各异，一般按其功能可分为输送元件、剪切元件、混合元件等；按结构形状可分为螺棱元件、捏合盘、齿形元件、销钉段、反螺纹段、大螺距螺棱元件、六棱柱元件、剪切环等。

（2）元件功能特点

输送元件的主要功能是输送物料，一般为螺棱元件。按螺棱头数螺棱元件可分为单头、双头和三头螺棱元件。

单头螺棱元件的结构如图 3-53（a）所示，它具有高的固体输送能力，多用于加料段，以改进挤出量所受加料量的限制以及用于输送那些流动性差的物料。由于螺棱宽，对机筒内壁接触面积大，磨损大，且对物料的加热不均匀。双头螺棱元件结构如图 3-53（b）所示，剪切作用较柔和，平均剪切热较低；可承受较大的驱动功率，生产效率高，比能耗低。常用于粉料的输送和加工对剪切及温度敏感的物料。三头螺棱元件结构如图 3-53（c）所示，平均剪切速率和剪应力大，螺槽浅，料层薄，热传递性能好，有利于物料熔融塑化。主要用于需要高强度剪切物料的加工，而不宜用于对剪切敏感或玻璃纤维增强物料的加工。

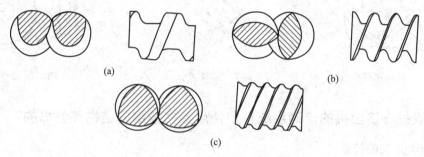

图 3-53　不同头数的螺棱元件

剪切元件主要是指常用的捏合盘元件。由于它能提供高强度的剪切，产生良好的分布混合和分散混合，因此称为剪切元件。捏合盘不能单个使用，而是在两根螺杆间成对和成串使用。一般把多个捏合盘串接在一起所形成的结构称为捏合块。捏合盘在制造安装时，把相邻捏合盘之间沿周向错开一定的角度（圆心角），它可使相邻捏合盘之间有物料交换；可使成串的捏合盘形成螺棱元件似的"螺旋角"，沿捏合块的轴线方向有物料的输送。

捏合盘有单头、双头和三头等类型，依次也称为偏心、菱形和曲边三角形捏合盘，如图 3-54 所示。它们分别与相同头数的螺棱元件对应使用。单头捏合盘由于其凸起顶部与机筒内壁接触面积大，功耗和磨损大，因此较少应用。双头捏合盘与机筒内壁形成的月牙形空间大，输送能力大，产生的剪切不十分强烈，故适用于对剪切敏感的物料及玻璃纤维增强塑料，在啮合同向双螺杆挤出机中得到广泛应用。三头捏合盘与机筒内壁形成的月牙形空间小，故对物料的剪切强烈，但输送能力比双头捏合盘低，可用于需要高强度剪切才能混合好的物料。

(a)单头　　　　　　(b)双头

图 3-54　捏合盘　　　　　　　　　图 3-55　齿形混炼元件

混合元件有齿形元件、销钉段、反螺纹段等多种类型，其主要作用是搅乱料流、使物料均化等。齿形混炼元件一般为成组使用，但不啮合，而是沿两根螺杆轴线方向交替布置齿盘，如图 3-55 所示。

大螺距螺棱元件结构如图 3-56 所示，它能使大部分物料经受恒定的可控剪切和建立恒定的压力，物料的温升较低。六棱柱元件的结构如图 3-57 所示，它能提供恒速移动的啮合区，产生挤压、有周期性的流型，能连续地将料流劈开，有利于物料的熔融和混合。

剪切环元件结构如图 3-58 所示，一个环的外径与一个环的根径间、环的外径与机筒内壁的间隙中会产生对物料的剪切，无输送能力。

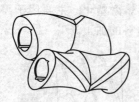
图 3-56　大螺距螺棱元件

图 3-57　六棱柱元件

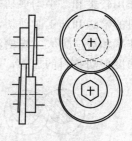
图 3-58　剪切环元件

3.4.8　双螺杆挤出机的传动系统有何特点？主要组成结构是怎样的？

（1）传动系统的特点

双螺杆挤出机工作时，要求传动系统能实现规定的螺杆转速与范围、螺杆旋转方向、扭矩均匀分配；能降低传动齿轮的径向载荷，传递较大的扭矩（功率）和轴向力；能消除螺杆的径向力，防止螺杆的弯曲；轴承的使用寿命长。

由于双螺杆挤出机的螺杆要承受很大扭矩和轴向力，且两根螺杆径向尺寸有限，因此使双螺杆挤出机的传动系统中的推力轴承组件、两根螺杆的扭矩传递、配比齿轮减速装置等的布置困难。

（2）主要组成结构

双螺杆挤出机的传动系统主要由驱动电机（含联轴器）、齿轮箱、止推轴承等组成。

常用的驱动电机主要有直流电机、交流变频调速电机、滑差电机、整流子电机等。其中以直流电机和交流变频调速电机用得最多。直流电机可实现无级调速，且调速范围宽，启动平稳。变频调速电机性能稳定，调速性能好。

双螺杆挤出机的齿轮箱由减速和扭矩分配两大部分组成。其结构布置主要有整体式和分离式两种形式。整体式齿轮箱的减速部分和扭矩分配部分在一起，结构紧凑，应用较为普遍。分离式齿轮箱的减速部分和扭矩分配部分是分开的，锥形双螺杆挤出机的传动布置是被目前国内外大多采用的分离式结构，如图 3-59 所示。

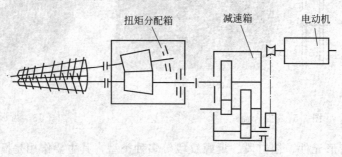
图 3-59　锥形双螺杆挤出机的传动系统

传动系统中止推轴承的作用是承受螺杆的轴向推力作用。双螺杆挤出机中的传动系统由于受到两螺杆中心距的限制，因此在选择止推轴承时不宜采用大直径的止推轴承，而小直径的止推轴承能承受的轴向力小，故一般将同规格的几个小直径的止推轴承串联起来组成止推轴承组，由几个轴承一起承受轴向力。常用的止推轴承有油膜止推轴承、以碟型簧作为弹性元件的滚子止推轴承组和以圆柱套筒作为弹性元件的止推轴承组等三种类型。

通常止推轴承组布置可为相邻（并列）排列、相错排列布置。止推轴承组相邻排列时，由于两根轴上的轴承组相邻，其外径只能小于两轴间距离，所选轴承外径最小，因此承载能力最小。止推轴承组相错排列布置时，由于两轴承组沿轴向错开，因此一根轴上的轴承外径可以选择得大些，只要不与另一根轴相接触即可，故可承受较大的轴向载荷。而对于锥形双螺杆挤出机的轴承系统即为两个大直径止推轴承的错列布置形式，由于两螺杆驱动端空间较大，因此安装两个直径较大的轴承能承受大的轴向力。另外，有些双螺杆挤出机也有采用一根轴上装止推轴承组，另一根轴上装一个大直径止推轴承的方式。大止推轴承的直径不受两轴中心距限制。

3.4.9 双螺杆挤出机的温度控制系统有何特点？

双螺杆挤出机的温度主要是指机筒和螺杆的温度。因此，其温度控制主要分为机筒的温度控制和螺杆的温度控制两大部分。

(1) 机筒的温度控制系统

对于双螺杆挤出机，机筒的温度控制系统通常同时设有加热装置和冷却装置。

机筒的加热方式一般有电加热和载体加热。电加热方法又可分为电阻加热和电感应加热。电阻加热结构紧凑，成本较低，其效率及寿命在很大程度上取决于整个接触面上电热器与机筒间的接触是否良好；接触不好，会引起局部过热，并导致电热器寿命过短。电感应加热器加热均匀，机筒内的温度梯度小，且功率输入变化中的时间滞后较小。不会发生接触不良引起的过热现象，热损失少，故功率消耗低，但其发热效率较低，而且成本较高。载体加热主要是采用油作为载体进行加热。其优点是温度升降柔和稳定，但多了一套油加热装置及循环系统，一般多用于啮合型异向双螺杆挤出机。

机筒的冷却方法有强制空气冷却、水冷却及蒸汽冷却。空气冷却是在挤出机料筒下安装鼓风机形成强制空气冷却。空气冷却热传递速率较小，容易控制，一般用于中小型且机筒外形是圆形的双螺杆挤出机。要求强力冷却时，空气冷却则不适宜。水冷却是在机筒壁开设通道，如螺旋沟槽，再绕上铜管，通水或油，作封闭循环流动，通过换热器将热量带走，进行冷却。采用水作为冷却介质时，必须是软化水。与空气冷却相比，水冷对温度控制系统要求更高。啮合同向双螺杆挤出机，大多数情况下机筒元件是扁方形的，一般都采用水冷。水和油冷效率高，但有一套循环系统，使成本增加。蒸汽冷却系统是在机筒的加热器外部设有一环绕夹套，环绕夹套内通入介质，介质的蒸发潜热被环绕远离料筒的冷凝室水冷系统所摄取，将热量带走，使机料筒冷却。这种形式的蒸汽冷却操作特性平稳且温度控制效果良好。

(2) 螺杆的温度控制系统

对于挤出量较小的双螺杆挤出机和锥形双螺杆挤出机，螺杆的温度控制一般采用密闭循环系统，其温度控制系统是在螺杆内孔中密封冷却介质，利用介质的蒸发与冷凝进行温度控制。螺杆芯部开有很长的孔，装灌进去某种液体介质，其体积约为芯部孔体积的1/3，然后封死。挤出机工作时，当熔融的物料接近或到达螺杆末端时，温度最高，可能超过设定温度，必须将多余的热量导走，否则会引起物料过热分解。这时螺杆将高温传给螺杆芯部封装的液体介质，液体介质汽化，吸收热量，使物料温度降低到分解温度以下。汽化的液体介质沿着螺杆芯部的孔向加料端移动，与加料端的物料进行热量交换，使物料温度升高，汽化介质冷凝成液体。冷凝的液体介质又向螺杆端部方向移动，再一次循环汽化。

对于大多数双螺杆挤出机，螺杆的温度控制多采用强制循环温控系统，如图 3-60 所示，它由一系列管道、阀、泵组成，其结构复杂，温控效果好，温度稳定。

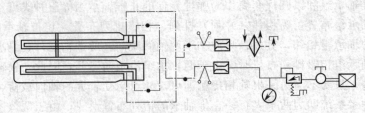

图 3-60 双螺杆强制循环温控系统

3.4.10 双螺杆挤出机的操作步骤是怎样的？操作过程中应注意哪些问题？

（1）双螺杆挤出机的操作步骤

① 开机前应先检查电器配线是否准确，有无松动现象。检查各热电偶、熔体传感器等检测元件是否良好。检查所有润滑点，并对所有需连接的润滑点再次清洁。启动润滑油泵，检查各润滑油路的润滑是否均匀稳定。检查所有进出水管、油管、真空管路是否畅通、无泄漏，各控制阀门是否调节灵便。检查整个机组的地脚螺栓是否旋紧。确认主机螺杆、料筒组合构型是否适合于将要进行挤出的材料配方，若不适合，则应重新组合调整。检查主机冷却系统是否正常，有无异样。使用前必须将料筒各段冷却管路阀门旋紧关闭。

② 安装机头。安装机头时，先擦除机头表面的防锈油等，仔细检查型腔表面是否有碰伤、划痕、锈斑，进行必要的抛光，然后在流道表面涂上一层硅油。按顺序将机头各部件装配在一起，螺栓的螺纹处涂以高温油脂，然后拧上螺栓和法兰。再将分流板安放在机头法兰之间，以保证压紧分流板而不溢料。上紧机头螺栓，拧紧机头紧固螺栓，安装加热圈和热电偶，注意加热圈要与机头外表面贴紧。

③ 通电将主机预热升温，按工艺要求设定各段温度。当各段温度达到设定值后，继续保温 30min，以便加热螺杆，同时进一步确认各段温控仪表和电磁阀（或冷却风机）工作是否正常。

④ 按螺杆正常转向用手盘动电机联轴器，螺杆至少转动三转以上，观察两根螺杆与料筒之间及两根螺杆之间，在转动数圈中有无异常响声和摩擦。若有异常，则应抽出螺杆重新组合后装入。检查主机和喂料电机的旋转方向，面对主机出料机头，如果螺杆元件是右旋，则螺杆为顺时针方向旋转。

⑤ 清理储料仓及料斗。确认无杂质异物后，将物料加满储料仓，启动自动上料机。料斗中物料达预定料位后上料机将自动停止上料。对有真空排气作业要求的，应在冷凝罐内加洁净自来水至规定水位，关闭真空管路及冷凝罐各阀门，检查排气室密封圈是否良好。

⑥ 启动润滑油泵，再次检查系统油压及各支路油流，打开润滑油冷却器的冷却水开关。当气温较低或工作后油箱温升较小时，冷却水也可不开。

⑦ 启动主电机，并调整主机转速旋钮（注意开车前首先将调速旋钮设置在零位），逐渐升高主螺杆转速，在不加料的情况下空转转速不高于 40r/min，时间不大于 1min，检查主机空载电流是否稳定。主机转动若无异常，则可按下列步骤操作：辅机启动→主机启动→喂料启动。先少量加料，以尽量低的转速开始喂料，待机头有物料排出后再缓慢升高喂料螺杆转速和主机螺杆转速，升速时应先升主机速度，待电流回落平稳后再升速加料，并使喂料机

与主机转速相匹配。每次主机加料升速后，均应观察几分钟，无异常后，再升速直至达到工艺要求的工作状态。

⑧ 待主机运转平稳后，则可启动软水系统水泵，然后微微打开需冷却的料筒段截流阀，待数分钟后，观察该段温度变化情况。在主机进入稳定运转状态后，再启动真空泵（启动前先打开真空泵进水阀，调节控制适宜的工作水量，以真空泵排气口有少量水喷出为准）。从排气口观察螺槽中物料塑化充满情况，若正常即可打开真空管路阀门，将真空控制在要求的范围之内。若排气口有"冒料"现象，则可通过调节主机与喂料机螺杆转速或改变螺杆组合构型等来消除。

⑨ 塑料挤出后，根据控制仪表的指示值和对挤出制品的要求，将各环节做适当调整，直到挤出操作达到正常的状态为止。

⑩ 正常停车时，先将喂料螺杆转速调至零位，按下喂料机停止按钮。关闭真空管路阀门。逐渐降低螺杆转速，尽量排尽料筒内残存物料。对于受热易分解的热敏性物料，停车前应用聚烯烃料或专用清洗料对主机进行清洗，待清洗物料基本排完后将螺杆主机转速调至零位，按下主机停止按钮，同时关闭真空室旁阀门，打开真空室盖。若不需拉出螺杆进行重新组合，则可依次按下主电机冷却风机、油泵、真空泵、水泵的停止按钮，断开电气控制柜上各段加热器电源开关。关闭切粒机等辅机设备。关闭各外接进水管阀，包括加料段料筒冷却水、油润滑系统冷却上水、真空泵和水槽上水等（主机料筒各软水冷却管路节流阀门不动）。对排气室、机头模面及整个机组表面进行清扫。

⑪ 遇有紧急情况需要紧急停主机时，可迅速按下电气控制柜红色紧急停车按钮，并将主机及各喂料调速旋钮旋回零位，然后将总电源开关切断。消除故障后，才能再次按正常开车顺序重新开车。

（2）双螺杆挤出机操作注意事项

① 为了保证双螺杆挤出机能稳定、正常地生产，应检查核实双螺杆和喂料用螺杆的旋向是否符合生产要求。

② 料筒的各段加热恒温时间要比较长，一般应不少于 2h。加热后开车，先用手扳动联轴器部位，让双螺杆转动几圈，试转时应扳动灵活，无阻滞现象出现。

③ 双螺杆驱动电动机启动前，应先启动润滑油泵电动机，调整润滑系统油压至工作压力的 1.5 倍，检查各输油工作系统是否有渗漏现象，一切正常后调节溢流阀，使润滑油系统的工作油压符合设备使用说明书要求。

④ 为防止螺杆间摩擦及螺杆与料筒间摩擦划伤料筒或螺杆，螺杆低速空运转时间不应超过 2～3min。

⑤ 初生产时，强制螺杆加料的料量要少而均匀。注意观察螺杆驱动电动机的电流变化，出现超负荷电流时要减少料量的加入；如果电流指针摆动比较平稳，则可逐渐增加料筒料量；出现长时间电流超负荷工作时，应立即停止加料，停车检查故障原因，排除故障后再继续开车生产。

⑥ 双螺杆挤出的塑化螺杆转动、喂料螺杆的强制加料转动及润滑系统的油泵电动机工作为联锁控制。润滑系统油泵不工作，塑化双螺杆电动机就无法启动；双螺杆电动机不工作，喂料螺杆电动机就无法启动。出现故障紧急停车时，按动紧急停车按钮，则三个传动用电动机同时停止工作。此时注意把喂料电动机、塑化双螺杆电动机和润滑油泵电动机的调速控制旋钮调回零位，关停其他辅机使其停止工作。

⑦ 运转中要注意观察主电机的电流是否稳定，若波动较大或急速上升，则应暂时减少供料量，待主电流稳定后再逐渐增加，螺杆在规定的转速范围内（200～500r/min）应可平

稳地进行调速。

⑧ 检查减速分配箱和主料筒体内有无异常响声，异常噪声若发生在传动箱内，则可能是由于轴承损坏和润滑不良引起的。若噪声来自料筒内，则可能是物料中混入异物或设定温度过低。局部加热区温控失灵造成固态过硬物料与料筒过度摩擦，也可能是因为螺杆组合不合理。如有异常现象，应立即停机排除。

⑨ 检查机器运转中是否有异常振动等现象，各紧固部分有无松动。密切注视润滑系统工作是否正常，检查油位、油温；若油温超过50℃，则应打开冷却器进出口水阀进行冷却。油温应在20～50℃范围内。

⑩ 检查温控、加热、冷却系统工作是否正常。水冷却、油润滑管道应畅通，且无泄漏现象。经常检查机头出条是否稳定均匀，有无断条阻塞塑化不良或过热变色等现象，机头压力指示是否正常稳定。装有过滤板（网）时，机头压力应小于12.0MPa，压力过大时则应清理过滤板（网）。检查排气室真空度与所用冷凝罐真空度是否接近一致，前者若明显低于后者，则说明该冷凝罐过滤板需要清理或真空管路有堵塞。

3.4.11 新安装好的双螺杆挤出机应如何进行空载试机操作？

对于新购或进行大修后的双螺杆挤出机，安装好后，在投产前必须进行空载试机操作，其操作步骤为：

① 先启动润滑油泵，检查润滑系统有无泄漏，各部位是否有足够的润滑油到位，润滑系统应运转4～5min以上。

② 低速启动主电动机，检查电流、电压表是否超过额定值，螺杆转动与机筒有无刮擦，传动系统有无不正常噪声和振动。

③ 如果一切正常，则缓慢提高螺杆转速，并注意噪声的变化，整个过程不超过3min。如果有异常应立即停机，检查并排除故障。

④ 启动加料系统，检查送料螺杆是否正常工作，送料螺杆转速调整是否正常，电动机电流是否在额定值范围内，送料螺杆拖动电机与主电动机之间的联锁是否可靠。

⑤ 启动真空泵，检查真空系统工作是否正常，有无泄漏。

⑥ 设定各段加热温度，开始加热机筒，测定各加热段达到设定温度的时间，待各加热段达到设定温度并稳定后，用温度计测量实际温度，与仪表示值应不超过±3℃。

⑦ 关闭加热电源，单独启动冷却装置，检查冷却系统工作状况，观察有无泄漏。

⑧ 试验紧急停车按钮，检查动作是否准确可靠。

3.4.12 双螺杆挤出机开机启动螺杆运行前为什么要用手盘动电机联轴器？

在挤出生产过程中，停机时由于料筒内的物料可能没有清理干净，可能会残留部分物料在螺杆螺槽或螺杆与机筒内壁的间隙中，黏附于螺杆表面或机筒内壁。这些物料如果在挤出机预热时没有熔融塑化好，则将会对螺杆的旋转造成相当大的阻力。当螺杆启动时易引起挤出机过载，对螺杆产生很大的扭矩，使螺杆出现变形损坏。双螺杆挤出机在温度达到设定温度后、在开机启动螺杆运行前应按螺杆正常旋转的方向用手盘动电机联轴器，使螺杆至少转动三转以上，观察螺杆与机筒之间及两根螺杆之间，在转动中有无异常响声和摩擦，防止螺杆或机筒的损坏。

3.4.13 双螺杆挤出机的螺杆应如何拆卸与清理？

双螺杆挤出机的螺杆拆卸时首先应尽量排尽主机内的物料，再关停主机和各辅机，断开机头电加热器电源开关，机身各段电加热仍可维持正常工作，然后按以下步骤拆卸螺杆：

① 拆下机头测压测温元件和铸铝（铸铜、铸铁）加热器，戴好加厚石棉手套（防止烫伤），拆下机头组件，趁热清理机头孔内及机头螺杆端部物料。

② 趁热拆下机头，清理机筒及螺杆端部的物料。

③ 松开两套筒联轴器靠螺杆轴端的紧定螺钉，观察并记住两螺杆尾部花键与套筒联轴器对应的字头标记。

④ 拆下两螺杆头部压紧螺钉（左旋螺纹），换装抽螺杆专用螺栓。注意螺栓的受力面应保持在同一水平面上，以防止螺纹损坏。拉动此螺栓，若螺杆抽出费力，则应适当提高温度。抽出螺杆的过程中，应有辅助支撑装置或起吊装置来始终保持螺杆处于水平，以防止螺杆变形。在抽出螺杆的过程中可同时在花键联轴器处撬动螺杆，把两螺杆同步缓缓外抽前移一段后，马上用钢丝刷、铜铲趁热迅速清理这一段螺杆表面上的物料，直至将全部螺杆清理干净。

⑤ 将螺杆抽出后，平放在一块木板或两根木枕上，卸下抽螺杆工具分别趁热拆卸螺杆元件，不允许采用尖利淬硬的工具击打，可用木槌、铜棒沿螺杆元件四周轴向轻轻敲击。若有物料渗入芯轴表面以致拆卸困难，则可将其重新放入筒体中加热，待缝隙中物料软化后即可趁热拆下。

⑥ 拆下的螺杆元件端面和内孔键槽也应及时清理干净，排列整齐，严禁互相碰撞（对暂时不用的螺杆元件应涂抹防锈油脂）。芯轴表面的残余物料也应彻底清理干净，若暂时不组装时应将其垂直吊置，以防变形。

⑦ 再用布缠绕木棒，清理机筒内腔。

3.4.14　在双螺杆挤出生产过程中突然停电应如何处理？遇到紧急情况时紧急停车应如何操作？

（1）突然停电时的处理步骤

在双螺杆挤出生产过程中，遇到突然停电时的处理步骤为：

① 首先应及时关闭真空抽气系统的排气室与冷凝罐之间的阀门，以防止冷凝罐内的水倒流至排气室。

② 再将喂料电机转速、主机螺杆转速及各辅机转速调至零。

③ 关闭各冷却水阀。

④ 关上控制柜上的闸刀电源开关。

（2）紧急停车处理

遇有紧急情况需紧急停车时，可迅速按下控制箱面板上红色的急停按钮，或切断整流柜内的断路器，系统失电，并随即将主机、喂料调速按钮回到零位，关闭真空阀门及各路进水阀，然后将总电源开关复位上电，再寻找机器故障的原因，故障处理完后按正常开机程序重新开机。

3.4.15　双螺杆挤出喂料机为何会突然出现自动停车？应如何解决？

（1）产生原因

双螺杆挤出过程中喂料机突然停机的原因主要有：

① 主机的联锁控制线路出现故障。由于双螺杆挤出机的喂料机和主机螺杆的转速要求有一定的速比，在生产过程中应进行同步的升速和同步的降速，以保证挤出机的加料稳定和挤出稳定。因此，通常是采用同步联锁控制，主机的联锁控制线路出现故障时，喂料机也会

突然停机。

② 喂料机的调速器故障。

③ 喂料机的螺杆被卡死。

（2）主要解决办法

① 检查并修复主机联锁控制线路。

② 检查或更换喂料机的调速器。

③ 检查喂料机中是否有异物或物料中是否有过大的颗粒存在，清理喂料螺杆。

3.4.16 双螺杆挤出过程中为何突然出现异常声响？应如何处理？

（1）产生原因

双螺杆挤出机在挤出过程中出现异常声响可能的原因主要有：

① 主电机轴承损坏，使主电机轴产生刮磨而发出异常声响。

② 主电机可控硅整流线路中某一可控硅损坏。

③ 螺杆发生了变形或螺杆的相对位置可能发生了错动，啮合出现错位，而使螺杆间产生刮磨，而出现异常声响。

④ 物料中带入了坚硬的杂质或金属异物，对螺杆及料筒内壁产生刮磨。

（2）处理办法

① 检查或更换主电机轴承。

② 检查可控硅整流电路，必要时更换可控硅元件。

③ 检查物料中是否存在坚硬的杂质或金属异物，并清理螺杆和机筒。

④ 校正螺杆及两根螺杆的相对位置，使螺杆保持良好的啮合状态。

3.4.17 双螺杆时为何会出现机头出料不畅或堵塞现象？应如何处理？

（1）产生原因

① 加热器中有个别段不工作，物料塑化不好。

② 操作温度设定偏低，或物料的分子量分布宽，性能不稳定。

③ 可能有不易熔化的异物（如较小的金属块或砂石）进入挤出机并堵塞了机头。

（2）处理办法

① 检查加热器，必要时更换。

② 核实各段设定温度，必要时与工艺技术员协商，提高温度设定值。

③ 清理检查挤出机挤压系统及机头。

3.4.18 行星螺杆式挤出机的结构是怎样的？有何特点？

（1）行星螺杆式挤出机的结构

行星螺杆式挤出机主要由一根较长的主螺杆（也称太阳螺杆）与若干根行星螺杆及内壁开有齿的机筒组成，其行星螺杆的数量与行星段主螺杆的直径成正比，一般为6～18根。行星段螺棱的螺旋角有45°，在行星段的末段都设有止推环，以防止螺杆产生轴向移动。为防止加料段与行星段的温度相互干扰，在两段之间还设置有隔热层，其结构如图3-61所示。

挤出机工作时，由传动系统驱动中央的主螺杆旋转，从而带动行星螺杆转动，行星螺杆浮动在主螺杆与机筒内壁之间。物料从加料段送至行星段，由于行星段主螺杆与行星螺杆之间，以及行星螺杆与机筒内壁的螺旋齿之间连续啮合，使物料受到反复剪切和捏合，从而促使其充分的混合与塑化。

（2）行星螺杆式挤出机的特点

　　行星螺杆式挤出机的特点是：物料接触面积大，便于热量交换，热交换面积比单螺杆挤出机大5倍以上，混炼塑化效率高；剪切作用小，物料停留时间短，防止降解，能耗低，产量大。其多用于供料与造粒，主要起熔融和混炼作用，主要适用于加工热敏性物料。

图 3-61　行星螺杆式挤出机

第**4**章

压延成型机操作与疑难处理实例解答

4.1 压延成型设备结构疑难处理实例解答

4.1.1 压延成型设备由哪几个部分组成？各部分的作用是什么？

（1）压延成型设备的组成

压延成型设备一般由供料系统、压延机、压延辅机、加热冷却系统以及电气控制系统等五大部分组成。供料系统主要由筛选过滤装置、研磨装置、计量装置、混合装置、塑化装置、喂料装置、输送检测装置等组成。压延辅机主要由引离装置、压花装置、冷却装置、测厚装置、输送装置、张力调节装置、切割装置和卷取装置等设备组成。图 4-1 为压延膜（片）机组组成示意图。

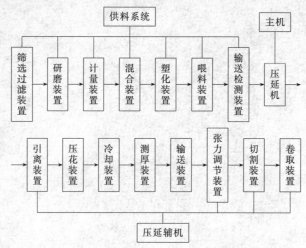

图 4-1 压延膜（片）机组组成示意图

（2）各部分的作用

① 供料系统 供料系统主要完成物料各组分的自动计量、物料配制与混合塑化，为压

延机供给基本塑化均匀的物料。

筛选、过滤装置的作用：一是除去物料中的杂质（尤其是金属杂质），以确保成型设备的安全；二是使物料的细度更加一致，以满足成型加工要求和保证制品的质量。

筛选装置主要采用单筛体式平动筛和电磁式振动筛两种。平动筛是利用偏心轮机构，使筛体发生平面圆周变速运动而达到筛选的目的；振动筛则是利用电磁振荡原理，使筛体因电磁铁的快速吸合与断开发生往复变速运动而产生振动，从而达到筛选的目的。过滤装置主要采用由金属丝网和骨架构成的网式过滤器。

研磨装置是对于某些多组分塑料（如 PVC 等）的成型加工，为了使不易分散的那些少量助剂在混合过程中，能均匀分散在树脂中，以提高混合效率所采用的一种装置。研磨可提高物料的分散性，使树脂和助剂混合得更加均匀，改善物料的加工性。常用研磨设备主要有三辊研磨机与球磨机。三辊研磨机主要由辊筒、辊距调整装置、挡料装置、出料装置、传动装置和机架等组成，它主要用于浆状物料的研磨；球磨机是在圆筒内装有许多钢球，圆筒在驱动力作用下转动时，钢球对投入的物料进行碰撞冲击及滑动摩擦，达到均匀研细的目的。球磨机主要用于填料等固态助剂的研细处理。

计量装置的作用是将树脂和各种助剂进行称量以便于定量配制。混合装置常采用高速混合机，它的作用是对配制好的物料进行充分的混合搅拌，使物料各组分混合均匀。塑化装置常采用的是连续密炼机或双螺杆混炼挤塑机，它们的作用是对混合均匀的物料进行塑化。喂料装置常采用喂料挤塑机，它的作用是进一步对物料进行均匀塑化，并阻止杂质和未塑化物料的输出，为压延机提供合乎质量要求的塑化料。

输送和检测装置的作用是将塑化好的物料均匀地输送至压延机的辊隙间；检测物料中是否混有金属杂质，以防止金属杂质进入压延机辊隙而破坏辊筒工作表面。常采用的是摇头式物料输送带和带有自动报警系统的金属检测器。

② 压延机 压延机（主机）是压延成型的核心设备，它的作用是将已塑化好的物料压延成具有一定规格尺寸和符合质量要求的连续片状制品。

③ 压延辅机 压延辅机主要用于将压延制品从辊筒上剥离、压花、冷却定型、输送、张力调节、厚度检测、切割与卷取。

④ 加热冷却系统 加热冷却系统的作用是对压延成型设备进行加热或冷却，使温度控制在压延成型工艺所必需的温度范围内。其主要有过热水循环加热冷却装置和导热油循环加热冷却装置等。

⑤ 电气控制系统 电气控制系统的作用是控制整个压延成型机组的运行，保证压延成型设备按压延成型工艺过程预定的要求和程序准确有效地工作。

4.1.2 压延成型设备有哪些类型？各有何特点？

（1）压延成型设备的类型

在塑料成型设备中，压延机是比较复杂的重型高精度机械，其类型繁多，结构复杂，分类方法也多种多样，通常可按压延机的功能、用途、辊筒数目和辊筒排列形式等进行分类。压延机一般按辊筒数目可分为二辊、三辊、四辊、五辊和多辊压延机。其中以三辊和四辊压延机应用为主。压延机按辊筒排列形式可分为 I 型、Γ 型、L 型、S 型压延机，如表 4-1 所示。目前普遍应用的是 S 型和 Γ 型四辊压延机。

（2）常用类型的特点

S 型四辊压延机的特点主要有：

① 各辊筒互相独立，受力时可以不相互干扰，这样传动平稳，制品厚度容易调整和

控制。

表 4-1　压延机辊筒排列形式

辊筒个数		2	3		4		
辊筒排列形式	形式						
	符号	I	Γ	L	I	Γ	L	S

② 物料和辊筒的接触时间短、受热少，不易分解。

③ 各辊筒拆卸方便，易于检修。

④ 加料方便，便于观察存料。

⑤ 厂房高度要求低。

⑥ 便于双面贴胶。

Γ 型压延机的特点主要有：物料包住辊筒的面积比较小，因此产品的表面光洁程度受到影响。采用 Γ 型压延机生产薄而透明的薄膜要比 S 型压延机的效果好。这是因为在生产时中间辊筒受力不大（上下作用力差不多相等，相互抵消），因而辊筒挠度小、机架刚度好，牵引辊可离得近，只要补偿第四辊的挠度就可压出厚度均匀的制品。至于它所存在的中辊浮动和易过热等缺点，目前已由于采用零间隙精密滚柱轴承、钻孔辊筒、辊筒反弯曲装置以及轴交叉装置等办法而得到解决。但采用 Γ 型压延机时，杂物容易掉入辊筒间。

4.1.3　压延成型设备的基本参数主要有哪些？

表征压延成型设备的参数主要有辊筒数目、辊筒直径、辊筒长度、辊筒线速度、压延精度、驱动功率等。

① 辊筒直径。即辊筒外径，用 D 表示，单位为 mm。

② 辊筒长度。指沿辊筒轴线方向与物料接触的有效长度，即生产制品的最大幅宽，用 L 表示，单位为 mm。一般有效长度比实际长度短 $20\sim30$mm。

③ 辊筒线速度。即辊筒工作表面上任一点的速度，用 v 表示，单位为 m/min。

辊筒直径、辊筒长度和辊筒线速度是压延机生产能力和机械自动化水平的重要参数之一。辊筒直径越大，物料被压延作用的面积就越大，压延就越充分。在相同转速下，辊筒直径越大，线速度就越大，因此相应压延产量也越高。而辊筒越长，允许加工制品的幅宽也就越宽，产量也越高。目前世界先进水平的压延机辊筒线速度已达 $200\sim250$m/min。

④ 辊筒速比。即辊筒间工作表面线速度的比值，用 i 表示。

压延机辊筒间有一定的速比可使料片依次贴辊，而且能使物料受到更多的剪切作用，促使物料更好地塑化。此外，还可以使物料得到一定的延伸和定向，从而使薄膜厚度减小，并能提高制品的质量。

⑤ 驱动功率。即压延机驱动辊筒转动所需要的功率，用 P 表示，单位为 kW。它是表征压延机可靠性和经济性的一个重要参数。

⑥ 压延精度。高精度的压延机是为了在高速条件下生产出符合质量要求的高精度制品，达到最好的经济效益和最佳的使用价值。因此，压延精度是表征压延机综合性能的重要参数。

4.1.4　压延成型设备的规格型号如何表示？

(1) 压延机（主机）的型号表示

对于压延成型设备的型号，国家标准 GB/T 12783—2000 已规定了统一的编制方法。压延机型号表示方法为：

$$
\begin{matrix}
\text{S} & \text{Y} & \square & \text{-} & \square & \square \\
\text{类} & \text{组} & \text{品} & & \text{规} & \text{设} \\
\text{别} & \text{别} & \text{种} & & \text{格} & \text{计} \\
\text{代} & \text{代} & \text{代} & & \text{参} & \text{序} \\
\text{号} & \text{号} & \text{号} & & \text{数} & \text{号}
\end{matrix}
$$

其中第一项是类别代号，用 S 表示塑料机械；第二项是组别代号，用 Y 表示压延成型机械；第三项是品种代号，用英文字母表示；第四项是规格参数，用阿拉伯数字表示，第三项与第四项之间一般用短横线隔开；第五项是设计序号，表示对原结构的某些参数进行改进的次数，按 A、B、C、D 等英文字母的顺序选用。压延机品种代号、规格参数和设计序号的表示如表 4-2 所示。

表 4-2　压延机品种代号、规格参数和设计序号的表示（GB/T 12783—2000）

品 种 名 称	代　　号	规 格 参 数	备　　注
压延机	不标	辊筒数、排列形式和辊面宽度	同径辊压延机为基本型不标注品种
异径辊压延机	Y(异)	(mm)	代号
设计序号	用英文字母 A、B、C……表示		

例如：SY-4S1200B，表示经过第二次改进的四辊 S 型排列的塑料压延成型机，其辊筒有效长度为 1200mm。

(2) 压延辅机的型号表示

压延辅机型号表示方法为：

$$
\begin{matrix}
\text{S} & \text{Y} & \square & \text{-} & \text{F} & \square & \square \\
\text{类} & \text{组} & \text{品} & & \text{辅} & \text{规} & \text{设} \\
\text{别} & \text{别} & \text{种} & & \text{助} & \text{格} & \text{计} \\
\text{代} & \text{代} & \text{代} & & \text{代} & \text{参} & \text{序} \\
\text{号} & \text{号} & \text{号} & & \text{号} & \text{数} & \text{号}
\end{matrix}
$$

其中第一项是类别代号，用 S 表示塑料机械；第二项是组别代号，用 Y 表示压延成型机械；第三项是品种代号，用英文字母表示；第四项是辅助代号，用 F 表示辅机，第三项与第四项之间一般用短横线隔开；第五项是规格参数，用阿拉伯数字表示；第六项是设计序号，表示对原结构的某些参数进行改进的次数，按 A、B、C、D 等英文字母的顺序选用。压延辅机品种代号、规格参数和设计序号如表 4-3 所示。

表 4-3　部分压延辅机品种代号、规格参数和设计序号的表示（GB/T 12783—2000）

品 种 名 称	代 号	规 格 参 数
压延膜辅机	M(膜)	
压延钙塑膜辅机	GM(钙膜)	
压延拉伸拉幅膜辅机	LM(拉膜)	
压延人造革辅机	RG(人造革)	
压延硬片辅机	YP(硬片)	辊筒数、排列形式和辊面宽度(mm)
压延钙塑片辅机	GP(钙片)	
压延透明片辅机	TP(透片)	
压延壁纸辅机	B(壁)	
压延复合膜辅机	FM(复膜)	
设计序号	用英文字母 A、B、C……表示	

例如：SYYP-F3I630，表示与三辊Ⅰ型排列的塑料压延机配套，其辊筒有效长度为 630mm 的压延硬片辅机。

（3）压延机组的型号表示

压延机组型号表示方法为：

$$
\begin{array}{cccccc}
S & Y & \square & - Z & \square & \square \\
类 & 组 & 品 & 辅 & 规 & 设 \\
别 & 别 & 种 & 助 & 格 & 计 \\
代 & 代 & 代 & 代 & 参 & 序 \\
号 & 号 & 号 & 号 & 数 & 号
\end{array}
$$

其中第一项是类别代号，用 S 表示塑料机械；第二项是组别代号，用 Y 表示压延成型机械；第三项是品种代号，用英文字母表示；第四项是辅助代号，用 Z 表示机组；第五项是规格参数，用阿拉伯数字表示；第六项是设计序号，表示对原结构的某些参数进行改进的次数，按 A、B、C、D 等英文字母的顺序选用。第三项与第四项之间一般用短横线隔开。压延机组品种代号、规格参数和设计序号的表示见表 4-4。

表 4-4　部分压延机组品种代号、规格参数和设计序号的表示（GB/T 12783—2000）

品 种 名 称	代 号	规 格 参 数
压延膜机组	M(膜)	
压延钙塑膜机组	GM(钙膜)	
压延拉伸拉幅膜机组	LM(拉膜)	
压延人造革机组	RG(人造革)	
压延硬片机组	YP(硬片)	辊筒数、排列形式和辊面宽度(mm)
压延钙塑片机组	GP(钙片)	
压延透明片机组	TP(透片)	
压延壁纸机组	B(壁)	
压延复合膜机组	FM(复膜)	
设计序号	用英文字母 A、B、C……表示	

例如：SYM-Z4S1800，表示与四辊 S 型排列的塑料压延机配套，其辊筒有效长度为 1800mm 的压延膜机组。

4.1.5　压延机主要由哪些部件所组成？各部分的作用是什么？

（1）压延机的结构组成

压延机的结构组成主要是由底座、机架、辊筒、挡料板、辊距调节装置、辊筒轴承、传动系统、万向联轴器、润滑系统、辊筒温度调节装置和紧急停车装置等组成的。此外，四辊压延机还设有辊筒挠度补偿装置等，如图 4-2 所示为四辊压延机的结构组成。

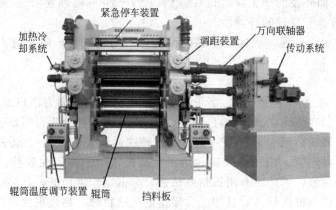

图 4-2　四辊压延机结构组成图

（2）主要组成部分的作用

① 辊筒。辊筒是压延机的关键部件，是与物料直接接触并对物料施压和加热的成型部件。辊筒内可通入加热或冷却介质对辊筒进行加热和冷却。

② 挡料板。在压延机辊筒上，挡料板使堆积物料保持在辊筒的给定位置内。其作用有两个：一是调节压延制品的幅宽；二是防止物料从辊筒端部挤出而污染传动系统和造成物料的浪费。

③ 辊距调节装置。其作用是调节辊距，以适应各种不同厚度制品的生产。

④ 辊筒挠度补偿装置。其作用是克服操作中辊筒因受力引起的弯曲变形，调节制品横向厚度均匀性，以保证产品的质量。

⑤ 辊筒轴承及其润滑系统。其作用是实现作回转运动的辊筒与机架的连接，承受辊筒强大的工作载荷，对辊筒轴承进行必要的润滑和冷却。

⑥ 万向联轴器。它是辊筒和减速器之间传动轴的连接部件，其作用是克服传动系统的误差对制品精度的影响，同时便于设备加工制造及安装维修。

⑦ 辊筒温度调节装置。其作用是在辊筒内通过冷热介质调节辊筒工作表面温度，使辊筒温度适应加工工艺要求。

⑧ 传动系统。其作用是为辊筒提供所需的转速与扭矩，确保压延机工作时所需的动力。

⑨ 紧急停车装置。该装置是为防止生产出现意外情况或需要紧急停车而设置的，以保护人身和设备安全。

4.2　压延机辊筒及其挠度补偿装置疑难处理实例解答

4.2.1　压延成型时对压延机辊筒结构有何要求？

压延机辊筒是压延机的核心部件，对压延过程及产品质量影响较大。压延成型时对于压延辊筒的要求主要有：

① 辊筒应具有足够的刚性，以保证挠曲变形不超过许用值。

② 辊筒工作表面应具有足够的硬度，应抵抗磨损。一般其工作表面硬度达到 65～75HS，轴颈的表面硬度为 37～48HS。

③ 辊筒工作表面应具有良好的抗剥落和耐腐蚀能力。

④ 辊筒工作表面应具有足够的光洁度，表面粗糙度 $Ra \leqslant 0.1\mu m$。

⑤ 辊筒工作表面外径的加工应达到 GB/T 13577—2006 标准要求。

⑥ 辊筒材料应具有良好的导热性。

⑦辊筒几何形状要合理，确保工作表面温度分布均匀一致，防止应力集中，便于机械加工。

⑧使用可靠，经济合理。

⑨ 辊筒材料一般选用冷硬铸铁，多采用离心浇铸。辊筒表面为白口组织，其组织细密、坚硬耐磨；内部为灰口铸铁，其韧性好，强度高；中间过渡部分为马口铁。铸铁价格比较低廉，国产普通冷硬铸铁标记为 LTG-P，合金冷硬铸铁标记为 LTG-H。铸铁辊筒加工含有增塑剂的塑料时，不易粘辊。由于冷硬铸铁组织较疏松，组织均匀性较差，在蒸气压力很高时，将会产生渗漏现象，因此也有用铸钢或铬钼合金钢制作辊筒的，其强度比铸铁高，辊筒壁厚可减小，但其材料价格较高，且加工含增塑剂的物料时，粘辊现象较严重。目前普遍采用球墨铸铁双层浇铸或铬镍钼合金钢等材料制造辊筒，其白口层深度达 $(12\pm2)mm$，弹性模数 E 达 $(1.2\sim1.4)\times10^5 MPa$。

4.2.2 压延辊筒有哪些结构形式？各有何特点？

辊筒的结构按照冷热介质流道形式可分为中空式和钻孔式两种。

中空式辊筒的结构如图 4-3 所示。辊筒内径与外径之比为 $0.55\sim0.62$。其结构简单，易加工和维修，成本低，多以蒸汽加热。但辊筒壁较厚，传热面积小，导热效果差，温差较大（辊筒中部温度比两端温度高 $10\sim15℃$），故一般只用于普通中小型低速压延机。

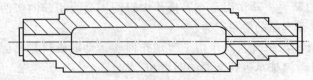

图 4-3　中空式辊筒的结构

钻孔式辊筒的结构如图 4-4 所示。在靠近白口层和灰口层部分，沿圆周钻直径为 30mm 左右的孔，其孔的中心线与辊筒工作表面距离约为 60mm，并与辊筒冷热介质通道相通。钻孔式辊筒冷热介质的流动方向如图 4-5 所示。

图 4-4　钻孔式辊筒的结构

钻孔式辊筒的传热面积一般为中空式辊筒的 $2\sim2.5$ 倍。由于传热面积大，冷热介质又由接近辊筒外表面的许多孔道进行高速加热或冷却，因此辊筒表面对温度的反应快，灵敏度高，温差小。钻孔式辊筒在无辅助加热的情况下，可使辊筒工作表面沿轴向全长温差控制在 $\pm1℃$ 内；另外，由于钻孔式辊筒可以迅速改变辊筒表面工作温度，因此容易实现温度的自动控制。同时，辊筒线速度可以远远超过临界转速，从而大大提高设备的生产能力和经济效益。尽管其结构复杂、制造困难、造价高，但仍被广泛用于各种类型的压延机，特别是大型、精密、高速压延机。

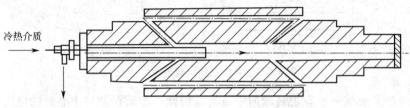

图 4-5　钻孔式辊筒冷热介质的流向

4.2.3　何谓横压力？压延过程中影响横压力的因素有哪些？

（1）横压力

压延机工作时对物料进行挤压延展，物料则企图把相邻的两个辊筒分开，这种企图将辊筒分开的力称为分离力，而横压力则是各辊筒所受的分离力的矢量和，常用辊筒单位长度的作用力（单位为 N/cm）来表示。

沿辊筒轴线方向，物料分布在辊筒整个工作长度上；从圆周方向看，物料的被挤压是在物料与辊筒相接触的圆弧面积上。因此，横压力是分布载荷。通常把作用在一只辊筒上的横压力总和称为总横压力，即辊筒横压力乘以辊筒有效工作长度所得的值（单位为 kN）。

（2）影响横压力大小的主要因素

横压力的大小受设备、物料、工艺等诸多因素的影响，其主要影响因素有辊距、物料黏度、加工温度等。横压力是分布载荷，且横压力沿圆周方向的分布是极不均匀的，它随着辊距的缩小而逐渐增大，在最小间隙的前向 3°～6°达到最大值；在最小间隙处，由于物料的变形差不多已经结束，横压力变小；通过最小间隙后，横压力急剧下降，并趋于零。主要影响因素与横压力的变化关系如表 4-5 所示。

表 4-5　主要影响因素与横压力的变化关系

主要影响因素	横压力变化	主要影响因素	横压力变化
辊距减小	增大	压延速度增大	不明显
物料黏度增大	增大	辊隙间的存料体积增大	增大
加工温度增高	减小	块状间歇式加料方式	增大
辊筒直径与长度增大	增大	辊筒不同的排列形式	各辊筒横压力不同

4.2.4　何谓辊筒挠度？辊筒挠度与哪些因素有关？

（1）辊筒的挠度

在生产中压延机辊筒由于横压力的作用会产生一定的弯曲变形，其变形量即称为辊筒的挠度，辊筒的挠度会引起压延机辊筒之间的辊隙发生变化，如图 4-6 所示。

（2）影响辊筒挠度的因素

① 辊筒的排列形式　压延机辊筒有多种排列形式，不同排列形式的辊筒所受横压力的大小、方向也有所不同，因此其辊筒挠度也会有所不同。如图 4-7 所示为 Γ 型和 S 型四辊延机各辊筒所受横压力的情况。由图 4-7 可知，当辊筒为 Γ 型排列时，3 号辊筒受力最小，挠度较小；而当辊筒为 S 型排列时，3 号辊筒受力较大，因此挠度也较大。

② 辊筒的轴向位置　压延机工作时，通常辊筒在轴向不同位置所受横压力的大小是不

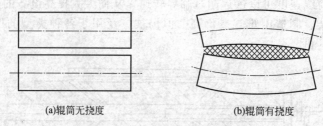

(a)辊筒无挠度　　　　　　　　(b)辊筒有挠度

图 4-6　辊筒的挠度引起辊隙的变化

同的，横压力的最大值一般在辊筒轴向中点处。因此，辊筒在轴向中点处的挠度最大，因而使辊筒辊隙中间大而两端小，压延成型的制品幅宽方向厚度不一，呈现中间厚两端薄的现象，影响制品的尺寸精度。

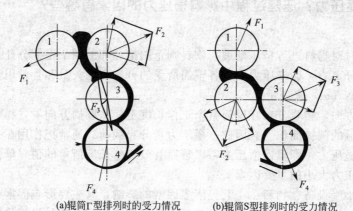

(a)辊筒Γ型排列时的受力情况　　　(b)辊筒S型排列时的受力情况

图 4-7　四辊延机各辊筒所受的横压力情况

③ 辊筒材料的弹性模量　在辊筒结构、尺寸、受力大小都相同的情况下，辊筒材料的弹性模量越大，辊筒的挠度就越小。

4.2.5　辊筒挠度补偿的方法有哪些？各有何特点？

辊筒挠度补偿的方法主要有中高度法、轴交叉法、反弯曲法三种。

（1）中高度法

把辊筒工作表面加工成中部直径大、两端直径小的腰鼓形，以补偿辊筒挠度的方法称为中高度法。其辊筒工作部分中间半径与两端半径之差值，称为辊筒的中高度，如图 4-8 所示的高度 h 即为辊筒的中高度。

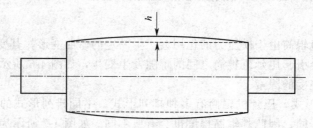

图 4-8　辊筒的中高度

中高度曲线最理想的形状应是辊筒的挠度曲线。但是，由于影响横压力大小因素的复杂多样性，导致挠度在生产过程中的多变性。对于固定不变的中高度曲线来说，即使是很精确的曲线也很难达到很好的补偿效果。通常辊筒中高度的补偿曲线是采用圆弧、椭圆、抛物曲线来近似补偿的。中高度值 h 一般为 0.02~0.1mm，最大不大于 0.2mm。由于压延机各辊筒在工作过程中受力情况不同，因此各辊筒中高度的补偿也有所不同，如某 SY-4S1800 型压延机各辊筒的中高度值如表 4-6 所示。

表 4-6 某 SY-4S1800 型压延机各辊筒的中高度值

辊筒	1 辊	2 辊	3 辊	4 辊
中高度值 h/mm	0.06	0.02	0	0.04

由于中高度曲线与辊筒挠度曲线并非完全相同，加之在生产过程中辊筒的挠度曲线是随横压力的变化而变化的，因此，中高度法通常应与其他补偿方法配合使用，而不宜单独采用。中高度与其他补偿方法配合使用时，中高度值 h 取 0.02~0.06mm。

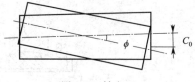

图 4-9 轴交叉

（2）轴交叉法

轴交叉法是指将相邻两辊筒中的一条绕两辊筒轴线中点的连线旋转一个微小的角度，如图 4-9 所示，使两辊筒的轴线成空间交叉状态而形成辊隙"中间小两端大"的挠度补偿方法。与中高度法相比，由于其交叉量随时可调，因此在挠度补偿上具有较好的灵活性和适应性。轴交叉后辊筒中部间隙无变化，越靠近辊筒两端间隙的增量越大。轴交叉后辊筒间隙的变化情况如图 4-10 所示，

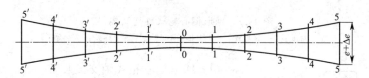

图 4-10 轴交叉辊筒间隙变化

由于辊筒的挠度曲线是轴线中部变形量大、两端小，如图 4-11（a）所示，若与轴交叉曲线叠加起来，则可使辊筒弯曲变形造成的制品中间厚两边薄的状况变为中部和两端厚，靠近中部的两侧薄的"三高两低"状况，从而提高了制品幅宽方向厚度的均匀程度。轴交叉补偿后制品断面形状如图 4-11（b）所示。

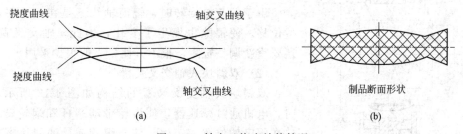

（a）   （b）

图 4-11 轴交叉挠度补偿情况

由于轴交叉轴后制品仍存在"三高两低"现象，且轴交叉量越大，"三高两低"现象越严重。因此，轴交叉角 ϕ 不宜太大，一般为 0.5°~2°。

（3）反弯曲法

反弯曲法是在辊筒轴承外侧两端施以外加负荷，使辊筒产生微量弯曲，以补偿辊筒挠度的一种方法。用这种方法使辊筒产生的弯曲方向正好与辊筒工作负荷引起的变形方向相反，

从而可以抵消一部分形变，达到挠度补偿的目的。

由于反弯曲补偿曲线比较接近辊筒在负载工作下的实际挠度曲线，因此反弯曲法产生的挠度补偿效果要比中高度法和轴交叉法好。但是，由于反弯曲法对挠度的补偿作用范围非常小，挠度补偿值通常不超过 0.075mm，因此一般反弯曲法不单独使用，仅用于精密压延机在压延高精度制品时做最后精密微调。因为过大的外加负荷和应力集中，使辊筒轴承磨损加重，难以保证正常的工作寿命。

4.2.6 压延机辊筒的轴交叉装置有哪几种形式？各有何特点？

轴交叉量的调节靠轴交叉装置来完成。轴交叉装置主要有球形偏心轮式、双斜块式、液压式等三种形式，而液压式轴交叉装置最为常用。

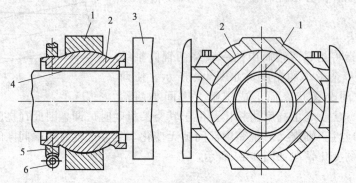

图 4-12 球形偏心轮式轴交叉装置
1—轴承；2—偏心轮；3—辊颈；4—轴瓦；5—蜗轮；6—蜗杆

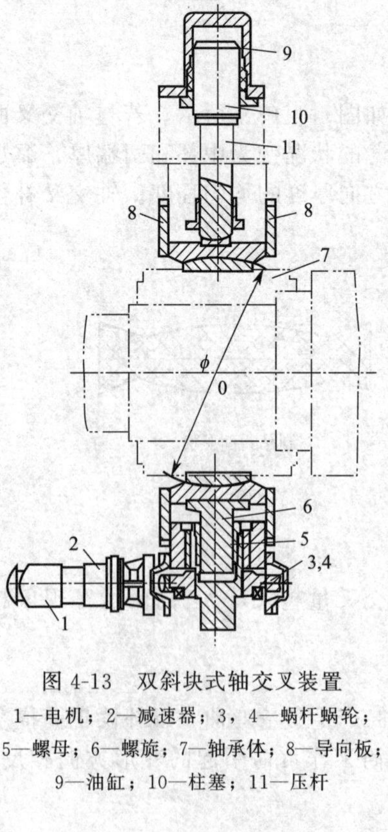

（1）球形偏心轮式轴交叉装置

球形偏心轮式轴交叉装置的结构如图 4-12 所示，辊筒两端的轴承内装有球形偏心轮，作为辊颈的支座；偏心轮内部压入青铜轴瓦，在偏心轮上固定有蜗轮并与蜗杆相啮合。调节时，电机驱动蜗杆，并通过蜗轮改变偏心轮的位置，从而使辊筒轴心位置发生变化，实现辊筒的轴线交叉。

由于偏心轮旋转时，辊筒轴线不是在一个平面上发生位移，使辊隙也发生了变化，因此，轴交叉调整后，还要重新调整辊距，很不方便，一般很少采用。

（2）双斜块式轴交叉装置

双斜块式轴交叉装置的结构如图 4-13 所示，调节时，电机通过减速器，使齿轮带动蜗杆和蜗轮转动。蜗轮在固定的位置上工作，使与螺旋连接的斜块螺旋在蜗轮转动时作轴向移动。上、下两块螺旋反向移动，使轴承向上或向下移动。由于轴承左右两侧位置被限定，因此辊筒轴线能在一个平面上发生位移，实现轴交叉调节。

（3）液压式轴交叉装置

液压式轴交叉装置的结构如图 4-14 所示，它主要由传动部分、液压部分和自动调心部分等三个部分组成。

图 4-13 双斜块式轴交叉装置
1—电机；2—减速器；3，4—蜗杆蜗轮；
5—螺母；6—螺旋；7—轴承体；8—导向板；
9—油缸；10—柱塞；11—压杆

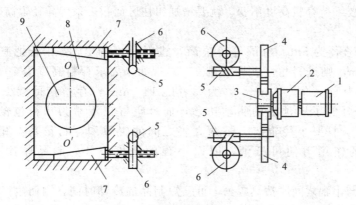

图 4-14 液压式轴交叉装置

1—电动机；2—减速器；3，4—齿轮；5—蜗杆；6—蜗轮；7—斜块螺旋；8—轴承；9—辊筒轴颈

传动部分的电机经行星摆线针轮减速器带动蜗杆蜗轮，使交叉螺旋在螺母内移动，带动轴承体在导向板形成的滑槽内作向上或向下的移动，从而实现轴交叉。

液压部分主要由油缸、柱塞和压杆等组成，位于辊筒轴承体的另一侧，与调节螺旋相对应。它的作用是与传动部分形成一个平衡力，并使轴承定位，即当传动部分带动交叉装置前进时，油缸卸油，压杆后退。反之，当轴交叉量调节到位后，油缸充入高压油而把辊筒轴承位置固定。

自动调心部分主要由直接支承轴承体的上、下弧面块和上、下弧面支座等零件组成。它的作用在于当辊筒轴线偏斜时，保证辊筒轴颈和轴瓦的配合不变，消除轴颈和轴瓦所受的剪切作用。

轴交叉装置在调节时，一定要注意辊筒两端的调节量必须相等，否则将导致薄膜两端厚度不等。

4.2.7 什么是预负荷装置？其作用是什么？

预负荷装置是压延机中设置的一种为消除辊筒的浮动，在辊筒的轴承外侧两端施以外加负荷，使辊筒保持在预定位置运转的装置。

通常压延机辊筒的轴颈与轴瓦、辊距调节装置等之间必须保留合理的间隙，以防止因温度升高而产生膨胀，使轴颈与轴瓦、辊距调节装置等发生挤压，影响传动，同时适当的间隙还可容纳润滑油，对其进行润滑，保证辊筒能良好运转。但由于间隙的存在使压延机工作时，在辊筒负荷发生变化的情况下会引起轴颈在该间隙范围内产生跳动，因此使辊隙发生变化，甚至还可能在辊间缺料时使辊筒发生碰撞。预负荷装置可将辊筒固定在工作位置上，防止辊筒在轴承间隙内浮动，从而可保护辊筒，还能提高压延制品的精度。

4.2.8 什么是异径辊筒压延机？有何特点？

在压延机中若有一个或几个辊筒的直径与其他辊筒不同，则称为异径辊筒压延机，如图 4-15 所示。

采用异径辊筒压延机时，可以减少辊隙存料量，不易产生冷料，同时物料中也不易包入空气，而且还可降低对辊筒的横压力，减少辊筒的变形，有利于提高制品质量；同时还可降低压延机所需的驱动功率。在压延过程中，当辊筒直径增大时，对两个等径辊筒来说，进料角度会减小。若要维持存料高度不变，就要增加钳住区面积。采用异径辊筒就可以避免这种现象。

例如，两个直径为 550mm 的等径辊筒，进料角度为 21.7°；若把其中一个辊筒的直径减为 350mm，则进料角度就增大到 25.7°。如果要求存料高度为 10mm，那么存料区的横截面积就从前者的 211mm² 降为后者的 147mm²，存料量可减少 30%。由于存料量减少，不但降低了压延机的驱动功率，而且空气也不易为物料包覆，这当然对提高制品质量有利。只要小径辊与上下两大辊之间的辊隙和存料量基本相同，那么上下两大辊对小辊的作用力便可抵消，因而小辊的挠度很小，制品厚度公差可控制到 ±0.0025mm。

此外，大辊与小辊之间摩擦热减少，可缩短制品的冷却时间，因而生产速度可以提高。因此，采用异径辊筒具有节能、高速和提高制品精度的优点。

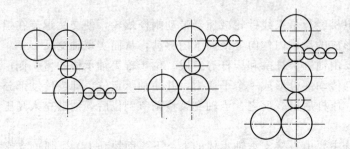

(a)适用于软聚氯乙烯薄膜   (b)适用于硬聚氯乙烯薄片   (c)适用于极薄的拉伸薄膜

图 4-15   不同形式的异径辊筒压延机

4.3 压延机调距及其他装置疑难处理实例解答

4.3.1 压延机的辊距应如何调节？辊筒调距装置有哪些类型？

（1）辊距调节

压延机辊距的调节是通过专设的辊距调节装置来进行的。该调节装置在压延机上成对出现，位于压延机左右机架上并与辊筒轴承体相连接。一般压延机有 n 个辊筒，即有 n−1 对辊距的调节装置。压延机辊距的调节装置一般都设有快速粗调和慢速细调两级调节，粗调用于空车时较大范围的快速调节，细调用于生产中调节。也有的设有第三速度以满足自动微调。通常快速为 2～5mm/min，慢速为 1～2mm/min，微调速度为 0.3～0.5mm/min。

（2）调距装置的类型

压延辊筒的调距装置有手动调距、电动调距和液压调距等几种类型。手动调距装置的结构比较简单，成本低，但操作不方便，主要用于部分小规格的压延机。

电动调距装置是目前广泛采用的一种调距装置。电动调距装置可分为电动单独调距和电动集中调距两种形式。现代压延机主要采用电动单独调距形式，即辊筒每一端的辊距调节装置都各有一套独立的传动系统。这种形式结构紧凑，拆装方便，调节灵活。

电动单独调距装置的传动主要有两级蜗轮蜗杆传动与行星减速器和蜗轮蜗杆传动两种结构形式，其结构分别如图 4-16 和图 4-17 所示。两级蜗轮蜗杆传动调距装置的交流双速电动机通过两级蜗轮蜗杆减速后带动调距螺杆转动，而调距螺母安装在压延机机架上固定不动，所以调距螺杆在螺母中一边旋转一边带动辊筒轴承体在机架滑槽中作直线运动，而达到辊距调整的目的。通常调距螺杆的头部为外球面形状，轴承体与螺杆头部的支承面为内球面形状，以使支承面间保持良好的接触，实现自动调整，防止二者之间产生互相干涉。这种装置可以实现两端轴承单独调节，也可使两端轴承同时调节。

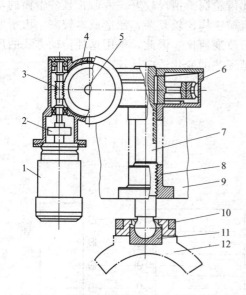

图 4-16 两级蜗轮蜗杆传动辊距调节装置

1—双向双速电机；2—弹性联轴器；

3—蜗杆；4，6—蜗轮；

5—蜗杆轴；7—调节螺杆；8—调节螺母；

9—机架；10—压盖；11—止推轴承；12—辊筒轴承

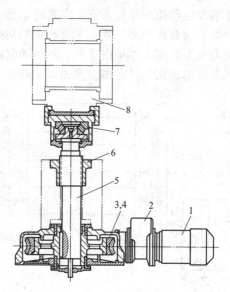

图 4-17 行星减速器与蜗轮蜗杆传动辊距调节装置

1—电机；2—行星减速器；3，4—蜗轮蜗杆；

5—调节螺杆；6—调节螺母；

7—止推轴承；8—辊筒轴承

两级蜗轮蜗杆传动形式的调距装置一般采用双速电机通过行星摆线针轮减速器和蜗轮蜗杆减速器带动调距螺杆转动，带动轴承体沿机架滑槽移动，实现调距功能。螺杆头部设有止推环及推力球面滚动轴承，可以自动调心，因而能够避免辊筒两端轴承体调距不一致时所造成的互相干涉现象，并可大大减少摩擦阻力。采用两级蜗轮蜗杆传动形式的调距装置时，操作比较灵活，装置结构较为简单。

液压调距装置是用液压驱动力代替电动机进行驱动的，反应更加灵活，调距速度可无级变速，并且速比范围大。

4.3.2 压延机的传动系统有哪几种形式？各有何特点？

（1）压延机传动系统的形式

塑料压延机的传动系统，按速比齿轮的传动方式，可分为开式齿轮传动、闭式齿轮传动等形式；按驱动电动机的数量，又可分为单电动机传动和多电动机传动两种形式。

（2）各种传动形式的特点

单电动机开式齿轮传动形式是由电动机通过减速器带动大小驱动齿轮，进而通过设在辊筒一端或两端的速比齿轮来驱动辊筒旋转，采用切换牙嵌式离合器或者用拨键的方法改变速比。图4-18为四辊压延机单电动机开式齿轮传动系统结构示意图。其特点是：制造成本低，节省占地面积，重量较轻，各辊筒的功率分配比较合理，可以降低主电动机所需的功率；但速比变换较麻烦，操作也不方便，装设辊筒轴交叉及预负荷等挠度补偿装置比较困难，开式的速比齿轮润滑情况比较差，使用寿命受到一定影响。

单电动机闭式齿轮传动形式是电动机通过减速器带动与辊筒相连接的万向联轴器驱动辊筒旋转。其所有的传动齿轮和速比齿轮都安装在一个密闭的传动箱体内。图4-19为四辊压延机单电动机闭式齿轮传动的传动系统结构示意图。这种传动装置传动平稳，压延质量高，便于装设辊筒挠度补偿装置，在密闭状态下的速比齿轮润滑情况较好，寿命长且各辊筒的功率分配比较合理，可以减小主电动机的功率。但机械结构比较复杂，制造成本较高。由于速比齿轮是安装在齿轮箱内部的，不能随时随地任意改变速比，因此，采用这种传动方式的压延机辊筒的速比是固定的、预先设定好的，对压延工艺的变化适应性较差。

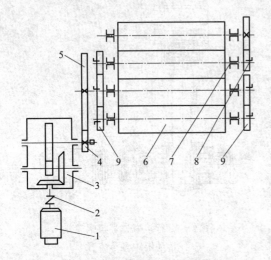

图4-18　四辊压延机单电动机开式齿轮传动示意图
1—电动机；2—联轴器；3—齿轮减速机；
4—小驱动齿轮；5—大驱动齿轮；
6—辊筒；7—轴承；8—拨键；9—速比齿轮

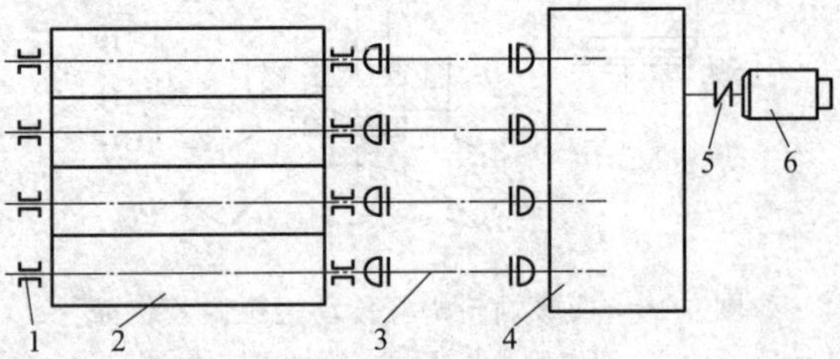

图4-19　单电动机闭式齿轮传动系统结构示意图
1—轴承；2—辊筒；3—万向联轴器；4—齿轮减速机；
5—弹性联轴器；6—电动机

多电动机闭式齿轮传动在减速机内部设置有几组各自相互独立的减速齿轮组。每个辊筒的一端装有万向联轴器，分别通过一台电动机经对应的齿轮组进行传动。图4-20所示为多电动机闭式齿轮传动。采用这种传动形式时辊筒间的速比可通过调节电动机的转速来灵活调

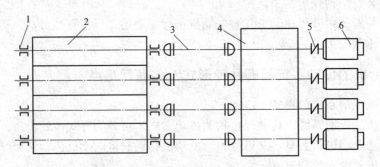

图4-20　多电动机闭式齿轮传动示意图
1—轴承；2—辊筒；3—万向联轴器；4—齿轮减速机；5—弹性联轴器；6—电动机

节，其速比可在 0.5～1 之间任意变动，对压延工艺的变化适应性较好且传动平稳，还便于装设辊筒挠度补偿装置，提高压延精度。因此，新型压延机的传动系统多采用多电动机闭式齿轮传动；但各辊筒的功率分配有的不很合理，各台主电动机的总功率较大，且结构较复杂，成本高。

4.3.3　压延机辊筒轴承采用什么类型比较好？

压延机的轴承是支承辊筒正常运转的部件。由于压延机是在高温、重载、低速条件下工作，因此要求其辊筒轴承应承载能力大、摩擦因数小，所用材料导热能力强、制造精度高、拆装方便。承载能力大，可以适应对辊筒横压力作用大的硬质物料成型。另外，其摩擦因数小，可以减少辊筒的运行阻力，从而减少动力消耗；轴承所用材料导热能力强，可以很快将摩擦产生的热量和从辊筒轴颈传导过来的热量散发出去，防止过热现象的发生；制造精度高，可以提高压延制品的厚度精度；拆装方便，为轴承的日常维护保养创造了有利条件。

目前，在塑料压延机上所用的轴承主要有两种类型：一种是滑动轴承；另一种是滚动轴承。滑动轴承的特点是结构简单、制造加工容易、材料来源广、价格便宜。但由于其与轴颈之间的间隙较大，容易造成辊筒在其中浮动，影响压延制品精度，且轴瓦材料质地较软，容易磨损，维护保养的工作量大，因此一般只用在要求不很高的场合。而滚动轴承用滚动摩擦代替了滑动摩擦，因此轴承自身摩擦系数小，传动效率高；承载能力大，寿命长；滚动轴承径向间隙小，可减小辊筒在工作过程中的径向跳动，从而有利于提高压延精度；轴承内圈与辊筒轴颈间无相对运动，避免了轴颈表面的磨损，有利于延长辊筒的寿命。但轴承的制造和安装技术要求高，成本高；选用滚动轴承时，必须考虑轴承在加热膨胀后还要有一定的游隙，并且同一辊筒两端所用滚动轴承的游隙基本要一致。目前在塑料压延机上广泛采用双锥滚动轴承，其安装方便，轴承间隙可根据工作温度确定，压延时辊筒轴承为零间隙，从而有利于保证制品的精度。

4.3.4　压延机工作过程中应如何对辊筒轴承进行润滑？

压延机的辊筒轴承通常在低速、重载、高温条件下工作，工作环境比较恶劣，辊筒轴承的润滑系统除了向轴承提供润滑油进行润滑之外，还需带走轴承由于摩擦产生的热量，帮助轴承散热降温。因此，轴承润滑系统主要是保证轴承在运转状态下具有良好的润滑和散热条件，以延长轴承的使用寿命。目前压延机辊筒轴承一般采用稀油强制循环润滑的方式进行润滑。

如图 4-21 所示为 S 型四辊压延机的一种稀油压力循环润滑系统。这种系统在压延机两侧的辊筒轴承上分别设置一套。工作时，电动机带动齿轮润滑液压泵从油箱内将经过预热的润滑油（通常加热到 60℃）吸出，经安全阀、冷却器（通常采用列管式换热器）、出油过滤器，进入分配器，再被输送到各个辊筒轴承。进入辊筒轴承的润滑油对轴承进行润滑和冷却后，通过轴承体上的回油管经回油过滤器过滤后流回油箱，以便循环使用。油箱上部的接油盒上设有温度传感器和缺油报警装置。温度传感器可以使润滑油的温度始终保持在一个合理的范围内。当流经辊筒轴承的润滑油回油温度过低时，控制油箱内的加热器对润滑油进行加热；而如果回油温度超过了设定值（一般不应超过 95℃），则控制冷却器增加冷却水的供应量，对润滑油进行冷却。

压延机辊筒进行润滑时，应控制好润滑油的温度和油量。润滑油温度应控制在 60～90℃之间。若润滑油温度太低则会使辊筒轴承过度冷却，从辊筒中吸取热量，增加热量的损耗；若温度太高则不利于轴承的降温，容易加快润滑油高温分解变质的速度。供给轴承的润滑油量要适当，不能太多也不能太少，太多容易造成润滑油从轴承体的密封部位渗漏；太少又不能保证润滑效果。因此，可以通过调节润滑站上的安全阀和轴承进油管路上的节流阀，来对润滑油的压力和供油量进行调整。根据轴承的类型、规格和工作环境的不同，一般常用的润滑油压力为 0.1～0.4MPa。

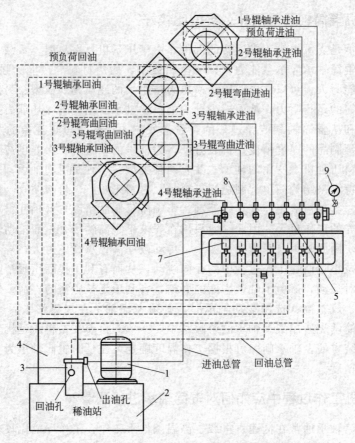

图 4-21　S 型四辊压延机的稀油压力循环润滑系统结构示意图
1—电动机和液压泵；2—油箱；3—回油过滤器；4—阀组和冷却器；
5—调节阀；6—分配器；7—回油液位计；8—回油测温计；9—压力表

4.3.5　压延机辊筒的轴承在使用过程中应注意哪些问题？

辊筒轴承直接影响压延机工作状况，使用过程中应注意以下几方面的问题：

① 在向轴颈上装配双列滚子轴承时，轴承内圈必须热装到轴颈上，并施加适当的轴向压力直至冷却。冷却后，两端轴承内圈应和辊筒工作表面一起精磨，以使二者的旋转中心在同一条直线上。其他轴承的安装也需要进行热装，但可不与辊面一起研磨。

② 根据工作温度及热膨胀量大小，合理确定滚动轴承内、外圈与滚动体之间的游隙，使辊筒及轴承受热膨胀后应当留有适宜的游隙，并且辊筒两端的轴承游隙应基本一致。

③ 必须保证良好的润滑条件，润滑油必须清洁，油量适中，润滑油的温度应不超过规定的数值。

④ 保证辊筒两端轴颈工作温度基本一致，尤其是加热端温度不要过高，以免两端轴承受热膨胀量不一致，影响轴承游隙量，进而影响压延质量。

⑤ 在安装滚动轴承时，切不可用蛮力撞击轴承，以免损坏轴承内、外圈或滚动体；在拆卸滚动轴承时，应使用手动液压泵，向辊筒轴颈端面处的注油孔打入高压油，使轴承内圈胀大后再行拆卸，同时高压油还兼有润滑轴承与轴颈接触面的作用。

4.3.6 压延机辊筒轴承润滑系统的油量报警装置有哪些类型？工作原理是怎样的？

（1）油量报警装置的类型

压延机辊筒轴承润滑系统为了防止供给辊筒轴承的润滑油量太少或中断，通常在回油管路中都装设有油量报警装置。油量报警装置的类型主要有漏斗式缺油报警装置和干簧管式（干式舌簧管）缺油报警装置两种。

（2）工作原理

漏斗式缺油报警装置结构如图4-22所示。在接回油漏斗的底部开有小孔，当轴承回油量满足要求时，从小孔中流出的油量要小于实际回油量，在漏斗中始终存有一定量的润滑油，在重力作用下，漏斗与其另一端的平衡块由于杠杆原理保持在平衡状态，此时杠杆不会碰触其下方的微动开关；当从辊筒轴承流回的润滑油量小于一定值时，流入漏斗的回油全部都从小孔中流出，于是杠杆就失去了平衡，被平衡块压下来，碰触到微动开关发出报警信号，并通过声、光的方式，提醒操作人员迅速查找和排除故障。如果在规定的报警时间内（一般设定为3～5min）不能及时排除故障，则通过电气控制使压延机整机自动停止工作，保护设备不受损坏。

干簧管式（干式舌簧管）缺油报警装置也称为浮球液位开关式缺油报警装置，其结构如图4-23所示。核心元件为一个干簧管式液位计。其工作时通常在密封的非磁性金属或塑胶干簧管内根据需要设置一点或多点磁簧开关，再将中空而内部有环形永久磁铁的浮球固定在杆径内磁簧开关相关位置上，使浮球在一定范围内上下浮动，利用浮球内的磁铁去吸引磁簧开关的闭合，产生开关动作以控制液位。这种开关通常有常开型和常闭型两种，在压延机稀

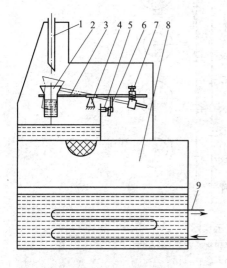

图4-22 漏斗式缺油报警装置

1—回油管；2—漏斗；3—杠杆；
4—支点；5—微动开关；
6—撞块；7—重锤；
8—油箱；9—加热冷却管

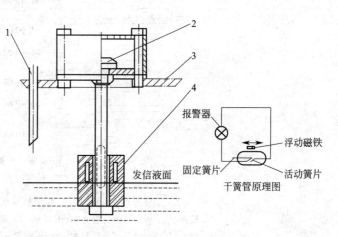

图4-23 干簧管式缺油报警装置

1—回油管；2—接线端子；3—油箱；4—干簧管式液位计

油润滑中常开型应用较多一些。在浮球液位开关所处的油池底部开有小孔，使轴承回流的润滑油注入油池内。当回油量大于从小孔中泄漏的油量时，就会在其中存留一部分润滑油，在浮力作用下，可以使浮球浮在油面上，不会吸合磁簧开关，也就不会发出报警信号；当回油量小于规定值时，油池内存油量很少或没有存油，则浮球就会下降，其内部的磁铁就会吸合磁簧开关，发出报警信号。相对于漏斗式缺油报警装置，干簧管式缺油报警装置具有动作灵敏、触点接触可靠等优点，因此在压延机的稀油润滑系统中应用较为广泛。

4.3.7 压延机辊筒温度调控系统有哪些形式？蒸汽加热-水冷却系统有何特点？

（1）压延机辊筒温度调控系统的形式

在压延成型过程中，压延机辊筒温度必须严格控制在一定的温度范围内，以保持辊筒辊面温度一致且稳定。对于精密压延机辊筒温度应能自动调节，且调节精确、灵敏，一般要求其温差应控制在±1℃内，因此要求压延机必须具有良好的辊筒温度调控系统。目前压延机辊筒温度调控系统主要有蒸汽加热-水冷却系统、过热水循环加热-冷却系统和导热油循环加热冷却系统三种形式。

（2）蒸汽加热-水冷却系统的特点

蒸汽加热-水冷却系统是一套同时兼具加热和冷却作用的管路系统，结构简单、维护容易、成本低，其结构如图4-24所示。工作时，蒸汽或冷却水通过阀门6和旋转接头4进入装在辊筒内腔中的喷水（汽）管2内，喷水（汽）管2上开有许多等距离小孔，蒸汽和冷却水由小孔中喷出，对辊筒进行加热和冷却。冷凝水或冷却水则从辊筒内腔经旋转接头4排出。排水管路上装有疏水阀5，以防加热时蒸汽逸出。加热辊筒时，将冷却水的阀门12关闭、阀门11开启，冷却时与此刚好相反。

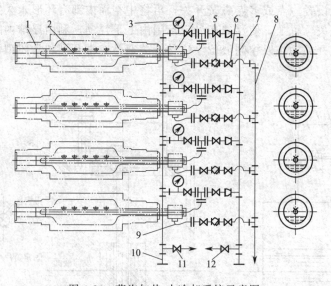

图4-24 蒸汽加热-水冷却系统示意图

1—辊筒；2—喷水（汽）管；3—压力表；4—旋转接头；5—疏水阀；
6，11，12—截止阀；7—进水管；8—排水管；9—软管；10—进汽管

在塑料压延过程中，要求辊筒的表面温度很高，通常为160～180℃，有的甚至要求辊筒温度在200℃以上，而蒸汽加热所能达到的温度通常是与蒸汽的压力密切相关的。如果要求辊面温度高，则相应地蒸汽压力也要升高，这就增加了各种蒸汽管路发生泄漏的危险；同

时蒸汽的压力波动比较大，是比较难以精确控制的，因而会造成加热温度难以掌握，使辊面温差较大，有的温差可达10℃以上。另外，这种调控系统在调整温度时需要靠人工进行，要求操作者具有较高的操作技术与操作经验。因此，这种温度调控系统难以满足高精度压延的要求。目前这种蒸汽加热-水冷却的温度调控系统主要用于压延精度要求不高的中空结构辊筒的压延机上。

4.3.8 压延机采用过热水循环加热-冷却系统和导热油循环加热-冷却系统有何异同？

（1）相同点

过热水循环加热-冷却系统和导热油循环加热-冷却系统一般用于钻孔式辊筒的压延机中。这两种辊筒温度调控系统要求在辊筒内部有一种控制导热介质流动规律的专用结构。这种结构如图4-25所示。将介质（水或油）加热或冷却用专用的热交换设备调定到一定温度后，利用循环泵将导热介质通过管道、辊筒端部的旋转接头及中心管泵送到辊筒内腔中；导热介质从辊筒内部的斜孔流经靠近辊面的直孔，对辊筒的工作表面进行加热或冷却，然后再由辊筒另一端的斜孔注入中心管和辊筒内腔中的隔热套之间的间隙，经旋转接头的排出口流出辊筒返回热交换装置；再将介质加热或冷却，如此不断循环往复，把辊筒表面加热或冷却到工艺所需的温度。为了将辊筒的温度保持在所需温度附近并保证一定的温度精度，通常在辊筒旋转接头的排出口处设有温度传感器，检测回流的导热介质的温度，并据此决定是对介质进行加热还是冷却。

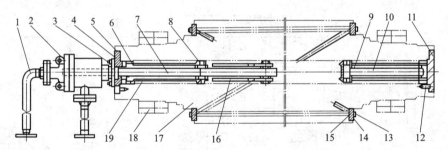

图4-25　辊筒内部温控管路结构示意图

1—金属软管；2—旋转接头；3，5，15—密封垫；4—端盖；
6—隔热套；7—内管；8—密封环；9，16，19—调整螺钉；10—支撑杆；
11—端盖；12—螺钉；13—螺栓；14—密封盖；17—辊筒；18—主轴承

（2）不同点

采用过热水进行辊筒加热时，应使用软化水或蒸馏水作为导热介质，从而需要有水处理设备。由于塑料压延的温度通常在150℃以上，必须在管路内部产生较高压力，因此增加了温控系统的结构复杂性，也容易造成温控介质水泄漏，所以要求有良好的日常维护与保养。

采用将导热油作为温控介质的温度控制系统时，由于导热油的沸点较高，因此在提高油温时油压可以基本保持恒定（油温为180~220℃时，压力仅为0.3~0.5MPa）。由于系统工作压力较低，因此可以降低温控管路的压力等级，便于制造、使用和维护保养。这种温度控制系统进行温控时，导热油的加热和冷却速度很快，温度响应较迅速，容易达到较精确的温控精度。由于使用软化水或蒸馏水作为导热介质，因此省去了水处理设备。但是导热油本身是一种矿物油类，属于有机物的范畴，长期处于高温条件下时，其中的部分成分会发生分解变质，导致油的物理和化学性能改变；其分解产生的一些酸性物质还会对锅炉和温控管路及各种与之接触的温控元器件产生腐蚀作用；同时油炭化分解后还会造成管路内部积炭，造成堵塞，影响温控效率和效果。

4.3.9 集中式和分立式过热水式辊筒温度调控系统各有何特点？

（1）集中式特点

压延机采用集中式过热水式辊筒温度调控系统时，压延机的几个辊筒共同采用一套储水罐、膨胀罐、加热器和冷却器，并且共用一台热水循环泵同时对各个辊筒进行加热或冷却。依靠由温度传感器控制的三通隔膜阀调节进入辊筒的热水量和冷水量，以控制进入每个辊筒的过热水的温度。从辊筒中排出的过热水再分别进入加热器和冷却器进行循环。如此往复下去，就使辊筒的温度始终保持在一个比较平稳的水平上。这种集中式过热水式辊筒温度调控系统的结构比较简单，加热器、冷却器和热水循环泵的数量较少（只有一套），管路相对来说比较简单，设备费用较少。但由于各辊筒的回流水全部集中到一起，不能在原有基础上分别进行加热或冷却，降低了效率，浪费了部分能源，因此集中式过热水式辊筒温度调控系统只适用于各个辊筒工作温度相差不大的情况。

（2）分立式特点

分立式过热水温控系统中每个辊筒分别采用单独的一套系统来控制各辊筒的温度，其结构如图 4-26 所示。每套系统均有单独的循环泵、加热器和冷却器，而储水罐、膨胀器可以共用，也可以分别设置。这种温控方式可以对各辊筒温度单独控制，并且相互之间没有干扰；对钻孔式辊筒温度可以达到很高的控制精度，最高可达±1℃。

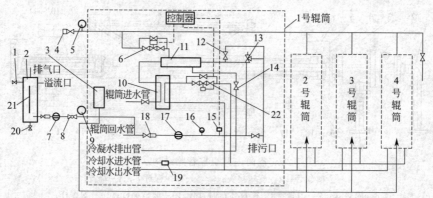

图 4-26 分立式过热水辊筒温度调控系统结构示意图

1—进水阀；2—储水罐；3—膨胀罐；4，18，19—过滤器；

5，9，16—压力表；6—比例调节阀；7—补水泵；8—止回阀；

10—板式换热器；11—汽水换热器；12—排气阀；13—安全阀；

14—疏水阀；15—测温电阻；17—循环泵；20—排污阀；21—水位计；22—电磁水阀

4.3.10 旋转接头有哪些结构类型？各有何特点？

（1）旋转接头的结构类型

旋转接头的内部结构和外部形状有许多种类型，在压延机上常用的旋转接头有填料式旋转接头、单球面式旋转接头、双球面式旋转接头和滚动轴承式旋转接头等四种类型。

（2）各类型的特点

① 填料式旋转接头　填料式旋转接头的结构比较简单，是最早在压延机上应用的一种旋转接头。其结构如图 4-27 所示，它是在压延机的非传动端安装有一个带连接法兰的填料

套 2 和进出水管座 7。在管座 7 上留有进水（汽）口 8 和排水口 9。管座 7 固定不动，填料套 2 随辊筒一起转动。在填料套和排水管之间填充有密封填料 3，填料在辊筒旋转过程中随填料套一起转动，而其内部的回水管 5 是固定不动的，由此为其中的温控介质的流动创造了一个相对稳定的密封通道。在工作一段时间后，由于密封填料在摩擦力作用下磨损，从而影响密封效果，这时可以调节压紧螺母 4 将填料向内推进、挤压，使其重新恢复对回水管的压紧力，恢复密封效果。常用的密封填料的材料有石棉盘根（石墨石棉绳）和填充聚四氟乙烯。相比之下，填充聚四氟乙烯的耐磨效果更好，可以耐受 $1\sim2$MPa 的压力，工作温度可达 $200℃$ 左右，可以延长其使用寿命。

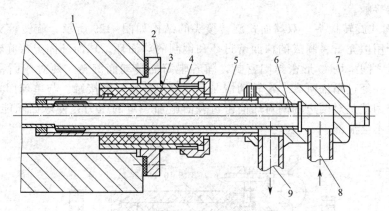

图 4-27 填料密封式旋转接头结构示意图

1—辊筒；2—填料套；3—填料；4—压紧螺母；5—回水管；6—进水管；

7—进出水管座；8—进水（汽）口；9—排水口

这种旋转接头在使用时，每隔一段时间就需要进行人工调节，压紧螺母的压紧力不能自动进行调整，比较麻烦。当密封填料磨损到一定程度需要更换时，由于不是预先制作成形而是成带状的软料，因此比较烦琐，不利于加快维修进度。在生产、装配过程中，难免会产生各种偏差，这就要求旋转接头应该能进行自我调节，使其旋转轴线与辊筒的旋转轴线相适应，但由于填料式旋转接头不具有自动调整旋转轴线的能力，因此很容易造成密封部位的磨损加剧，缩短了使用周期，加重了维护的负担。

② 单球面式旋转接头 单球面式旋转接头结构简单，密封性能较好。其结构如图 4-28 所示，这种旋转接头由带有球面密封环的套筒通过法兰固定在辊筒的轴颈端面上，并与辊筒一起旋转。密封圈的凹球面和套管的凸球面相互紧密接触，构成了旋转密封面。密封圈的底

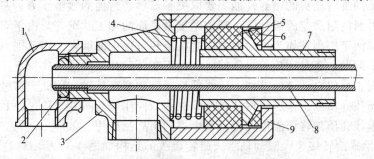

图 4-28 单球面式旋转接头结构示意图

1—弯头；2—锁紧螺母；3—端盖；4—弹簧；5—支承环；

6—球面密封环；7—空心轴；8—内管；9—壳体

部平面与壳体的内部端平面紧密接触，形成了平面密封。这两个密封面必须经过研磨，以达到对温控介质的密封效果。轴承在其中具有径向支承和提供轴向定位的作用。为了能够切实得到密封效果，要将密封圈以一定压力压紧在套筒的球面和壳体的平面上，通常采用弹簧结构来提供部分压紧力；而温控介质则提供另一部分压力压紧密封面，防止泄漏。

球面密封圈和轴承一般采用浸渍石墨或含有石墨的填充聚四氟乙烯材料来制造。由于密封面为球面，在一定范围内具有自动定心功能，因此，当旋转接头的安装轴线相对于辊筒的旋转轴线有少量偏差时，不致发生泄漏，适用于对压力不高的蒸汽或水的密封。由于是球面密封方式，因此为了达到良好的密封效果，应将配对球面和需要密封的配对平面进行研磨，以保持良好的接触。

③ 双球面式旋转接头　双球面式旋转接头的结构如图 4-29 所示，旋转接头内部前后分别各装有一个用填充石墨制成的球面密封环和钢制的球面环。球面环固定在旋转接头中间的套筒上，两者之间采用 O 形密封圈密封，随着辊筒的转动而旋转。两对球面密封环各自形成球面接触，并经过精细研磨，在转动情况下能够保持良好的接触。与单球面式旋转接头相同，弹簧的作用就是对两边的两对球面密封表面施加一定的压力，使球面间能够紧密接触，保证在旋转时不会泄漏。

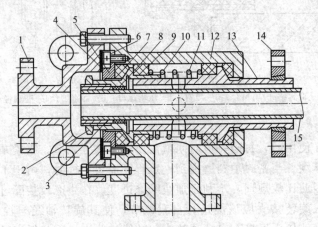

图 4-29　双球面式旋转接头结构示意图

1—法兰盖；2—锁紧螺母；3—短轴；4、6—密封垫片；5—压紧盖；
7—球面密封环；8—密封填料；9—支承环；10—键；11—弹簧；
12—壳体；13—空心轴；14—法兰；15—内管

球面接触式的旋转接头的密封性能主要取决于球形密封面的接触压力、密封面的接触均匀性、摩擦副材料的耐磨与耐温性能、摩擦副接触表面的加工状况等。由于双球面式旋转接头采用了两对球面摩擦副来作为密封面，因此在旋转过程中能够在一定范围内自动调整与辊筒轴线不对心的问题，密封比较可靠。同时，由于在压紧弹簧的压力作用下，当密封环的接触面有了磨损时，可以自动进行补偿，始终保持球面的紧密接触，因此，这种双球面式旋转接头允许通过温控介质的工作压力可达 3MPa 以上，使用温度可达 250℃ 以上，在使用过热水或导热油为温控介质的辊筒温度调控系统中得到了广泛应用。

④ 滚动轴承式旋转接头　滚动轴承式旋转接头的结构如图 4-30 所示，这种旋转接头内部利用滚动轴承作为支承元件，具有定位精度高、摩擦阻力小等特点，因而可以适当降低石墨密封环的压紧弹簧的压力，显著改善密封接触面间的磨损情况，从而可以延长石墨密封环的使用寿命。

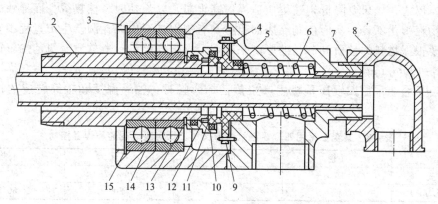

图 4-30　滚动轴承式旋转接头示意图

1—内管；2—套管；3—壳体；4—止转销；5—O 形密封圈；6—压紧弹簧；

7—耐磨环；8—接头；9—静密封环（石墨密封环）；10—连接套；

11—动密封环（石墨密封环）；12—销；13—轴用弹性挡圈；

14—滚动轴承；15—孔用弹性挡圈

4.4　压延机操作及常见故障疑难处理实例解答

4.4.1　压延成型过程中辊筒温度应如何控制？

辊筒温度是保证塑料塑化的一个主要因素，一方面辊筒温度的热量主要来源于辊体内的加热介质的热量传递；另一方面是来自于辊筒对塑料的压延摩擦和物料间剪切摩擦作用产生的热量。因此，压延时辊筒的温度控制与物料的性质、辊筒的转速有较大关系。物料黏度大、辊筒转速高时，产生的摩擦热多，辊筒温度高。

在压延生产时，压延机辊筒的温度应控制在物料的熔融温度至分解温度之间。由于物料常黏附于温度高、速度快的辊筒上，因此为了能使物料依次贴合辊筒，避免夹入空气而使制品出现泡孔，各辊筒的温度一般是应有所不同，一般从上至下应依次增高，即Ⅱ辊大于Ⅰ辊，Ⅲ辊大于或等于Ⅱ辊，但Ⅲ辊、Ⅳ辊的辊温一般相近，这样有利于引离。辊筒之间的温差一般控制在 5～10℃。

例如，某企业采用四辊压延机生产聚氯乙烯雨具膜时，辊筒温度控制如表 4-7 所示。

表 4-7　四辊压延机生产雨具膜的辊筒温度控制

项目	Ⅰ辊	Ⅱ辊	Ⅲ辊	Ⅳ辊
辊温/℃	160～170	165～175	160～178	160～170

4.4.2　压延成型过程中压延机辊筒的转速及速比应如何控制？

（1）辊筒转速的控制

压延成型过程中辊筒转速的快慢会影响物料所受剪切、延伸作用，而影响到物料间的摩擦热，从而会导致辊筒表面温度的变化。因此，控制辊筒的转速时应注意与其辊筒温度的相互影响。

在正常生产的情况下，要想提高辊筒转速就需要降低辊温，因为此时辊筒转速增大，摩擦剪切增加，会使物料的温度上升，否则易导致因物料温度过高而引起包辊甚至物料过热分解等现象。反之，如果要降低辊速则应适当提高辊温，以弥补因摩擦热减少而导致的辊筒温度过低、物料塑化不良，从而使制品表面粗糙、有气泡甚至出现孔洞。生产过程中辊筒转速的控制还要根据物料的性质和制品的厚度来决定。根据经验，一般软质聚氯乙烯辊筒的速度控制在 $10\sim100m/min$。

例如，某企业采用四辊压延机生产聚氯乙烯薄膜时，辊筒温度和辊筒转速的控制如表4-8所示。

表4-8　某企业采用四辊压延机生产聚氯乙烯薄膜时辊速和辊温控制

项目	Ⅰ辊	Ⅱ辊	Ⅲ辊	Ⅳ辊
辊温/℃	165	170	170~175	170
辊速/(m/min)	42	53	60	50.5

（2）辊筒速比的控制

辊筒的速比是指压延机相邻两辊筒线速度之比。压延成型时通常辊筒间需要有一定的速比，以使物料能顺利贴附于快速辊筒上，同时相邻两辊筒间存在一定的速度差还可增加对物料的剪切、延展作用，以改善物料的塑化质量，从而提高产品的质量。

辊筒的速比与辊筒转速和制品厚度有关。压延时辊筒速比要控制适当，过大易出现包辊现象，过小则会使物料不易吸辊，以致带入空气使制品产生气泡。速比大小的调节以能包辊、不吸辊为标准。

四辊压延机一般以Ⅲ辊的线速度为标准，其他三只辊筒都对Ⅲ辊维持一定的速度差。Ⅲ辊又称为基准辊，即作为确定速比关系、调节辊筒工作位置等的基准。四辊压延生产不同厚度薄膜的常见辊筒速比范围如表4-9所示。

表4-9　采用四辊压延生产不同厚度聚氯乙烯薄膜时常见辊筒速比

薄膜厚度/mm		0.1	0.23	0.14	0.50
Ⅲ辊辊速/(m/min)		45	35	50	18~24
速比	$v_{Ⅱ}/v_{Ⅰ}$	1.19~1.20	1.21~1.22	1.20~1.26	1.06~1.23
	$v_{Ⅲ}/v_{Ⅱ}$	1.18~1.19	1.16~1.18	1.14~1.16	1.20~1.23
	$v_{Ⅳ}/v_{Ⅲ}$	1.20~1.22	1.20~1.22	1.16~1.21	1.24~1.26

在压延过程中还应注意：压延各辊筒之间的速比大小应考虑辅机各转辊筒之间的速比大小，一般引离辊、冷却辊、卷取辊的线速度是依次增加的，并都大于压延机主辊筒（如四辊压延机中的Ⅲ辊）的线速度，以使压延制品得到一定的拉伸和取向，从而减小制品的厚度，提高制品的质量；但不能太大，否则将会影响制品厚度的均匀性，同时还会导致出现冷拉伸而使制品的内应力增加。

4.4.3　什么是压延效应？生产中应如何避免压延效应对制品的影响？

所谓压延效应是指在压延片（膜）过程中，出现的一种纵、横方向物理力学性能差异的现象，即沿着压延方向的拉伸强度、伸长率、收缩率大，垂直于压延方向的拉伸强度、伸长率、收缩率小。产生这种现象的原因主要是由于压延辊筒速比的存在，使塑料高分子链及针状或片状的填料粒子受到拉伸延展的作用，而产生了取向排列。

压延效应使制品的纵、横向力学性能不一致，从而会导致制品纵横向收缩不一致，造成制品的变形，给操作带来困难。从加工角度和制品强度分布均匀的角度来考虑，生产中应尽量消除压延效应。由于针状（如碳酸钙）和片状（如陶土、滑石粉）填料粒子是各向异性的，由它们所引起的压延效应一般都难以消除，因此对这种原因导致的压延效应特称为粒子效应，其解决办法是避免使用这类填料。而对于由高分子链取向产生的压延效应，则是因为分子链取向后不易恢复到原来的自由状态，一般要采用提高温度、增加分子链的活动能量的办法来加以解决。

4.4.4　压延生产过程中应如何控制辊距和辊隙存料？

（1）辊距的控制

相邻压延辊筒表面之间的距离称为辊距或辊隙。辊距的大小决定压延产品厚度及物料受剪切作用的大小，通常辊距越大，产品厚度越大。而物料压延时受剪切作用的大小则是与辊隙成反比的，辊隙小有利于形成致密而且表面平滑的产品。

通常压延辊筒的辊距除最后一道与产品厚度大致相同外，其他各道辊距的值都大于这一道辊距，而且按压延辊筒的排列次序自下而上逐渐增大，即第二道辊距大于第三道，第一道大于第二道，这样可以使辊隙间留有少量存料。如表 4-10 所示为某企业采用斜 Z 型四辊压延机生产不同厚度的聚氯乙烯薄膜时的辊距控制。

表 4-10　某企业采用斜 Z 型四辊压延机生产聚氯乙烯薄膜时的辊距控制　单位：mm

制品厚度	Ⅰ/Ⅱ辊距	Ⅱ/Ⅲ辊距	Ⅲ/Ⅳ辊距
0.09	0.14～0.18	0.11～0.14	0.10～0.11
0.14	0.20～0.22	0.18～0.20	0.15～0.16
0.23	0.30～0.33	0.25～0.30	0.24～0.25
0.45	0.50～0.52	0.48～0.50	0.46～0.47

（2）辊隙存料

辊隙存料是指压延机两个相邻辊筒的辊隙间多余的没有包覆辊筒的那部分物料。辊隙存料能起到压延储备、补充物料和进一步塑化物料的作用，并且还能使物料在进入辊隙时有一定的松弛时间。压延成型时，辊隙存料一定要控制适当，辊隙存料的多少及其旋转状况均会影响产品的质量。辊隙存料过多时，制品表面会出现毛糙和云纹，还容易产生气泡。同时辊隙存料过多时会增大辊筒的负荷，从而对设备也有不利影响。而辊隙存料太少，又会因物料在辊筒间受的挤压力不足而造成制品表面毛糙，甚至还可能引起边料的断裂，不易引离回收。

辊隙存料旋转不佳时，会使制品横向厚度不均匀，出现气泡或冷疤。压延过程中存料旋转不佳的原因通常是由于物料或辊筒温度太低或辊距调节不当等。

因此，压延成型过程中应经常观察辊隙存料状况，并适时加以调节辊距，以保证辊隙间有合适的辊隙存料量及良好的旋转状态。通常辊距和辊隙存料应根据制品厚度、各辊筒速比的大小等进行调节。如表 4-11 所示为四辊压延机生产不同厚度制品时的辊隙存料控制参考。

表 4-11　四辊压延机生产不同厚度制品时的辊隙存料控制参考

制品	Ⅱ/Ⅲ辊存料量	Ⅲ/Ⅳ辊存料量
0.10mm 厚薄膜	直径 10～15mm，呈铅笔状旋转	直径 8～10mm，旋转时流动性好
0.5mm 厚硬片	直径 20～30mm，呈折叠连续状	直径 10～20mm，旋转向两边流动

4.4.5　压延机的安装步骤是怎样的？安装有何技术要求？

（1）安装步骤

① 基础的准备。首先按设备随机准备的基础图灌好混凝土，并留出地脚螺栓孔及排水

用地沟、电缆沟等。基础深度应根据使用单位当地的具体地质情况而定，适当增加或减少。基础干固后，清理干净表面和各孔、沟处；检查地脚螺栓孔的大小、深度和相互之间的位置是否正确；标明基础的纵横中心线，并将地脚螺栓放入相应孔内。做好这项工作后，就可以着手进行设备的安装。

② 底座的安装。在底座上划好横向与纵向中心线，在地脚螺栓孔附近放好楔形斜铁（最好使用带调整螺栓的可调垫铁），然后放上机体底座和传动底座，并将地脚螺栓穿进底座上各自对应的安装孔中，装好垫圈和螺母等紧固件，但不要拧紧。仔细调整，使底座上预先划好的中心线与基础的中心线相重合。略微拧紧地脚螺栓，仔细调整可调垫铁，进行找正，使底座上安装机架和传动装置的大平面达到水平。在水平找正的过程中，各地脚螺栓的拧紧力应均匀，且不可用拧紧与放松地脚螺栓的办法找正。当采用非可调楔形垫铁时，应在找好水平后，用点焊将垫铁位置固定。

底座水平找好后，即可在地脚螺栓孔内及调整垫铁周围灌注混凝土并捣实，待其自然干固后，才能进行下一步的安装工作。

③ 机架的安装。在安装机架时，根据压延机结构，首先将调距装置、轴交叉装置、预负荷与反弯曲装置的部分零部件安装到机架上，再将左、右机架分别装在底座上，并将左、右机架和横梁（或拉杆）初步固定，然后对机架进行找正。找正时应先找好两机架内侧加工面的平行度（使用千分尺等工具），然后再用专用工具（标准轴或大平尺及水准仪等）检查安装固定辊筒轴承的机架滑道开口（对三辊压延机一般为中辊或Ⅱ辊，对四辊压延机为中辊或Ⅲ辊）偏差，其轴承体支承面（D面）应在同一水平面上，且滑道开口中心线对准。两机架还需与底座垂直。

④ 辊筒的安装。在安装前应先将辊筒清洗干净，去除防锈油污及其他杂物。辊筒轴颈的清洗可用干净棉纱与 120 号橡胶溶剂油进行。轴承的清洗工作应特别仔细。在清洗轴承时，可以选用 120 号航空汽油清洗，用干净棉纱擦干备用。再将固定辊筒轴承装在两机架的滑道开口支承面上，并检查轴承体与滑道开口滑槽两侧是否留有适当的间隙。

在固定辊筒的轴颈上涂以红丹，并装入轴承体内转动 1～2 周；取下固定辊筒，检查轴颈与轴瓦的接触率，沿轴线方向应不少于 70%，若达不到，则必须给予适当修理或延长跑合时间。机架与固定辊筒找正后，拧紧机架与底座的连接螺钉，然后固定好调整垫铁，将底座四周与基础之间灌满混凝土。

吊装各辊筒。吊装辊筒应从安装下辊筒开始，而后为中辊、上辊和侧辊，依次将各辊筒及两端轴承装入机架内。当下、中辊装好后，应再次检查中辊的水平度是否符合要求，并检查压延机中心线的高度。

各辊筒装好后，应检查轴承体与机架窗口两侧滑槽配合的总间隙，以及辊筒轴颈端面与轴衬端面的最小轴向总间隙。辊筒吊装就位后，再分别安装好辊筒两端的其他部件，如调距装置、轴交叉装置、预负荷装置或速比齿轮等。

⑤ 安装传动装置。传动装置的安装应在主体部分装好后才能进行。对于单电动机开式齿轮传动的压延机，首先将速比齿轮及大齿轮按照先后顺序安装在辊筒端部，再将电动机和减速器安装在传动装置底座上，并将减速器输出轴所带小驱动齿轮与大驱动齿轮啮合。检验速比齿轮及大、小驱动齿轮之间的啮合间隙及齿面接触率。

将减速器输入轴、电动机输出轴用联轴器连接到一起，并按照要求进行找正，轴向间隙、两轴线的平行偏差量和偏差角度，应符合所选用联轴器的允许偏差值。

使用闭式减速器传动时，压延机所有传动齿轮都安装在组合式减速器内。由于每个辊筒都连接有单独的万向联轴器，而万向联轴器对安装精度没有特殊要求，因此，只要将减速的出轴与辊筒轴颈对正、保持平行，再用万向联轴器连接即可。

⑥ 安装温控系统。将安装温控装置的地点清理干净，将温控系统按照安装图布置在指定的位置上，并按照使用要求将它连接好；接通上、下水管道；安装好连接温控系统与蒸汽源或油源的管路；将旋转接头安装到辊筒端部，在两者连接处装好密封垫（通常采用纯铜或聚四氟乙烯材料制成），以防温控介质泄漏。

⑦ 安装各种管路及其他附件。上述安装工作完成后，再安装稀油润滑系统、干油润滑系统、液压系统、挡料板及其他附属装置。对于各种管路所用管子和各种管件、阀门等在安装之前应进行清洗，除去其中的杂物，并用压缩空气吹干后才能装到设备上。对于各种阀门在安装前，应仔细检查阀芯和阀座有无损坏，接触面研磨是否符合密封要求，必要时可利用油石等工具进行手工研磨。各管接头在安装之前，应检查有无损坏及影响密封性能的缺陷。使用密封圈密封的接头，应检查密封圈有无损坏。各管路安装完成后应进行密封试验，不得有渗漏现象；若发生泄漏，则应仔细检查，找出泄漏点，分析泄漏原因并予以改正。

管路安装的最后是将温控系统与主机旋转接头用专用管路连接起来，并在旋转接头部位使用不锈钢金属软管进行柔性连接。同时，将通温控介质的管路用由隔热材料制成的保温层包裹起来，目的是减少热量的损失、降低能耗及安全防护。

⑧ 安装辊距测量装置、轴交叉量显示装置以及其他附属装置等。

（2）技术要求

① 底座上的中心线与基础的中心线相重合时，允许偏差为±1mm。

② 当压延主机使用滑动轴承时，底座上安装机架与传动装置的大平面的水平度允许误差值在辊筒的轴向方向上应≤0.02mm/1000mm，当压延主机采用滚动轴承时底座水平度偏差应≤0.04mm/1000mm；在径向方向上应≤0.03mm/1000mm。

③ 两机架内侧加工面（主要是装辊筒轴承的滑道开口附近）的平行度允许偏差应≤0.1mm/1000mm。

④ 两机架与底座在开口两侧加工面处测量的垂直度允许误差应≤0.05mm/1000mm。

⑤ 轴承体支承面应在同一水平面上，且滑道开口中心线对准。其水平度允许偏差为0.02mm/1000mm（采用滚动轴承时，其允许偏差放宽至0.04mm/1000mm）。两机架滑道开口侧面应在同一平面内，偏差为≤0.05mm/1000mm。辊筒轴承体与机架滑槽配合总间隙及辊筒轴颈端面与轴衬端面的最小轴向总间隙如表4-12所示。

表 4-12　辊筒轴承体与机架滑槽配合总间隙及辊筒轴颈端面与轴衬端面的最小轴向总间隙　　　　单位：mm

辊筒规格 $D \times L$	230×630	360×1120	450×1200	550×1700	610×1730	700×1800
轴承与机架滑槽总间隙	0.12～0.30	0.20～0.40	0.25～0.45	0.30～0.50	0.40～0.62	0.50～0.70
轴向最小总间隙[①]	1.1	1.7	2.0	2.6	3.0	4.0

① 在辊筒温度为120℃时考虑该间隙。

⑥ 速比齿轮及大、小驱动齿轮之间的齿侧间隙应不小于0.25倍的齿轮模数，齿面接触率沿齿宽方向应大于60%，沿齿高方向应大于40%。

4.4.6　压延机电气部分的安装有何要求？

① 由于塑料压延生产车间温度高、腐蚀性气体浓度大，尽管现场有排风换气装置，但仍然对电气控制系统的稳定可靠构成威胁。因此，要建立专门的电气控制室。电气控制室要求密封条件好，防护等级应达到IP44以上；工作现场视野要好；控制室温度<30℃，相对湿度<85%。电动机一般均是风冷、采用过滤网防护，防护等级为IP44。但是，在塑料压

延机生产车间因为有集中的排风换气装置，所以电动机的冷却改为风机集中管道通风，同时引入室外的清洁空气。管道通风要考虑冬天天气寒冷（尤其是北方），室内、外温差大，容易在电动机内形成冷凝水，因此空气要经过处理，不能只简单抽取自然风。

② 安装使用的电线、电缆一般只采用铜芯的缆线，并根据实际负荷电流来选定合适的电缆截面，同时要考虑到不同地区的温度修正值，如南方对应于北方地区就应适当地加大电缆截面积，以保证电缆不发热。电线、电缆的接线要可靠，每个接头均应加接线端子。小容量的端子要用冷接线端子，一般只接一根导线，最多不准超过压接两根导线。

③ 机体上的电器元件的走线，例如行程开关、电位器到分线盒或电控柜等。为了维修方便，应尽量少用三通接头，而是各走各的保护管。

④ 导线的标识必须符合下述要求：

a. 黄绿双色组合：保护接地导线的绝对专用标识。

b. 浅蓝色：中线。

c. 黑色：交流和直流动力线。

d. 红色：交流控制电路。

e. 蓝色：直流控制电路。

f. 橙色：由外部电源供电的联锁控制电路。

⑤ 每根导线的端部必须做出标记（即接线号），标记应清晰、耐久。接向同一点的两根导线都必须有标识，不得共用。

⑥ 电气设备和机械的所有裸露件都应接到保护接地电路上。设备上的金属软管、硬管、电缆护套等均不能代作保护导线。

⑦ 导线和电缆的两端子之间应无接头或接触点。

⑧ 为了保证电气控制系统在恶劣的电气环境下的电磁兼容性，并且能满足相关规定中的相应标准，在安装过程中必须遵守 EMC（电磁兼容，Electromagnetic Compatibility）规则，即：

a. 同一电路中的非屏蔽电缆（输入和输出导线）应铰接。它们之间的距离应尽可能短，以避免耦合干扰。

b. 用备用导线将各个控制柜接地保护导线端子相连，以增加附加的屏蔽效果。

c. 减小电线和电缆的无用长度，以减少耦合电容和电感。

d. 电缆要紧挨着电气控制柜布线，这样可减小相互干扰。因此，柜内的连线不应随便布置，应尽可能地贴着柜架和安装板。备用电缆也应如此。

e. 信号电缆和动力电缆必须分开布线，特别是对于高频的动力线，如变频装置的输出线等，至少应保持 20cm 的间距，以尽量避免耦合干扰。

f. 如果编码器电缆和电动机电缆不能分开布置，那么编码器电缆必须通过金属隔离物或装在金属管或金属槽内以实现解耦；同时，金属线槽必须多点接地。

g. 数字信号电缆的屏蔽必须双端接地（源和目标）。如果屏蔽层间的电势差较大，就应增加一个截面积至少 $10mm^2$ 的电缆与屏蔽层平行连接，以减小屏蔽电流。一般而言，屏蔽层可以由多点连接到电气控制柜接地端，也可以在柜外多点接地。

h. 应避免使用薄金属片作为屏蔽层，而应采用编织带作为屏蔽层。

i. 模拟量的屏蔽电缆，如果有较好的电位体，应再双端接地（大面积导电）。如果所有的金属部件均有较好连接，并且所有有关的电器元件均由同一电源供电，则可认为电位体是好的。

j. 单端屏蔽接地的接线可以预防低频容性干扰的耦合（例如 50Hz 的交流电），屏蔽接线应在柜内完成，在这种情况下，应选用屏蔽线来连线。

4.4.7　压延机在热空运转和负荷运转过程中应注意哪些问题？

① 若传动系统工作噪声较大、振动较大或减速器温升不正常，则应检查传动系统的工作状况及安装情况，并打开减速器箱盖，检查齿轮啮合情况。

② 若辊筒轴承温升不正常，则应检查辊筒轴承的润滑情况，还要注意辊筒轴承的安装情况，检查间隙是否正常。

③ 若辊筒转动不平稳，则除检查减速器和辊筒轴承外，还应检查万向联轴器的安装与磨损情况。

④ 随时注意热油有无变质或分解，如有应及时更换。注意防火，不得用水灭火。

⑤ 在热空运转过程中进行检查之前，应先将冷却水及润滑管路内的存水、存油排放干净。

⑥ 负荷运转试验必须在进行少量负荷慢速运转 8h 后进行，即线速度在 $10\sim15\text{m/min}$ 时。注意试验时使用的物料应为软料，辊距不能太小（一般为 $0.3\sim0.4\text{mm}$），物料幅宽为辊面宽的 80% 情况下进行运转。

⑦ 调节辊距时应注意：当辊距 $>2\text{mm}$ 时用快速调节；当辊距 $<2\text{mm}$ 时则应切换至慢速调节；当辊距 $<1\text{mm}$ 时，应带料调节。负荷运转速度为 15m/min、20m/min、25m/min、30m/min 时各运转 2h，检查制品的厚度变化。试运行时，应逐渐减小制品厚度，直至制品厚度为 0.15mm。

⑧ 负荷试机过程中观察机器运转情况，检查减速器、万向联轴器等是否有噪声。检查主轴承运转情况及温升情况，回油温度不应超过 100℃。同时调节轴交叉量到最大，达 10mm 时，观察制品厚度的变化情况。

⑨ 负荷试机后将减速器、主轴承用的润滑油放掉，清理干净。停机时必须在辊温降至 60℃ 后才允许停机，且热油必须在停机前放完。

⑩ 注意：新机器一般 3 个月内不能生产厚度在 0.15mm 以下的薄制品，辊筒线速度不能超过 30m/min；应低速运行 3 个月，待一切正常后，再调高生产速度，并进行薄膜厚度调整。

4.4.8　压延机开机生产的操作步骤是怎样的？

（1）生产前压延机的准备工作

① 检查主机辊筒的辊距是否符合空运转时最小辊距要求，并检查辊距之间有无杂物。

② 检查供料运输带上有无杂物，各种附属装置上的螺栓、螺母等是否有松动现象。

③ 检查冷却水压力是否在 0.3MPa 以上，热油循环装置中导热油温度是否满足温度控制要求。若热油温控采用的是气动薄膜阀，则须检查压缩空气压力是否为 $0.1\sim0.2\text{MPa}$。

（2）设备的升温

① 首先开主机润滑（包括减速器润滑）。若润滑油温度太低，则须开启电加热器或蒸汽加热器进行加热，待达到规定的油温后再关闭加热器。观察轴承的润滑情况，润滑油进油压力为 $0.1\sim0.3\text{MPa}$，回油流量为 $0.5\sim1.5\text{L/min}$，通过减速箱视孔窗观察齿轮润滑是否正常。

② 启动液压站，观察、调整各液压缸的工作压力，并将各个功能开关置于工作位置。如果环境温度较低，液压油黏度较大，则应启动加热器进行加热，使油温达到工作要求。

③ 启动其余需要控制的附属设备，使之满足开机条件。

④ 合上电源开关，启动主电动机，使压延机辊筒维持在低速运转状态。

⑤ 根据工艺要求，在控制台的温控仪表上设定好所需温度，然后开启补给泵，检查系统压力是否正常。逐个启动各辊筒循环泵，对辊筒进行加热。

主机辊筒在升温过程中应注意检查循环泵电流值。如果大于电动机的额定值，则需要停机，检查管路是否堵塞或循环泵是否有损坏现象。检查每组单元升温速度是否均匀，若有异常要进行检查处理。升温速度不要过快，一般在 100℃ 以下升温速度约为 30℃/h；100℃ 以上升温速度约为 15℃/h。停机时最高温度不得高于 60℃。采用油加热时，由于在导热油中可能含有少量水分，在加热时会汽化。如果滞留在循环系统中，则有可能造成温度控制不均匀、产生噪声等故障，因此需要放气。

⑥ 开启引离辊的热油加热系统，并按照生产工艺的要求设定其温度。接通辅机需要冷却降温部分（如压花装置、冷却装置等）的冷却水，应保证供水量充足。

4.4.9 压延生产结束时停机的操作步骤是怎样的？

当压延生产结束需要生产线全部停止运转时，应该按照一定的停机程序来进行：

① 停机前首先应全线降速，应降至 10m/min 以下运行，直至辊筒间中的余料差不多消失为止。

② 松开辊筒反弯曲装置，如果生产线中配有测厚装置，则应将测厚装置的探头调至生产线的一侧，以免尾料通过时缠绕其上造成损坏。

③ 全线停机，增大辊距，并反向点动主电动机使辊筒反向旋转，把各辊筒间的余料取出。在增大辊距时，要注意一定要把各辊距放大到安全距离，以免发生碰辊事故。

④ 重新开机，降低辊面温度，当辊面温度＜60℃时可以全部停机。辊筒的降温是一个循序渐进的过程，不可以为了节约时间而快速降温，以免造成辊筒变形或内部产生微裂纹等缺陷，进而影响使用性能和辊筒寿命。

⑤ 在停机前辊筒低速转动时，须将辊筒轴交叉装置调节退回到零点位置。

⑥ 停机后各润滑液压泵仍需继续运转 10～15min，冷却水不要立即关闭。

⑦ 引离装置的停机应与主机同步进行。当主机暂停、辊距打开，进行余料清理时，即可将引离辊降至最低位置，以便于主机操作。特别应注意停机前先将引离辊下移，以离开下辊辊面，严禁引离辊碰触压延机下辊的辊面。

⑧ 当尾料全部通过后，冷却装置、卷取装置等即可停止工作。同时，可关闭冷却水的供给。全线停机后，彻底清理生产线的所有辊面，并将设备擦拭干净。

⑨ 当所有停机过程全部完成后，即可关闭总电源。

4.4.10 压延生产操作中应注意哪些问题？

① 在进行较小辊距的调节时，一定要带料调整，并且要注意仔细观察，以防止出现碰辊事故。

② 正常生产中，升速、降速、堆积余料量的大小、温度变化都对制品精度产生一定影响，所以要经常检测。根据测量值及时对辊距进行调整。

③ 要注意观察辊隙间物料的堆积量，供料堆积量控制在 30～40mm 左右为宜。供料堆积量可以利用监视器或安装镜子来进行监控。

④ 摆动供料输送带的供料速度应大于固定输送带的供料速度。生产中暂时不需供料时，摆动输送带最好不要关闭。在摆动供料过程中，应调整输送带的摆动角度，使之能够将物料输送到辊面长度的中间部位，防止因供料不均匀而造成制品厚度不均或碰辊等事故。

⑤ 在正常生产中要随时观察液压站、润滑站、冷却水运转情况。

⑥ 在使用反弯曲功能时，液压缸的作用力不可变化太猛，应根据制品的厚度变化情况逐渐增减油压，直至达到制品公差要求，但不得超过产品使用说明书所规定的油压数值。

⑦ 在使用辊筒轴交叉装置来调整制品的横向厚度公差时，不应调整很大的交叉量，以免对制品厚度的横向均匀性造成影响。

⑧ 当辊隙间余料很少，而后续物料还没有及时补充时，则需要停机。此时，应迅速增大辊隙，防止因辊隙间缺料而导致辊筒间产生摩擦、碰撞等现象。

⑨ 在正常状态下停机时，切不可使用紧急停机动作。因为设备在运转过程中如果在较短时间内达到静止状态，就会对设备的传动系统和旋转零部件造成相当大的冲击，长此以往，容易损坏这些部位。

⑩ 出现紧急情况时，可拉动设备上的紧急停机开关的拉绳或按动急停按钮，使全线停机并迅速增大辊缝，以利于处理各种问题，方便清理辊面上黏附的物料。

4.4.11　生产操作中应如何利用辊距表来有效调整辊距？

压延生产中，由于产品厚度的大小受辊距、辊筒转速、引离速度等许多因素的影响，因此辊距的大小并不等于制品的厚度，但辊距的大小在很大程度上决定了制品的厚度。在其他参数不变时，辊距的大小则直接反映制品厚度的大小。生产中利用辊距表进行调距，可缩短调整时间，提高生产效率。

利用辊距表上的数值进行调距时，首先可调节辊距直至压出厚度合格的制品为止，然后实际测量制品厚度值；再记录下此时数字式仪表所显示的数值，并求出此数值与制品的实际厚度值的差值。

当生产不同厚度的产品时，预期厚度数值与差值的和即可以作为观察数字表显示数字进行调距操作的依据。按住调距控制按钮，待辊距达到预定值后放开并测量制品的实际厚度；若还有微量误差则应再进行调整，直到满足制品的要求。

4.4.12　压延机机械部分的维护与保养应注意哪些问题？

① 定期检查设备各部的螺栓连接情况，查看有无松动、是否有失效情况，并及时加以调整及更换，以保证设备的安装精度并避免发生事故。

② 随时注意机器各润滑部位的情况，检查润滑管路是否有堵塞，及时添加或更换润滑油、清洗过滤器及吸油网。

③ 注意定期检验热油系统的导热油的质量状况，如有分解或变质应及时更换。

④ 定期检查辊筒轴承的运转情况，有无振动和不正常噪声。定期检查减速器传动齿轮的运转和磨损情况，查看有无严重磨损、点蚀以及裂痕等情况。若情况比较严重，已经影响到运行的稳定性和安全性，则应及时进行修理或更换备件。

⑤ 定期检查设备设有的各种安全装置的性能，并进行相应调整，使之始终保持在灵敏、可靠的最佳工作状态。

⑥ 在使用辊筒轴交叉时，尽量不要对其中一端进行单独调节，以防意外损坏轴颈或轴承。

⑦ 机器在运转中严禁拆卸或更换零部件，运转中发现有异常声响或主电动机电流急剧变化时，应立即降速或停机检查，排除故障。

⑧ 机器在高温下不允许停机。如果发生停电情况，则应进行人工手动盘车，直至辊筒温度降至 60℃ 以下时才能停止。

⑨ 应定期检查引离辊的安装零件是否松动，特别注意保持引离辊不得与下辊表面相接触，以免损伤辊面。

⑩ 应注意挡料板不要与辊面接触过紧，以免在运行过程中和调整制品宽度时由于压紧力过大而损伤辊面或加剧挡料板的磨损，同时也应避免由于压紧力过小而造成挡料板漏料。压紧弹簧的压紧力应调整至一个合理的范围，只要不漏料即可。

⑪ 应定期检查挡料板下部与辊筒表面接触处的磨损情况，及时进行调整。当磨损严重时应更换挡料板，避免其后部的支承零件接触辊面，造成辊面划伤。

⑫ 机器若长时间不用时，应将辊筒和冷却器内部及管路中的油、水全部排放干净，尤其主轴承的润滑管路中的油应全部放净。辊筒与主要零件表面应涂以防锈油，并用防护纸（膜）等包裹好，切断电源。

⑬ 备用主轴承应保留原包装，并存放在密闭、干燥的地方，防止生锈。备用辊筒应除净内部积存的水、油等介质，并将辊筒的介质通道封堵好，然后整体涂抹好防锈油，并用防护纸（膜）等包裹好，存放在干燥的库房中，不要露天放置。为防止辊筒内部残留有未排净的水在低温时结冰，存放环境的温度最好在0℃以上。

4.4.13 压延机液压系统的维护与保养应注意哪些问题？

① 为防止液压系统污染，应加强对液压油的管理，防止不同牌号的液压油或废旧液压油加入系统中。在加油过程中，应对加油工具进行彻底清理，使其保持洁净状态，对液压油进行过滤。应保持现场环境的洁净，防止空气中粉尘进入系统，造成污染。在进行维修时，应保持各种工具的清洁，防止带入或产生的一些异物（如水、泥沙、焊渣、铁屑等杂质）进入系统。

② 加强系统内部的清洁工作。在液压系统运行过程中，由于各种物理、化学变化，在油液的冲刷下，各种管件会脱落一些微小的颗粒状物质。由于系统长期运行在较高温度下，在空气的氧化作用下，液压油也会产生一些微小的固体粒子沉积在管路中、油箱底部和各种阀、接头等处，容易堵塞管路，导致阀门动作不到位等故障；而且温度越高，油的氧化作用越明显，所产生的污染颗粒也就越多。在液压系统工作过程中，要做好液压油的循环过滤，及时除去油液中的各种杂质，防止系统遭受污染；应定期对液压油的品质进行测定，并根据检测结果决定是否更换新油；定期对油箱进行清洗，除去沉积在油箱底部和内壁上的油泥、灰尘、泥沙等污染物。

③ 加强系统中热交换器的冷却效果，使油温始终保持在一个合理的温度范围内（通常可保持在30~50℃之间），必要时需更换较大换热面积的冷却器，以防止油液的氧化。

④ 应定期对液压阀、泵和其他液压元件进行检查、保养，及时消除故障隐患。

4.4.14 压延机稀油润滑系统的维护与保养应注意哪些问题？

① 选择压延机规定用的润滑油（或各种参数相近的润滑油）。在使用其他润滑油或采用几种润滑油进行勾兑来替代设备所要求的润滑油时，需要注意一定要使注入润滑油箱的润滑油的各项参数符合或基本符合标准润滑油，并且要尽量减少润滑油中的小分子易挥发物质的含量，以防止油的参数发生变化，而影响使用效果。

② 定期检测润滑油的pH值，必要时需要更换新油，以保持其酸值在一定范围内，避免因酸性太强而腐蚀机件。

③ 对润滑油进行冷却降温时，应选用具有足够能力的热交换器并且要注意冷却水的质量，防止因水垢的沉积而影响热交换效果。要定期检查油箱，看是否有水积存，如果有则应

首先检查热交换器有无泄漏。如果轴承回油温度过高，则应首先检查热交换器，看其是否堵塞，冷却水量是否足够。

④ 定期更换进、回油过滤器的滤网，保持系统中润滑油的洁净度，防止其中的固体杂质颗粒对轴承、润滑泵、各种阀等产生不良危害，而影响其精度和使用寿命。若过滤器的堵塞报警装置发出了异常信号，则应及时处理、查找原因并加以解决，保证系统的正常运行。

⑤ 润滑油加热至一定的温度后才能向轴承供油，防止因油温过低、油的黏度太大而吸入空气，产生气泡，影响润滑和冷却效果；而且如果润滑油温过低，还会从辊筒轴颈吸收热量，造成辊筒端部温度下降，影响产品质量，并可能造成轴颈内部的热应力增大，损坏辊筒。

⑥ 在进行补充或更换润滑油时，要特别注意保证润滑油的清洁性。应加强对润滑油的沉淀和过滤，防止带入各种杂质，以保证系统性能。在更换新油时，应该将油箱内部彻底清洗干净。

⑦ 在对系统进行检测与维修的过程中，要特别注意不要将铁屑、焊渣、泥沙、各种密封件的残余部分和水分等带入系统中。如果已经污染了油液，则应将油液进行沉淀并循环过滤，以除去杂质，必要时可更换新油。

⑧ 应随时检查系统有无泄漏点，并及时修复泄漏处。

4.4.15 压延机的直流电动机的维护与保养应注意哪些问题？

① 直流电动机在满载连续运转情况下，环境温度不应高于40℃。在20℃时，相对湿度不得超过75%。在安装直流电动机的地方，不得有蒸汽、酸性气体等腐蚀性气体或瓦斯等可燃性气体。

② 应检查直流电动机的底脚是否紧固于基础上，运转时是否有异声或振动情况，通风窗是否空气畅通，是否有长时间的过载，接地装置是否可靠。

③ 直流电动机在运转中，应保持其外表面及周围环境的清洁，在直流电动机上或直流电动机内部不得放置杂物。对经常运转的直流电动机，需做定期检查（每月不少于1次），在额定负载下换向器上不得有大于1.5级的火花出现，并检查换向器表面是否光洁、电刷是否磨损过度、刷握的压力是否适当。

④ 如果直流电动机需要较长时间停止运转，则须用厚度为1mm的纸板浸渍石蜡后将换向器包好，并用厚防雨布将整个电动机盖起；存放地点的温度不低于5℃，并不得有水蒸气及腐蚀性气体侵入。

⑤ 当直流电动机换向器表面磨损很多时，片间的云母层将凸出铜面，这时必须将片间云母下刻1～1.5mm。

⑥ 直流电动机电刷必须与光洁的换向器工作面有良好接触，电刷压力应为0.015～0.025MPa（±10%）；电刷与刷握之间的配合不能过紧，而须预留适当的间隙（≤0.15mm）。

⑦ 直流电动机轴承的正常工作温升应不超过55℃，且有轻微而均匀的响声。当发现温度太高或夹有不均匀的杂声时，说明轴承可能损坏或有外物侵入，应立即拆下清洗加以检查。若清洗后，未发现有损坏迹象，但在运转时仍有"轧轧"的杂声，则必须更换新轴承。轴承安装后，在轴承盖的油室内填入约等于2/3空间的润滑脂，在工作2000～2500h后应更换新的润滑脂，但每年不得少于1次，同时应防止灰尘及潮气侵入。

⑧ 如果电动机停止使用的时间在一个月以上，则应放去存油并更换为清洁的防锈油（脂润滑滚动轴承不需要按此规定），每月将转轴旋转数转，如果是潮湿及可能产生凝露的场

所，则间隔时间应更短些；并对空间加热器通电并定期检查，以确保处于工作状态。如果电动机无空间加热器，则可将数只 100W 或 150W 的灯泡放置于电动机内通电，以保持内部温度高于外部温度。若电动机在户外安装，则用防锈油涂覆所有户外安装的裸露金属表面。重新开动电动机前，清除表面的防锈涂层，排放存油并用清洁的工作油注入油室到规定油位，拆除所有装在电动机内部的临时性加热装置，并进行启动前的检查。

4.4.16　压延机的润滑油为何总是还没有达到规定的期限就需要补充新油？

压延机的润滑油总是还没有达到规定的期限就需要补充新油，这说明压延机的润滑油损耗大。其主要原因如下：

① 润滑油牌号选择不合理或在进行几种油勾兑时使用了挥发点较低的油品，造成润滑油在很短的时间里就挥发掉了，造成润滑油减少。

② 润滑管路中存在泄漏点。有些泄漏点是很微小、很隐秘的，不仔细观察是发现不了的，但是长期下来，其泄漏量是很可观的，也可以造成润滑油的流失。

③ 辊筒轴承体的密封性能不好，致使润滑油从轴颈处泄漏，造成流失。同时，润滑油的大量泄漏还会污染环境，甚至有时会混入辊隙中，污染制品，造成质量事故。

④ 压力传感器损坏。例如一企业采用四辊压延机，主轴承为滚动轴承，润滑形式为稀油润滑。在使用一段时间后，发现辊筒润滑部分漏油严重，损耗大，换了几次密封器件均未解决。经检查是由于润滑系统采用两台润滑泵供油（一台工作，一台备用，即工作压力低时两台泵同时工作，达到工作压力时只有一台泵工作），而压力传感器损坏，导致了两台泵始终同时工作，使供油压力太大，而引起了漏油。更换压力传感器并调整好合适的压力后，问题得到解决。

4.4.17　压延机的润滑油温度为何老是偏高？应如何解决？

在压延过程中，造成压延机的润滑油温度偏高的原因主要有：

① 油冷却器冷却面积过小，致使冷却能力不足，造成润滑油温度降不下来。

② 润滑油中含有杂质，对轴承、润滑泵及阀等部位造成摩擦，使油温升高。

③ 油量太小或进油温度过高。

④ 轴承接触不好或有杂物摩擦，轴承游隙过小。

⑤ 辊筒内部隔热套泄漏，致使导热油与轴颈直接接触。

⑥ 液压泵的供油能力严重过剩，致使其在减压阀以下循环，造成油温升高。

解决措施主要有：

① 先加大润滑油量，空跑合一段时间，如再不降温，则停机检查。

② 打开轴端的密封端盖，修理、调整或更换隔热套。

③ 油箱容积至少增大至润滑泵每分钟排量的 3 倍。

④ 调节轴承安装零件，增大轴承游隙至合理数值。

⑤ 更换大冷却器；清理冷却器，保持内部管路畅通。

⑥ 更换小排量的液压泵。

例如，某企业采用 $\phi610mm \times 1730mm$ Γ型四辊压延机，主轴承为滑动轴承，润滑形式为稀油润滑。在使用过程中，发现Ⅲ辊筒非传动端轴承的回油温度异常升高，达到 105℃，而其他轴承回油温度基本稳定在 80～90℃之间。经检查初步分析可能产生此现象的原因是：

① 辊筒内部隔热套泄漏，导热油进入轴颈部位，对润滑油产生了加热作用。

② 轴瓦中进入异物，引起摩擦加剧，产生大量热量。

③ 轴瓦与轴颈接触不均，造成局部摩擦加剧，导致回油温度升高。

④ 润滑油供油量过小，对轴瓦的冷却作用减弱，造成轴瓦温度升高，致使回油温度偏高。

维修时，首先观察辊筒轴承的润滑油回油情况，一切正常，所以可排除供油量过小的问题；再检查过滤回油后并未发现金属粉末，由此也可排除轴瓦与轴颈间隙中侵入异物加剧摩擦，或者轴瓦与轴颈之间不均匀磨损的问题；然后现场拆开轴端的旋转接头和密封端盖等零部件后，发现在隔热套与辊筒轴颈内壁之间有高温导热油存在。当取出隔热套后发现其前端的非金属密封环上有一道很微小的裂口，这是在长期使用过程中密封环逐渐老化所导致的。由于导热油是有一定压力的，因此就从裂口中泄漏到隔热套与轴颈内壁的夹层中，通过轴颈壁将热量传递给润滑油，导致油温升高。现场更换新的隔热套后，再开机，油温恢复正常。

4.4.18　压延机的润滑油中为何出现大量泡沫？

压延机工作过程中，润滑油中产生大量的泡沫，不仅会影响供油效率，还会使液压泵产生很大噪声，同时还会加快泵、阀等元件的磨损。由于有泡沫的存在，因此还会影响对轴承的润滑和冷却效果，降低其性能和缩短使用寿命。压延机的润滑油产生泡沫的主要原因有：

① 润滑油黏度较大、油温较低，使油中混杂的空气不能顺利逸出，从而被液压泵吸入，在管路中形成了气泡。

② 油箱液位太低，致使润滑泵在吸油时吸入空气，形成气泡。

③ 润滑泵的密封件损坏或吸油管露出油面的部分有孔洞，使空气得以被吸入，形成气泡。

④ 润滑油受到污染，在流动状态下形成气泡。

4.4.19　压延机的润滑油杂质或水分的来源有哪些？

压延机的润滑油杂质或水分的来源主要有：

① 润滑油被氧化后形成的微小颗粒状沉积物。同时，由于在高温环境下长期工作，润滑油中的某些成分容易被氧化，造成油品变质，使油的酸值会有所提升（pH 值减小），还会对轴承、轴颈以及润滑管路和各种泵、阀、油箱等造成腐蚀。

② 润滑系统中各零、部件上的毛刺、所吸附的其他固体污染物（如焊渣、泥沙、破碎的密封件残片等）脱落。

③ 进、回油过滤器损坏，失去了过滤功能，致使系统中的污染物逐渐累积到润滑油中。

④ 油冷却器内部有漏点，使冷却水渗漏到润滑油中。

⑤ 在更换润滑油或补充新油时，过滤不彻底，使油中含有的杂质被一起带入系统中。检修时，将污染物带入系统中。

4.4.20　在压延生产过程中直流电动机的电枢绕组出现接地故障会有何影响？如何检测直流电动机的电枢绕组接地故障？

直流电动机电枢绕组接地故障一般都会出现槽口击穿或换向器内部绝缘击穿以及绕组端部对支架的击穿等现象。当有一处击穿接地时，并不影响电动机工作，若发展成两点接地，就变成短路而使电枢绕组绝缘烧毁。

在压延生产过程中检测直流电动机的电枢绕组接地故障的方法主要有：

① 用摇表（绝缘电阻表，俗称摇表）或试灯检查。将摇表或试灯的一端接电枢轴，另一端接换向片。绝缘电阻为零或试灯亮时，表明电枢有接地故障。

② 用毫伏表检查。把电刷的引线拆去，将低压直流电源如干电池等接在包括故障点在内相隔较远的两片换向片上，然后将毫伏表的一端接在转轴上，另一端依次触碰各换向片。如果电枢有接地处，则毫伏表就会有指示，当触及某一片时，毫伏表读数很小或下降为零，这就表明该换向片或附近是接地处。

③ 用工频耐压试验法检查。当用上述方法找不到接地点时，可用升压变压器把工频试验电压分别接到转轴和换向器上。当实验电压增至某值，绕组绝缘薄弱处就会被击穿，如果绕组或换向片已有接地处就会因发热而冒烟。在正常情况下，试验电压不得低于1000V，并在此电压下持续1min。

4.4.21 在压延生产过程中电动机为何出现异常噪声和振动？如何消除？

（1）产生异常噪声和振动的原因

① 定、转子气隙不均匀，相互摩擦。

② 定转子铁心有松动或毛刺未除尽，或转子动平衡不良。

③ 绕组接错或有短路。

④ 电源有一相断线，只有两相运行；或电压太高或不平衡。

⑤ 绕线型转子电动机的转子线圈断路；笼型转子电动机的转子开焊、断条。

⑥ 转轴弯曲，或轴承缺油或损坏。

⑦ 机架紧固连接螺栓松动。

（2）解决措施

① 检修定、转子之间的摩擦，调整气隙。

② 检查铁心松动情况，去除毛刺，或清扫转子、紧固各部螺栓后校正动转子平衡。

③ 改正接线或排除短路故障。

④ 检查电源、电动机并加以修复，测量电源电压，检查电压过高和不平衡的原因，并进行处理。

⑤ 查出断路处，加以修复；进行补焊更换笼条。

⑥ 校直或更换转轴。清洗轴承，加新油；若轴承损坏，则更换新轴承。

⑦ 紧固机架连接螺栓。

例如，某企业采用 $\phi660mm \times 2300mm$ Γ 型四辊压延机生产人造革时，制品突然出现了水波状横纹。电动机转速平稳，减速器齿轮也未见异常，经对整机的固定螺栓进行仔细检查，发现主机机架与底座之间连接螺柱上的螺母松动，造成了压延机的振动，从而使辊筒振动，辊间隙变化。将螺母紧固后，横纹现象消失，制品恢复正常。

4.4.22 压延生产过程中，电动机为何会出现过热或冒烟现象？应如何解决？

（1）电动机产生过热或冒烟现象的原因

① 电源电压过高，使铁心磁通密度过饱和，或电源电压过低，负载电流增加，造成电动机温升过高；或电动机只有两相运转。

② 过载，或制动器过紧。

③ 定、转子铁心相互摩擦。

④ 电动机频繁启动或正反转次数过多。

⑤ 绕组接线错误或绕线转子绕组接线松脱，或绕组匝间短路、相间短路以及绕组接地。

⑥ 轴承配合不良，配合过紧或轴承磨损。

⑦ 绕组表面粘满尘垢或异物，影响电动机散热；或进风温度过高；或风扇故障，通风

不良。

（2）解决措施

① 改善供电线路或装调压器，检修熔丝与电源线故障。

② 用钳形电流表测量定子电流，检出过载时，减轻负载或更换较大功率的电动机。检查制动器，将制动器的预紧力进行适当调整。

③ 检查轴承、轴承室有无松动，定、转子装配有无不良情况；若有则加以修复。

④ 减少电动机启动及正、反转次数或更换合适的电动机。

⑤ 检查绕组接线，改正接线，重新补焊或拧紧固定螺钉。

⑥ 重新调整或更换新轴承。

⑦ 清扫或清洗电动机，检查电动机风扇是否损坏、扇叶是否变形或未固定好，必要时更换风扇，并保持电动机风道畅通。

第5章

压延膜（片）辅机操作与疑难处理实例解答

5.1 压延膜（片）辅机结构疑难处理实例解答

5.1.1 引离装置主要由哪些部件组成？各部件的结构是怎样的？

（1）引离装置的组成

引离装置是将已经压延成型的薄膜或片材从压延主机的出料辊筒上剥离，并以一定的速度将薄膜向后牵引输送的装置。通常由引离辊、升降机构、导向同步机构、传动系统和温控管路等组成。引离装置通常分单辊引离和多辊引离两种形式。

（2）各部件的结构

① 引离辊。引离辊主要有中空式和夹套式两种结构形式，其结构如图 5-1 所示。由于需要从机架外侧向引离辊导入温控介质，因此为了方便引离辊筒的安装与检修，通常将引离辊的轴颈加装一段接轴，使其从机架中间穿出去，将温控介质通过接轴引入辊筒，实现温度的调节。接轴与轴颈之间以细牙螺纹相连接，并在接缝处装有纯铜垫，以增加其连接强度和防止温控介质的泄漏。辊筒加热端轴颈的内部是中空的，可通温控管路。引离辊的表面一般要进行镀硬铬处理，镀铬后一般还应进行消光、表面研磨处理或者抛光成镜面；也有的辊筒表面要喷涂一层聚四氟乙烯树脂，以防止薄膜黏附在引离辊表面上。

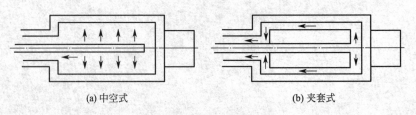

(a) 中空式　　　　　　　　　　　　　　(b) 夹套式

图 5-1　引离辊内部流道示意图

中空式辊筒结构简单、制造容易、重量轻、成本低，但温控介质在其中的流动速度较慢，且各处并不均匀，温控介质在内部留存量比较大，加热、冷却速度较慢，温度惯性比较大。夹套式辊筒温控介质在夹层中流动速度较快，对温度控制的反应比较灵敏，辊筒内部温控介质留存量很小；但结构复杂、制造工艺较麻烦、重量大、造价较高。

引离辊一般采用小直径的辊筒，工作时引离辊的转速较高。由于辊筒在生产过程中不可避免地会产生偏重现象，使辊筒在离心力的作用下，引起辊面线速度产生周期性脉动，同时还会对传动系统和轴承等产生冲击，缩短其使用寿命。因此，通常对于引离辊应采取一定的措施（如提高制造精度、做动平衡试验等），最大限度地减小辊筒的偏重，以保证引离装置能够高速、稳定地正常运行，进而提高制品的质量，同时也可以降低偏心力对设备造成的损害。

② 升降机构。采用多辊引离装置时，由于引离辊的相互间隙很小，只有 3~5mm，因此将薄膜从主机辊筒引到引离辊上是非常困难的。为了引离操作方便，通常将奇数号引离辊做成可上下升降的。当需要引膜时将其降下，薄膜从上、下两排辊筒间穿过，之后再将其升起，使各引离辊保持在一个平面内的工作状态。在通常情况下，引离辊的升降机构采用液压式或机械式结构，如果引离辊的数量较少、重量较轻，则也可采用气动式结构。

③ 导向同步机构。导向同步机构是保持引离辊在引膜过程中操作平稳性的一个专门机构。导向同步机构主要有齿轮齿条导轨式、丝杆螺母导轨式等结构形式。

④ 传动系统。引离辊传动系统有多种形式，比较常见的是摆线针轮减速器式和圆锥齿轮减速器式两种形式，分别如图 5-2 和图 5-3 所示。

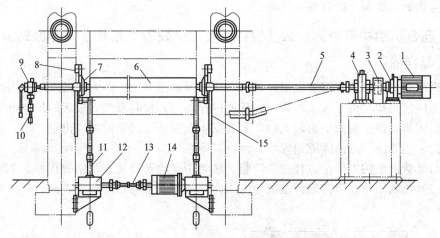

图 5-2　摆线针轮减速器式的传动系统结构示意图

1—驱动电动机；2—摆线针轮减速机；3—联轴器；4—速比齿轮箱；
5—传动万向联轴器；6—引离辊；7—轴承；8—支架；9—旋转接头；10—金属软管；
11—升降螺杆；12—螺旋升降机；13—万向联轴器；14—升降电动机；15—导向滑道

摆线针轮减速器式的传动系统工作时，电动机的动力通过摆线针轮减速机或齿轮减速器传入速比齿轮箱，再从速比齿轮箱通过十字轴式万向联轴器驱动引离辊工作。在各引离辊之间需要调整速比时，通常可在辊筒的传动路线中设置一个无级变速器。这种传动系统由于采用了万向联轴器，因此当引离辊进行升降操作时，只要不超过万向联轴器所允许的最大偏转

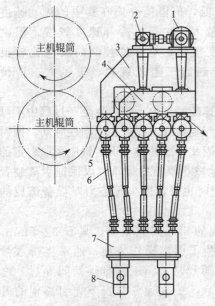

图 5-3　圆锥齿轮减速器式的
传动系统结构示意图

1—升降电动机；2—升降减速器；
3—固定支架；4—移动支架；
5—引离辊；6—万向联轴器；
7—驱动减速器；8—驱动电动机

角，就可以不用停机而进行引膜操作，使用非常方便；并且所有的动力装置都在主机机架的外侧，使机架内侧的机构比较简单，有利于操作而且简化了检修的过程，并可以在一定范围内调整与相邻辊筒的速比。

圆锥齿轮减速器式的传动系统工作时，电动机的动力通过减速器传入速比齿轮箱，然后从速比齿轮箱通过十字轴式万向联轴器传入一个安装在引离辊轴头上的轴装式圆锥齿轮减速器，进而驱动引离辊进行工作。这种传动系统是将所有的动力装置全部配置在主机机架内侧，避免了在机架上穿孔，使机架外侧看起来比较干净、简洁，而且还增加了机架的刚度。但由于机架内侧的空间有限，同时圆锥齿轮减速器制造比较困难，因此，这种结构比较紧凑、复杂，造价较高，安装与检修比较困难。另外，压延主机机架内侧在工作时环境温度较高，不利于电动机与减速器的散热，一般较少采用。

在多辊引离装置中，通常将引离辊分成几组，每组分别用一台电动机进行驱动或者安装无级变速器，使每组之间具有一定可变化的速比，以适应不同压延工艺的要求。为了与压延主机的辊筒线速度保持匹配，引离装置驱动电动机一般采用直流电动机或交流变频电动机，以达到无级调速的目的。

5.1.2　压延机组中有时为什么要设置防收缩装置？其结构及工作原理是怎样的？

　　压延机组中设置的防收缩装置主要是针对压延薄膜的生产。因为在薄膜压延生产中，物料在压延主机的辊间受到了较大的挤压、延展的作用力，使其发生了较大的拉伸形变，因而薄膜从压延主机辊筒剥离到引离辊上后，常会发生形变恢复，而使薄膜出现收缩、幅宽变小的现象。为了消除或部分消除缩幅现象，而设置防收缩装置。

　　防收缩装置的结构主要由方杠、滑动套、滚轮、摆动臂以及定位销等组成，如图 5-4 所示。这种装置是利用设在引离辊两端滚轮的压力，使薄膜紧贴在引离辊表面，利用薄膜与辊

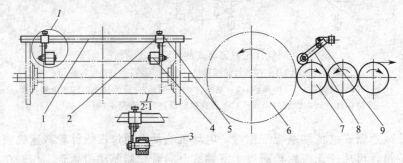

图 5-4　防收缩装置

1—方杠；2—滑动套；3—轴承；4—滚轮；5—紧定螺钉；
6—主机出料辊；7—引离辊；8—摆动臂；9—定位销

面之间摩擦力的作用，避免或减少薄膜相对于辊面产生横向滑动，使其在幅宽方向不会收缩或使收缩降低。同时，滑动套可以带动滚轮沿方杠在引离辊的轴向方向移动，以达到随制品宽度变化而调整的目的。调整完成后，用紧定螺钉将滑动套紧固在方杠上，防止其在工作过程中移位。而定位销的作用则是在引离辊下降、进行引膜操作时，将滚轮限定在一个特定的区域内，在引离辊上升时顺利复位。

5.1.3　压花装置有哪些类型？压花装置的结构组成是怎样的？

压花装置是在从引离装置出来、未经冷却的薄膜（或片材）表面压制上所需的凹凸花纹的装置。压花装置按照辊筒排列形式有立式、卧式和倾斜式等；按照功能的不同可分为单面压花装置和双面压花装置。生产中压花装置的结构形式主要根据生产工艺流程的要求、压花装置与前后设备的相互关系、橡胶辊和钢辊的更换频繁程度等因素来确定。

压花装置的结构一般由橡胶辊、刻花钢辊、液压装置及传动机构等组成，如图 5-5 所示。橡胶辊和刻花钢辊也可以有中空式和夹套式两种结构形式。压花胶辊是在钢制辊筒的其表面覆盖一层能够耐高温的硅橡胶（或三元乙丙橡胶，一般视工艺需求而定），厚度一般在 15～25mm 之间，邵氏硬度一般在 50～70HS，硬度太高会使压出的花纹不清晰。如果橡胶辊有老化现象（如胶层有裂纹、脱层、发黏等），则应及时进行更换。

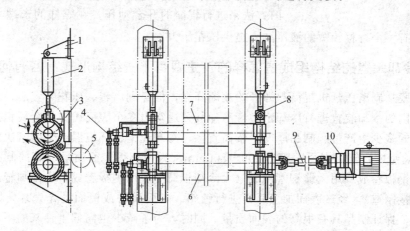

图 5-5　压花装置结构示意图

1—支架；2—液压缸；3—导向座；4—旋转接头及金属软管；5—引离辊；6—胶辊；
7—压花辊；8—快换轴承座；9—万向联轴器；10—电动机和减速器

压花钢辊的结构与胶辊相似，但是表面没有覆盖橡胶，而是进行了镀铬处理并抛光成镜面，或者在表面用机械方法、化学方法或电子方法雕刻上特定的花纹。这样，在左、右液压缸的作用下，当钢辊与胶辊压合时，就在从二者之间通过的薄膜表面压上了特定的花纹，随后进入冷却装置，进行冷却定型。压花胶辊和钢辊一般要求做动平衡试验，使胶辊和钢辊之间的线压力保持恒定，避免在高速运转条件下，因辊筒偏心力的影响而导致压花的深浅不均。

为了适应换辊的需要，通常胶辊和钢辊两端的轴承体都设计成可快速更换的结构，如图 5-6 所示。松开锁紧螺栓，沿轴承体的剖分面将其打开，可取出或装入辊筒；滚动轴承是装在辊筒上的，换辊时不需要拆卸而随辊筒一起更换。这种方法简便、灵活、节省操作时间，适用于频繁更换花纹种类的压延生产。同时，由液压缸带动的辊筒的轴承体安装在一个固定的滑槽里，通过燕尾槽或 T 形槽来达到导向和定位的目的。

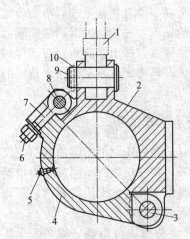

图 5-6　快换轴承体结构示意图

1—液压缸；2—固定半轴承体；
3—转轴；4—活动半轴承体；5—油杯；
6—锁紧螺母；7—锁紧螺栓；
8，9—销轴；10—开口销

压花装置的传动机构一般由电动机、减速器、万向联轴器等组成。电动机通过减速器带动万向联轴器，进而驱动辊筒旋转。由于在压延生产中，压花钢辊的更换频率较高，如果在其轴端安装传动装置，在更换辊筒时会影响操作速度、浪费时间，因此，在胶辊上安装动力系统的结构较多。为了快速更换带有传动装置的辊筒，可采用快换联轴器或与之类似的机构。

为了与前、后设备的线速度相匹配，压花装置驱动电动机一般采用直流电动机或交流变频电动机，可以进行无级调速，方便灵活。

压花装置中的液压装置的作用是控制活动辊筒的分合，并提供压花时的压力，压花压力一般为 $0.5\sim0.8MPa$。压花装置主要的动作机构就是液压缸，电动机带动液压泵输出液压油，经减压阀减到所需的压力，然后通过同步阀，使进入左、右液压缸液压油的油量相等，从而使两个液压缸在同步状态下一起动作。但也有一些压花装置采用机械的方法来进行辊筒的开合动作，在螺杆的末端与压花辊轴承体相连处有一个行程较短的液压缸来提供压花压力。

5.1.4　冷却装置的结构组成是怎样的？主要有哪些结构形式？各有何适用性？

压延薄膜从剥离压延机辊筒起即开始逐渐降温，但经剥离辊、压花装置后，温度仍然较高，还需专门的冷却装置进行冷却定型。冷却装置通常由多个表面镀铬的金属辊筒组成。冷却辊筒数目的多少由产量、制品厚度、辊筒直径、冷却速率、环境温度等因素决定，一般由 $3\sim12$ 个辊筒组成，辊筒直径一般为 $200\sim800mm$。为了获得表面质量较高的制品，辊筒的外层通常用钢板卷成或用无缝钢管制成（大冷却辊筒一般用钢板卷成，小冷却辊筒一般采用无缝钢管直接制造），经过表面加工后再进行镀铬、表面研磨或镜面抛光处理，以期获得好的辊面质量，保证制品具有很高的表面质量。同时，为了减少辊筒偏重带来的不利影响，冷却辊筒也要做静平衡或动平衡。由于压延辅机的生产线速度都很高，因此一般采用做动平衡的方法，使薄膜在冷却时不会受到过大的附加拉伸力，使膜宽和膜厚保持均匀，也可降低传动系统的故障率。

冷却装置的冷却辊筒有不同的排列结构形式，如图 5-7 所示。冷却辊筒的排列形式对压延制品（膜或片材）的冷却效果不同。图 5-7(a) 所示的排列形式主要适用于生产需单面冷却或厚度小的制品。图 5-7(b) 所示的排列形式可以对制品先进行单面冷却，再进行双面冷却，适用于生产厚度较大的压花制品。图 5-7(c) 所示的排列形式主要适用于生产厚制品。

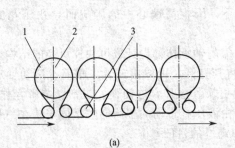

(a)

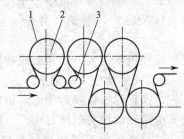

(b)

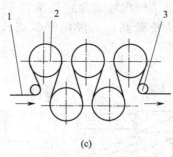

图 5-7　冷却辊的排列形式

1—压延制品；2—冷却辊；3—导向辊

5.1.5 切边装置常用的有哪些类型？各有何特点？

（1）切边装置常用类型

塑料薄膜经冷却装置冷却完毕后，需要进行卷取。而在卷取之前，必须要将薄膜的幅宽确定下来，这就需要对制品进行切边，以去除边部多余的部分，确定薄膜的宽度尺寸。切边装置有多种类型，常用的有固定直板刀式和旋转圆盘刀式。

（2）各类型特点

① 固定直板刀式切边装置　固定直板刀式切边装置的切边刀片安装在一个导向套上，导向套可以在支承轴上做左、右滑动。支承轴的两端用滚动轴承支承，并装有手轮。工作时松开紧定螺钉，转动手轮使刀片的刃部向下运动，穿透薄膜将薄膜划开。将刀片与薄膜平面调整到一定角度后，将紧定螺钉锁紧，使支承轴不被薄膜带动旋转，保持现有的圆周状态，进行连续工作。在支承轴上安装有刻度尺，可以通过读取尺上的分度值来获得切边后制品的宽度尺寸。该切边装置结构如图 5-8 所示。裁下来的边料是连续带状的，在进行回收时需要使用边料回收装置，边料回收装置结构如图 5-9 所示。边料回收时，电动机带动牵引辊转动，与带手柄的压紧辊形成一个牵引系统。压下手柄，使压紧辊和牵引辊分离，将带状边料导入辊缝中；松开手柄，依靠压紧辊的重力压紧边料，将其向生产线以外指定的地点输送。如果输送的距离较长，则通常要采用两台或两台以上的边料回收装置。为了防止边料在辊缝中打滑并增加牵引力，有时还在牵引辊上刻上纹路。牵引电动机通常采用交流变频电动机并与压延机联动，使牵引速度与薄膜速度保持同步。

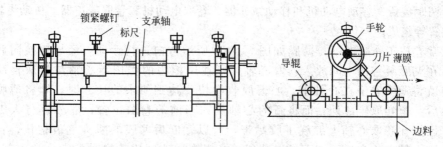

图 5-8　固定直板刀式切边装置结构示意图

固定直板刀式切边装置结构简单、制造容易、使用方便，不需要额外的动力源，多用来裁切薄膜或较厚的软片。

② 旋转圆盘刀式切边装置　旋转圆盘刀式切边装置是通过一对相互啮合、带有动力源的圆盘刀片，组成了一个类似剪刀一样的结构，利用其与旋转刀套间产生的剪切作用

将制品裁切开来。这种切割装置结构比较复杂，通常自带专门的机构进行边料回收，需通过电动机来拖动切刀工作，造价较高；一般用于裁切较厚、较硬的片材，如人造革、硬片等制品等。

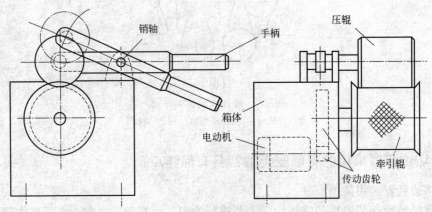

图 5-9　边料回收装置结构示意图

5.1.6　卷取装置有哪些类型？各有何特点？

（1）卷取装置的类型

卷取装置是将已冷却、切边后的塑料薄膜（或片材）收取成卷的机构。卷取装置按照其工作方式可以分为表面摩擦卷取和中心卷取两种。表面摩擦卷取是卷取心轴（或薄膜卷）依靠与其接触的卷取辊筒间的摩擦力的作用而旋转，并将薄膜卷绕到心轴上的卷取方法。中心卷取则是依靠电动机通过减速器直接驱动卷取心轴旋转，从而将薄膜卷绕到心轴上的一种卷取方法。

表面摩擦卷取可以分为单辊表面摩擦卷取和多辊表面摩擦卷取；中心卷取可以分为双工位中心卷取、三工位中心卷取及多工位中心卷取等多种。

一般地，表面摩擦卷取通常用于卷取较软的薄膜或人造革等制品，而中心卷取则多用来卷取较硬的薄膜或片材等制品。

（2）各类卷取装置的特点

① 表面摩擦卷取装置　表面摩擦卷取装置的结构如图 5-10 所示。装置主要由导辊、卷取辊筒、调距装置、移动电动机和移动减速器、卷取电动机和卷取减速器、传动齿轮、车轮及制动装置等组成。

在正常卷取工作状态下，薄膜如图 5-10 中所示方向进行运动，经导辊换向后进入卷取辊筒。在调距装置的中间放入卷取心轴，则在摩擦力的作用下心轴与卷取辊筒相向旋转，于是就将薄膜卷绕在心轴上。当薄膜收卷快要达到要求的尺寸时，则将薄膜卷向后移动到最后一道卷取辊缝处，而将新的心轴放入当前的卷取位置，然后进行人工手动裁断。由于已经在卷取心轴上缠绕了胶黏带，所以裁断后薄膜的断头就被粘住，自动卷绕到新的卷取心轴上。在这种表面卷取装置中，当卷取速度比较快时常常会卷入部分空气，在膜卷中形成气泡，造成局部的包块，影响膜卷的平整度，尤其是在卷取透明膜时，更是会影响到膜卷的透明度。因此，当要求膜卷中不能夹有气泡或少夹气泡时，通常会在调距装置上方装设一个气动压辊装置，其结构如图 5-11 所示。在卷取过程中，压辊装置的橡胶压辊在气缸作用下紧压在膜卷上，利用其压力挤出卷取夹角中的空气，使卷取后的薄膜保持平整，增强膜卷的透明度。由于膜卷的直径在逐渐增大，因此其重量也在不断增大，这就要求压紧气缸的压力要逐步减小，以维持膜卷与卷取辊筒间的压力恒定。另外，在这种加压卷取的状态下，由于压力增加致使薄膜与卷取辊筒之间的摩擦力也随之增加，会产生大量热能，使辊筒的温度升高，因此通常需要在卷取辊筒中通入冷却水进行降温，使其温度稳定在合理的范围之内。

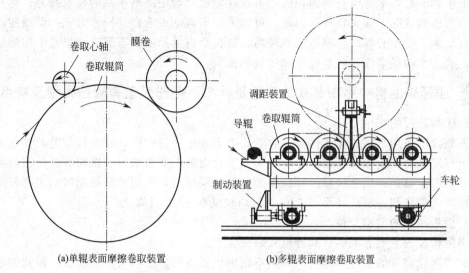

(a)单辊表面摩擦卷取装置　　　　　(b)多辊表面摩擦卷取装置

图 5-10　表面摩擦卷取装置结构示意图

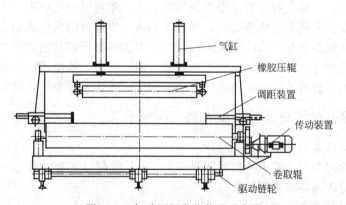

图 5-11　气动压辊卷取装置示意图

多辊表面摩擦卷取装置结构简单，运转可靠，操作方便，调整比较容易，制造成本较低，可以卷取软膜和人造革等软片。辊筒数量较多，占地面积较大，自动化程度较低，操作人员劳动强度较大。由于料卷重量逐渐增大，会使料卷形成外紧内松的现象，容易将内层制品压皱，需要人工裁断，因此易造成一定的浪费，不适应高速生产的要求。

单辊表面摩擦卷取装置操作简单，更换卷取心轴方便，可半自动或全自动操作，可自动裁断，减少了高速运转或幅宽较大制品的切割斜度；但结构复杂，制造成本较高。该装置卷取时，由于料卷重量的逐渐增大，会使料卷形成外紧内松的现象，容易将内层制品压皱；且生产中如果某个控制环节出现差错，就会造成卷取中断，影响工作效率，还会造成一定的浪费。这种卷取装置一般只用于卷取较薄的膜制品。

② 中心卷取装置　中心卷取装置主要可以分成卷取机构、切割裁断机构、翻转机构以及张力控制机构等部分。在中心卷取装置工作过程中，通过各种传感器或人工发出的控制信

号，可以实现自动或半自动的翻转动作和切割裁断动作，并可以使裁断的断头通过人工或自动方式卷入到新的卷取心轴上，并且在张力控制机构的调控下，能够实现对制品的恒张力卷取。

中心卷取装置的工艺适应性比较好，既可以卷取薄膜，也可以卷取软片、半硬质或硬质片材。由于卷取心轴本身带有动力，因此可以在卷取过程中调整制品的卷取张力，达到料卷内紧外松的理想状况。该装置操作方便，可以采用半自动或全自动操作方式；但结构比较复杂，尤其是多工位中心卷取，制造成本较高，且在全自动控制状态下，如果某个控制环节出现差错，就会影响卷取作业的连续性和物料的浪费。

5.1.7 压延辅助机中撒粉装置的作用是什么？撒粉装置有哪些类型及特点？

（1）撒粉装置的作用

撒粉装置的作用是防止压延薄膜在收卷压力下和生产过程中，在摩擦静电的作用下，使膜卷的层与层之间发生相互粘连，难以剥离开来，而影响薄膜质量。撒粉装置可在薄膜卷取之前在其表面上喷撒一层极少量的颗粒极细的粉状隔离剂，常用的喷撒隔离剂主要是滑石粉或玉米粉等，隔离剂一般粒径小于 $9.6\mu m$，即粒度在 1200 目以上。

（2）撒粉装置的类型及特点

常用撒粉装置主要有毛刷式和静电式两种类型。

毛刷式撒粉装置的主体结构是一只用不锈钢板制成的盛装隔离剂的粉盒，粉盒的横截面呈 V 形。粉盒上方安装有盖板，防止灰尘等污染物落入并可防止粉尘飞扬。在粉盒下方开有一条较窄的缝隙，在其中装设有一个直径与缝隙大小相适应的毛刷辊，由电动机带动毛刷辊转动，将隔离剂粉末从粉盒中带出来，并撒落到从下方通过的薄膜表面上。

静电式撒粉装置附带有一套静电发生器，可以根据薄膜所带静电的种类，使隔离剂粉末带有一定量相反的静电，有利于粉末吸附到薄膜表面。同时，静电式撒粉装置还可以避免大量的粉尘飞扬现象，有利于保持生产现场环境的清洁，改善工作条件，减少浪费。

5.1.8 在线测厚装置有哪些类型？各有何特点？

（1）在线测厚装置的类型

在线测厚装置的类型主要有 β 射线测厚装置、γ 射线测厚装置、激光测厚装置、红外线式测厚装置、X 射线透射式测厚装置等。

（2）各类在线测厚装置的特点

β 射线测厚装置是目前在压延生产线中应用最普遍的一种在线测厚装置。它是利用 β 射线源发射出的低能 β 射线在穿透被测量材料时，射线一部分会被制品吸收，另一部分则会被反射的特性，来实现对被测量材料单位面积重量的测量。再将被测量材料单位面积重量除以被测量材料的密度，就可换算出被测量材料的厚度。β 射线测厚装置的特点是测量范围广，为 $6\sim6000g/m^2$；不受被测量制品材料的颜色、表面质量的影响；技术比较成熟，性能稳定可靠，故障发生率较低。β 射线探测装置属于穿透式传感器，只能对材料的总厚度进行测量并对材料的分层厚度进行测量，因此不适合对复合膜进行测量；当制品厚度非常薄（在 $81\mu m$ 以下）时，所测量的厚度误差较大；由于该装置使用了 β 放射源，因此使用的安全性较差，需要有相关的使用许可证。

γ 射线测厚装置是利用 γ 射线源发射出 γ 射线，在穿透被测量材料时射线部分被制品吸收、部分被反射的特性，来实现对被测材料单位面积重量的测量。用被测量材料单位面积重量除以被测量材料的密度，就可换算出被测量材料的厚度。射线式测厚装置的主要特点是厚度测量范围更广，为 $20 \sim 25000 g/m^2$；不受被测量材料颜色、表面质量等因素的影响；技术比较成熟，性能稳定可靠，故障发生率较低；当测量制品很薄时，其精度会相应降低；反射式测厚传感器对探头和被测制品之间的距离要求比较严格，应保持恒定，不能有波动。由于该装置使用了放射性同位素作为 γ 射线源，因此使用安全性较差，需要有相关的使用许可证。

激光测厚装置常用的有双探头和单探头两种结构形式。双探头结构的激光测厚装置在测量被测物体厚度时，两个探头分别在装在被测制品的两侧，并校正好两探头之间的距离，由每个探头测量到被测物的距离，再将两探头之间的距离减去各探头到被测物的距离就可换算出被测物的厚度值。单探头激光测厚装置在安装时，则需在被测物的另一侧安装一个金属辊，先校正探头到金属辊的距离；在测量被测物体厚度时，测出探头到被测量物之间的距离后，再将探头到金属辊之间的距离减去探头到被测物之间的距离，就可换算出被测量物的厚度值。激光测厚装置的特点是不需要通过材料的密度来间接换算出制品的厚度值，而是直接测量出其厚度值；测量值不受材料内部的气泡与密度变化的影响，也不受材料组分和颜色的影响；在使用过程中没有放射性，安全性好。激光测厚装置不适合测量薄膜材料，但可以用来测量较厚的片材制品；材料的表面质量对测量精度有着很大影响；要求具有很高的安装精度，如果安装误差较大，将会直接影响测量的准确性。

红外线式测厚装置是利用成对的红外线探头组成红外线发射和接收系统。当被测塑料薄膜通过这组探头时，由于塑料薄膜吸收红外线而使红外线出现衰减，因此可通过测量红外线的衰减量来确定薄膜厚度。该测厚装置适用于测量透明或半透明的薄膜制品的厚度，但不适合测量有颜色的和表面为雾面的薄膜制品。

5.1.9　压延生产过程中为何易产生静电？静电有何危害？

（1）静电产生原因

在塑料压延生产中，生产线运行速度很高，摩擦现象比较强烈，压延制品与设备接触和迅速离开时，其中塑料具有较强的吸附电子的能力，从而使电子转移到该材料表面上，使制品表面带上一定的静电荷。

（2）静电的危害

由于塑料材料的电绝缘性能较高，因此导致表面静电荷不易散失而大量累积，致使操作人员接触时会有被电击的感觉，有时甚至可将制品层间击穿，而影响产品的质量。同时静电也会对人体带来危害，如果长期处于静电环境下工作，会使人产生焦躁不安、头痛、胸闷、呼吸困难、咳嗽等现象。如果薄膜上带有大量的静电荷，也会使薄膜在卷取时层间相互粘连，造成卷取不平整，并且在放卷时不易剥离，有时甚至会撕破薄膜。对于需进行印刷等作业的薄膜制品，如带有大量静电则有可能会因静电的放电作用，造成油墨分布不均，形成墨斑或使印刷图案边缘不整齐，影响印刷质量。如果使用带有大量静电的塑料膜、片制品进行贴合或涂布作业，则容易造成涂布材料在表面分布不均匀，贴合部位相互无序接触，致使贴合后的制品平整度下降，有时还会在夹层内产生气泡，影响质量。带有静电的薄膜或片材容易吸附一些灰尘、杂质等，会影响制品表面清洁度。

5.1.10　静电消除器有哪些类型？各有何特点？

（1）静电消除器的类型

静电消除器的种类有许多，在塑料压延生产中，常用的主要有感应式、高压放电式、离子式静电消除器以及放射性同位素式等。其中感应式、高压放电式和离子式静电消除器应用比较普遍。

（2）各类的特点

感应式静电消除器的主要部件为碳纤维毛刷，通过导线接地。感应式静电消除器接近带电物体时，受带电对象感应而生成了极性与带电体上静电极性相反的电荷，产生了感应电场，并且以尖端放电的形式中和掉带电物体上的静电荷，从而消除物体上的静电。

高压放电式静电消除器主要包括高压发生器和放电装置两部分。高压发生器的作用是产生高压电传输到放电装置上，在放电装置上形成强大的电场使空气电离，产生大量与物体表面所带电荷相反的离子，中和掉物体表面的静电，从而达到消除静电的目的。

离子式静电消除器依靠离子发生器产生与需要保护的物体所带静电电荷相反的空气离子，并且与送风装置产生的气流相结合，形成定向流动的带电气流，吹向带电物体，中和掉物体上所带静电荷，达到消除静电的目的。

5.1.11 压延生产过程中可以对制品进行拉伸扩幅吗？其装置结构是怎样的？

压延生产过程中是可以对制品进行拉伸扩幅的。通常如果在压延机后配备一台扩幅机，就可利用较小规格的压延机生产宽幅产品。可利用现有的中、小型压延机生产较宽幅制品，以节约设备投资、减少动力消耗。

拉伸扩幅装置有多种形式，按其安装方式可分为水平放置的平拉扩幅装置和倾斜放置的斜拉扩幅装置；按其结构形式可分为皮带式和链夹式。如图5-12所示为皮带式拉伸扩幅装置的结构。在压延生产线中拉伸扩幅装置是设置在压花辊之前的，其结构主要由左右两边的环形皮带、前后两个张紧皮带轮、传动装置、皮带轮座等组成，有的扩幅装置中由于两皮带轮的中心距较大，通常还在两轮之间增添适当的小托辊，以使压力均匀，如图5-13所示。拉伸扩幅装置中左右两边的环形皮带由前后两个张紧皮带轮支承，两边的环形皮带各有一套传动装置，由直流电机经减速带动下面环形皮带的前皮带轮转动。前皮带轮座能前后移动，以便将环形皮带张紧，左右两边的环形皮带可沿着后部皮带轮摆动。改变环形皮带摆动的角度，便可获得不同幅宽的制品。

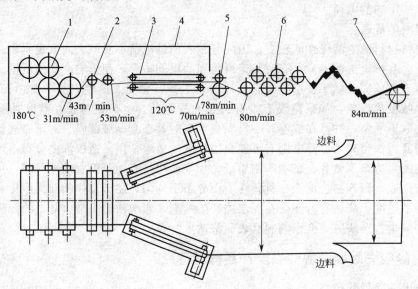

图5-12 皮带式拉伸扩幅装置结构示意图

1—压延机；2—引离辊；3—扩幅机；4—保温罩；5—压花辊；6—冷却辊；7—卷取装置

拉伸扩幅装置工作时，当压延制品从引离辊引出后，立即将制品两边夹在左右两侧的环形皮带上，然后在环形皮带的前进中制品就逐步向两边拉伸扩幅。如果进入的制品幅宽为2.3m，则经扩幅后幅宽可达到4.3m，切去两端边料后，可得到4m左右宽的成品。扩幅装置的最大扩幅率（扩幅后与扩幅前制品宽度之比）一般可达1.85左右。

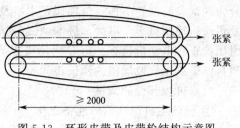

图5-13　环形皮带及皮带轮结构示意图

5.2　压延膜（片）辅机的操作与维护实例疑难解答

5.2.1　压延辅机的安装步骤是怎样的？有何技术要求？

（1）压延辅机的安装步骤

① 按照地基图，与主机一起将基础灌注好并保留地脚螺栓孔，待基础干固后，安装工作方可继续进行。

② 检查零件表面是否清洗干净，有无机械损伤。

③ 对于安装在压延主机上的引离装置、压花装置，由于两者的支承零件分别安装在压延主机的两侧机架上，故安装工作应尽量与压延主机一起考虑。在压延主机安装好之后，首先将引离辊的升降机构、液压管路等装在压延主机左、右机架上，然后安装好引离辊，并予以找正。

④ 安装橡胶辊、钢辊。先将液压缸连接左、右支座，导轨左、右支承板，导轨，橡胶辊轴承左、右支座等装于压延机左、右机架上的相应位置；然后安装橡胶辊、钢辊、传动系统等。

⑤ 依次将冷却装置、切边装置、卷取装置安装于干固的混凝土基础上，并找好水平。各单机辊筒中心线均以压延机中辊中心线为基准，安装在同一中心线上；各单机导辊的轴线均应和压延机中辊轴线平行。

⑥ 再将其他附件安装到指定的位置。全面检查各部分的安装情况。各单机传动装置的电动机经手动盘车应轻便，没有阻滞现象。经全面检查合格，并待压延机主机安装就绪、固定后，压延辅机的位置方可最后确定，才能进行最后灌浆固定。

⑦ 安装各单机的进油、进水等管路，并与上、下水管道相连接。

（2）技术要求

① 引离辊应以压延机中辊为基准，相互平行，其平行度偏差≤0.05mm，水平偏差≤0.02mm/1000mm。

② 橡胶辊、钢辊应与压延机的中辊平行，其平行度偏差≤0.05mm，水平偏差≤0.02mm/1000mm；且橡胶辊、钢辊应沿工作全长均匀接触。

③ 各单机辊筒中心线均以压延机中辊中心线为基准，安装在同一中心线上，其偏差≤2mm。各单机导辊的轴线均应和压延机中辊轴线平行；各导辊的水平偏差≤0.02mm/1000mm。

5.2.2　压延机及辅机应如何调试？

压延机及辅机安装完成后的调试一般分为机械部分和电气部分的调试。机械部分的调试分为调试前的准备工作（包括压延主机及压延辅机的准备）、冷空运转调试、热空运转调试及负荷运转调试等。电气部分的调试包括调试前的准备、外观检查、接线检查、绝缘检查、耐压检查、电动机检查、PLC 输出检查及继电回路的调试。例如，ϕ610mm×1830mm Γ 型塑料四辊压延机及辅机的调试步骤如下。

（1）机械部分的调试

① 压延主机调试前的准备工作

a. 检查基础是否全部干固，安装是否正确，连接是否牢固。

b. 检查各种仪表和开关工作是否正常，安全与保护装置是否可靠。检查电气部分接线是否正确。

c. 检查电动机转向是否正确，各传动部分运转是否正常（应将万向联轴器与减速器的连接端拆下，单独测试减速器）。

d. 仔细检查辅机部分气动系统的安装是否正确，连接是否可靠，动作是否灵活、正确。

e. 按照设备的使用说明书，对各润滑部分及油箱加注所需要的洁净润滑油或润滑脂。

f. 在试机开始之前，需要先对轴承润滑油箱内的润滑油进行加热。启动润滑液压泵，使润滑油在分配阀以下循环，当油温升至 60℃后，打开阀门送至各轴承。当环境温度较低时，为节省时间，可以采取在油箱上增加电加热器或蒸汽加热器的办法来进行辅助加热。在实际使用中，当油温超过 90℃时，冷却水源就会接通，进行冷却。供油 10～15min 后，检查各润滑点进油情况、回油是否畅通、回油量是否符合要求，各轴承的回油量应控制在 0.5～1.5L/min。

g. 按照液压系统的随机文件和压延主机的使用说明书的要求，在液压油箱内灌注规定的液压油（通常使用 YB-N46 型抗磨液压油）。接通液压站电动机的电源，启动液压泵，按照说明书的液压部分说明调节各部分油压，检查各部及液压管路有无泄漏，调压是否正常。

h. 将辊筒辊距调开 4～5mm，试验调距装置与辊筒交叉装置运转是否正常。特别注意，下辊调距前，辅机引离辊必须在下方位置，以免误操作而造成设备损坏。

接通轴交叉装置电动机电源，辊筒两端应围绕辊面中心分别向相反的方向运动，两轴承体一端前移、另一端后退，使中辊与上辊、下辊成一定的角度，从而获得交叉值。检查交叉动作正确与否，如果两端同时向前或向后移动，则是电动机旋转方向错了，应将任意一端的交叉电动机的接线调换一下。在正常情况下，交叉指针在左、右机架上都指在"0"位。当启动交叉电动机时，应切换控制液压缸的换向阀，使液压缸泄压，调整完毕及时切换回来，向液压缸内充油，油压应保持在 5～6MPa。使用交叉装置时还需要注意主轴承温度变化，最大交叉量不要超过规定值。

i. 调节挡料板，使其离开辊面 6.5mm，试验其移动是否正常。

② 压延辅机调试的准备

a. 检查基础是否全部干固，安装是否正确，连接是否牢固，安全装置工作是否可靠，电气部分接线与电动机转向是否正确，各传动部分运转是否正常。

b. 仔细检查辅机部分气动系统的安装是否正确，连接处是否可靠，动作是否灵活、正确。

c. 如果辅机设有液压系统，则按照规定，向液压站油箱内加注规定牌号的润滑油（通常使用的润滑油是 YB-N46 型抗磨液压油），并按照液压系统的随机文件的要求来进行检验与调整，使之达到最佳的使用状态。

d. 按照说明书的要求，向辅机各转动部位和滑动部位加注适量润滑油或润滑脂。

e. 辅机各部，尤其是工作表面，要清理干净，除去油污和其他污物。制品通过的各辊筒表面可以用汽油或煤油清洗，并用干净棉纱擦干。

（2）电气部分的调试

为了保证电气控制系统的运行质量，满足生产工艺需求，在设备安装完毕投入运行之前，必须进行电气部分的调试。

① 电气部分调试前的准备工作　调试之前，应首先了解塑料制品生产工艺流程，熟悉图样，了解控制原理，还应熟悉调试中所使用的仪器、设备（如各种测量仪表、电源设备等）的性能及使用方法。要仔细阅读设备电气原理图及说明书，掌握电力传动控制系统的设计原理、性能参数和要求达到的各项指标，熟悉控制系统中各组成部分的元、器件及单元的性能，确定专项调试大纲，真正做到心中有数。应熟悉调试中所使用的仪器、设备（如各种测量仪表、电源设备等）的性能及使用方法。此外，应检查所有设备的安装是否符合设备的安装规程。

② 外观检查　电气部分的调试首先应检查控制柜体、控制屏、控制箱、控制台等的外壳有无磕碰、掉漆等缺陷；若有损坏处则应查清原因，并据此检查内部有无损伤，及时处理。检查控制柜、控制屏、控制箱、控制台等处的各种电器件有无松脱或损坏，并及时处理。

检查各紧固件的连接情况，应无松动，连接可靠，重点检查各电器件的连接端，每一条线均要用手动一下，以拽不脱为准。根据设计图样检查系统中各个元器件的型号、规格是否符合要求。检查各动力线和控制线型号、规格是否符合图样要求。特别注意：检查各种设备和电器的接地线和整个接地系统是否符合设计要求，接地线要牢固并保证接触良好。检查电机和生产机械的旋转方向是否符合规定的方向。所有电机的电刷均应与换向器接触良好，在规定的转速范围内运转时不应引起电刷跳动，因为电刷跳动会导致电压波动甚至引起振荡。要检查测试发电机（或光电编码器）与电动机轴连接的同心度，低于规定要求就会引起传动系统的振荡。

③ 接线检查

a. 使用试灯或其他校线器，按照电气原理图、接线端子图逐条电缆校验设备之间、控制柜之间、控制台之间及它们相互之间的连线，同时参照原理图检查接线的线径及用线标准是否符合要求。

b. 根据原理图或接线图检查各元、器件与接线端子之间以及它们相互之间的连线是否正确。现场及柜内的导线布置要美观、整洁。所有的连线接头都应接触良好，采用螺钉压接的应注意螺钉是否紧固；采用焊接连接的应注意是否有虚焊或松脱现象；采用插头插座连接的应检查接插点是否接触良好，注意插接时不能过松或过紧。

利用导通法检查线路时，应注意线路中电器的常闭触点及某些低阻值的元件（如电流线圈、二极管等）的影响，必要时应将其连接线的一端拆下来进行检查。所有控制回路的接线端子上均应标有线路的回路编号，并检查编号是否与图样相符。控制屏（柜、箱）至外部设备的连线应通过接线端子连接。在同一接线端子上一般不应压接 3 个及 3 个以上的线头。检查所有 PLC 输入点上连接的开关、继电器接点等接线是否正确。

④ 绝缘检查及耐压试验　绝缘检查主要是检查设备在运输、储存、安装过程中是否使电气设备的绝缘受到损伤或受潮湿气体的侵袭，已经发现受潮或绝缘受到损伤的电气设备应首先进行处理（如干燥或修复），再进行绝缘检查。

a. 测量绝缘电阻。测量前先清除所有被检查的设备、端子、导线等上面的灰尘、油污及安装时可能遗留的细小杂物。绝缘电阻一般都是采用兆欧表（绝缘电阻表）进行测量的，但是特别要注意调速装置中的元器件，避免击穿造成损坏。用 500V 兆欧表检查电路对地电阻（直流调速器和交流调速器按要求断开相应回路），应≥1MΩ。

b. 测量绝缘电阻符合要求以后，再按规定的试验电压进行耐压试验以进一步检查绝缘的水平。耐压试验一般是采用交流50Hz正弦波电压试验1min，试验过程应按照各有关技术标准的规定进行（为了使被测试设备的绝缘不受到破坏性损伤，试验电压值一般略低于各种设备出厂试验时的试验电压值）。在进行耐压试验时，对于一些不能承受规定试验电压值的元器件（如各种半导体器件及装置等）及高阻值的电阻或线圈等，都应当从试验回路中断开或将其短路，以免引起损坏。若耐压试验中没有放电、击穿等现象，则需再用兆欧表测量绝缘电阻值。如果绝缘电阻值在耐压试验后仍符合绝缘要求，则认为耐压试验合格。

⑤ 电动机的检查

a. 检查电源的频率、相数及电压是否符合电动机铭牌上的数值。检查电动机引出线及电源供电线以确定电动机的旋转方向符合需要。

b. 检查电动机的周围是否有适当的空间以供通风。检查所有电动机的进、出风口是否畅通。检查电动机里的灰尘是否已清除，则如果用压缩空气进行清除，则压缩空气必须清洁干燥，并且压力≤0.2MPa。

c. 检查所有运动部件与静止部件之间是否有足够的空间。电动机内部及上面不应有任何杂物，如有则需要清除。

d. 用手盘动电动机轴端的联轴器，检查是否有摩擦声。如果电动机带有电流互感器，则必须使次级边连接到专用的控制设备或者短接，千万不能在电流互感器次级开路的情况下开动电动机。

e. 检查与电动机相连的所有的电气连接是否正确稳妥。检查电动机辅助设备的连接是否就位。确认所有的保护装置、监视装置都已接好，以及动作正常。

f. 通电点动电动机（按启动控制按钮，再立即按停机控制按钮）以核对电动机的旋转方向。如果实际旋转方向不符合要求方向（即电动机转向标志规定），则应在转子惯性滑行停机后，改变引线连接以纠正旋转方向。

g. 频繁地检查电动机轴承温度，尤其是开始运转的最初2h，轴承温度上升速率比轴承的绝对温度更能说明故障情况。滑动轴承的最终温度应不超过80℃，滚动轴承应不超过95℃。

h. 如果电动机在合闸后的1～2s内不能转动，则应立刻切断电源。如果电动机不能达到满速，而是在某一较低的转速下运转，则一般超过20s后应立刻切断电源，不允许超过启动工作的限定范围。若电动机初始温度为环境温度，则允许连续启动两次，在两次启动之间应自然停机。若电动机初始温度为额定负荷的运行温度，则只允许启动一次。由于重复启动或启动时间过长而引起的过度发热和应力，将急剧地缩短定子或转子的寿命。

⑥ 直流调速器和交流调速器的空载调试

a. 在接触任何电子元件前，应确认该元件已经放掉静电，以保证电子元件不会由于静电释放引起的高电压而损坏。

b. 如果是调试模拟系统调速控制柜，则应首先确定主电源相序，确定触发脉冲的相序，检查触发器各部分的波形，放大器调零、调对称度、调整对称性及输出限幅，检查有无自激振荡，检查输出特性波形。

c. 检查操作台上的各种显示灯及仪表是否正常，并运行一定时间。检查联动信号回路是否正确（给定信号和联锁信号）。

d. 对照原理图核对各种开关整定值。

⑦ 直流调速器和交流调速器的负荷调试　负荷调试时应本着先轻后重的原则，逐渐加

大负载直至达到额定值。按照空载调试过程，注意观察负荷调试时负载是否发生变化，各仪表的显示有无异常变化，各种联动信号回路是否正确，对手动控制信号的给定反应是否灵敏、有规律。如果发现有异常现象，则应立即停机检查，分析并查找出问题的原因，给予适当的调整后，再继续进行负荷调试。

（3）冷空运转调试

① 压延主机冷空运转试机

a. 在冷空运转之前，应准备好试验工具和测量仪表，如 D26-W 型三相功率表、44LI-A 型电流表、弓形热电偶（0～300℃）、转速表（3000r/min）、7151 型点温计、水银温度计（0～200℃）、SJ-2 型便携声级计、量杯、秒表、塞尺等。

b. 连接减速器与万向联轴器。提前 10min 开动辊筒轴承润滑系统，观察各主轴承及预负荷与反弯曲轴承的回油情况，每个轴承回油量为 1.5～2L/min。

c. 冷空运转前先进行电气调试，主机各部分配合正常后，应进行连续 8h 的冷空运转。其速度变化按表 5-1 中所示的辊筒线速度变化值进行分配（线速度以下辊为准）。同时，新机器不能开最高速度，应运转半年以后，待各摩擦副与传动部件经过长时间磨合达到正常状态后才能升至高速运转。冷空运转中观察主机电流、电压的变化，空载功率不能超过额定功率的 15%。

表 5-1 冷空运转时不同辊筒线速度下的运转时间

辊筒线速度/(m/min)	10	20	30	40	45
连续运转时间/min	80	200	120	70	10

d. 液压系统在整个冷空运转过程中，在工作压力下电动机、液压泵及各种阀等运转应正常，油箱最高油温不应超过 65℃。

e. 检查各运转部分温升是否正常，各轴承体回油温度不应超过 90℃，减速器轴承温升不应超过 20℃。若发现不正常则应检查安装正确与否，有无倾斜，润滑油是否洁净。

f. 在冷空运转中试验紧急停机 2～3 次。当拉动紧急停止拉线或按下紧急停止按钮时，辊筒继续运转不应超过辊面 1/4 周长（在线速度为 30m/min 左右时进行试验）。

② 压延辅机冷空运转 调试辅机时，在联动运转之前必须先进行单机试运转，只有在单机试运转经过检查符合要求后才允许进行联动试运转。

a. 引离装置。引离辊及其传动部分应运转平稳，无异常噪声与振动现象。在速度发生变化时也不应产生异常现象。启动引离辊升降系统的电动机或向液压缸内通入液压油时，引离辊左、右升降动作应一致，无抖动与卡住现象，并再次检查各润滑和液压管路有无泄漏。

b. 压花装置。由低到高调节速度，连续运转 2h，主动辊筒运转应平稳，无异常噪声与振动现象。向压花液压缸内通入液压油，检查移动辊的升降动作是否平稳、灵活可靠。检查钢辊与橡胶辊接触部位的结合情况，应在整个接触线上保持均匀接触，保证作用在橡胶辊面上的压力均匀一致。

c. 冷却装置。由低到高调节速度，连续运转 2h，检查减速器和传动部分的运转是否平稳，应无周期性振动和其他异常现象。若冷却辊带有升降装置，则需试验升降动作是否灵活、可靠，不应有阻滞或卡住现象。

d. 切边与收边装置。由低到高调节速度，连续运转 2h，牵引辊运转应平稳、无异常噪声。试验切刀装置上、下移动是否平稳、灵活可靠。收边卷取装置的动作应平稳可靠。

e. 自动切割卷取装置。由低到高调节速度，连续运转 2h，检查减速器和传动部分的运转是否平稳，应无周期性振动和其他异常现象。

按卷取程序进行手动操作，各部动作应协调一致，各类机构应无撞击声。切割装置切刀部分往复运动平稳、动作协调、无撞击声。

装好卷取心轴，进行手动操作试验后，再进行自动作业试验。各系统的动作应相互协调，前后动作的衔接应保持连贯、平稳，没有冲击现象。

f. 压延辅机所有导辊必须转动灵活，无明显的偏重现象。各部件传动减速器空载时轴承温升≤35℃，空载电流不大于额定电流的20%。

（4）热空运转的调试

① 热空运转调试前的准备　当设备冷空运转完成后，即可准备进行热空运转。在进行热空运转之前，首先应消除冷空运转中发现的缺陷。检查辊距应＞5mm，挡料板与辊面间隙为1.5mm左右。再将热油循环装置与主机辊筒连接起来，启动循环泵，调好各种仪表；然后将主轴承润滑油加热至60℃，当辊温升高，回油温度超过80℃时，冷却器应通入冷却水冷却。

开动主电动机，保持辊速为10m/min，对辊筒进行加热升温。

辅机引离辊应在低速运转状态下通入导热油，使辊面温度缓慢上升到工艺所需的温度，加热管路不得有渗漏现象，检查引离辊表面各处的温度差。将压花钢辊、胶辊及冷却辊筒通入冷却水，检查管路部分有无泄漏，同时需检查钢制辊筒的表面各处的温差。

② 热空运转

a. 按照预定的加热程序，调节控制仪表，使其升温速率按规定进行，一般在低温范围内（一般指100℃以下）时，升温速度为0.5℃/min；当温度升高到100～180℃之间时，升温速度为0.25℃/min；初次加热速度更应缓慢，一般需在8～10h内完成升温过程。在加热过程中应随时检查各仪表情况、渗漏情况，特别注意是否产生烟、火，发现有异常情况应立即停止加热。

b. 当温度达到100～150℃时，还应有一段保温时间，使辊筒各部温升均衡，防止辊筒因温度升高过快而产生较大的热应力，从而产生变形或造成破坏。

c. 当辊温升至所需数值时，应保温运转1h左右，待主机辊筒与轴承体和机架之间达到热交换平衡时，调整好中辊轴承体与机架滑槽之间的间隙，一般保持在0.1～0.2mm，然后可参考表5-2的规定的速度和时间进行热空运转。

表 5-2　热空运转辊筒运转速度下的运转时间

辊筒线速度/(m/min)	20	30	40	50	合计
连续运转时间/min	20	60	30	10	2h

d. 测定与记录各种工作速度下的电压与电流值，功率应不超过额定值的15%。

e. 检查并记录各轴承回油温度，最高不超过95℃，各轴承回油量为1.5～2L/min。检查辊筒表面温度最高是否达到180℃，钻孔辊筒在辊面有效长度内时，其中间与两端的温差应不超过±1℃。

f. 对中辊轴交叉进行一次试验，检查加热运转时是否能够顺利进行交叉动作。

g. 减速器运转应正常，无异常振动及碰撞声，减速器壳体温升≤35℃。检查主机运转是否正常，轴承处有无振动，噪声应不超过85dB（A）。

h. 检查各辊筒表面温度与控制仪表显示温度是否一致，并记录其温差。检查热液压泵的电流是否正常，有无超出额定值。

i. 热空运转各项检查结束后，对辊筒应进行缓慢降温，使线速度降至10m/min。当辊温降至60℃以下时才能停机。主机停机后润滑系统应继续运转10min，然后将油管中的油全部放掉。

（5）负荷运转试验

当压延机热空运转的各项指标都达到正常后，可以进行带料负荷运转试验，试验步骤为：

① 先将辊筒温度升至要求温度，保温一段时间，待辊筒各部温度均匀后，将辊距调至 0.3～0.4mm，先加入少量软料，将辊筒线速度调至 10～15m/min，使压延机慢速跑合 8h。

② 增加物料至正常用量，使压延机在负荷运转速度为 15mm/min、20mm/min、25mm/min、30mm/min 时分别运转 2h。检查制品的厚度变化，减速器、万向联轴器等的噪声以及温升情况。

③ 调节轴交叉量到最大为 10mm 时，观察厚度变化情况。

④ 负荷试机后将减速器、主轴承用的润滑油放掉，清理干净。待辊温降至 60℃ 以下后停机。

5.2.3　四辊压延机机组的操作步骤是怎样的？

（1）生产前压延机的准备工作

① 检查主机辊筒的辊距是否符合空运转时最小辊距要求，并检查辊距之间有无杂物。

② 检查供料运输带上有无杂物，各种附属装置上的螺栓、螺母等是否有松动现象。

③ 检查冷却水压力是否在 0.3MPa 以上，检查热油循环装置中的热油温度是否满足温度控制要求。若热油温控采用的是气动薄膜阀，则须检查压缩空气压力是否为 0.1～0.2MPa。

（2）设备的升温

① 首先开主机润滑（包括减速器润滑）。若润滑油温度太低，则应开启电加热器或蒸汽加热器进行加热，待达到规定的油温后再关闭加热器。观察轴承的润滑情况，润滑油进油压力为 0.1～0.3MPa，回油流量为 0.5～1.5L/min，通过减速箱视窗观察齿轮润滑是否正常。

② 启动液压站，观察、调整各液压缸的工作压力，并将各个功能开关置于工作位置。如果环境温度较低、液压油黏度较大，则应启动加热器进行加热，使油温达到工作要求。

③ 启动其余需要控制的附属设备，使之满足开机条件。

④ 合上电源开关，启动主电动机，使压延机辊筒维持在低速运转状态。

⑤ 根据工艺要求，在控制台的温控仪表上设定好所需温度，然后开启补给泵，检查系统压力是否正常。逐个启动各辊筒循环泵，对辊筒进行加热。

主机辊筒在升温过程中应注意检查循环泵电流值。如果大于电动机的额定值，则需要停机，检查管路是否堵塞或循环泵是否有损坏现象。检查每组单元升温速度是否均匀，若有异常则要进行检查处理。升温速度不要过快，一般在 100℃ 以下时升温速度在 30℃/h 左右，100℃ 以上时升温速度约 15℃/h。停机时最高温度不得高于 60℃。采用油加热时，由于在导热油中可能含有少量水分，在加热时会汽化。如果滞留在循环系统中，则有可能会造成温度控制不均匀、产生噪声等故障，因此需要放气。

⑥ 开启引离辊的热油加热系统，并按照生产工艺的要求设定其温度。接通辅机需要冷却降温部分（如压花装置、冷却装置等）的冷却水，应保证供水量充足。

（3）机组运行操作步骤

① 启动压延主机的主电动机，使之运行在 10m/min 以下的低速状态。根据生产工艺的要求，调整好Ⅰ辊、Ⅱ辊、Ⅲ辊、Ⅳ辊之间的线速度比。通常可按Ⅱ辊比Ⅰ辊快 10%～20%、Ⅲ辊比Ⅱ辊快 10%～20%、Ⅳ辊比Ⅲ辊快 10%～20% 的比例来初步确定，待加料后

视制品的情况再行调节。

② 启动压延辅机的各组成部分，根据工艺要求，调整好引离辊、压花辊、冷却辊以及卷取装置的速度及其各部分之间的速比。同时，由于主机的Ⅳ辊为出料辊，是辅机速度调整的基准，因此，还要调整好引离辊与Ⅳ辊之间的速比。

③ 辊筒调距。在辊距比较大时，可选择快速调节辊距以节省操作时间，迅速逼近目标值；而辊距较小时，必须使用慢速调节以保证安全，及利于对制品厚度的微调。在调距时，如果信号灯闪烁，则表明调距电动机运转正常；反之，则应停机检查调距电动机，排除故障。同时，还可以通过安装在机架和轴承体上的直线位移传感器来测量辊距调节情况，并通过数字仪表显示辊距数值，作为调距的参考。

在Γ型塑料四辊压延机中，Ⅲ辊为固定辊，Ⅰ辊、Ⅱ辊、Ⅳ辊是可移动的。在进行辊距调整时，可以单独调整传动端或加热端辊距，也可以两端一起同步调节。

④ 辊筒轴交叉调节。辊筒交叉调距速度不可调，可以小范围单独调整传动端或加热端辊距，也可两端一起同步调节，但辊筒两端运动方向相反。轴交叉量可以通过安装在机体上的刻度尺指示出来，也可以利用直线位移传感器检测并通过数字仪表显示出数值。

⑤ 在辊缝中没有加入物料时，将Ⅰ辊、Ⅱ辊、Ⅲ辊、Ⅳ辊的辊距尽量调小，但不应小于1mm。在Ⅰ辊和Ⅱ辊的辊隙间加入少量物料，堆积余料约20mm，此时物料将包在Ⅱ辊上，随着辊筒的转动，物料将依次包在Ⅲ辊和Ⅳ辊上。

⑥ 再向Ⅰ辊和Ⅱ辊的辊隙间增加供料量，并测量制品厚度，根据测量值再对各辊距进行调整。

⑦ 从Ⅳ辊上将薄膜引出，并逐个包绕过加热到一定温度的引离辊，通过压花装置后，进入冷却装置、切边装置、测厚装置、卷取装置等，最后生产出成品。

⑧ 当生产出的制品合格时，就可以逐渐增加辊筒转速，提高生产速度，并要对辊距再次进行微调。

5.2.4 压延生产过程中，引离、压花、冷却及卷取的工艺应如何控制？

（1）引离

引离是将压延成型的薄膜或片材从辊筒上剥离输送至压花或冷却装置，同时对制品进行一定的牵伸。引离时，引离辊的线速度要高于压延机出膜辊的线速度，对制品产生一定的拉伸而提高制品的强度和产量。若引离辊的转速过慢则会出现包辊现象，若引离辊转速过快则易出现制品拉伸过大的现象。一般引离辊的线速度比压延机出料辊的线速度应高出30%～40%。在正常工作时，一般引离辊的转速与辊筒（四辊压延机的Ⅲ辊筒）转速的比值约为1.3∶1。

引离辊应尽量靠近压延机的出料辊，一般引离辊距压延机最后出料辊70～150mm。

引离辊内需通入适量的加热介质进行加热，以控制制品的温度，避免制品受到过度冷却及冷拉伸。引离辊的温度应根据材料及制品厚度来控制，一般对于普通的聚氯乙烯薄膜，引离辊的温度应控制在130℃左右；而对于透明的聚氯乙烯片材，引离辊的温度则应低一些。采用多辊引离时，应按顺序逐渐递减。

（2）压花

薄膜需要加工出凹凸花纹或压光时，则要设置压花装置。为了保证压出的花纹定型且具有良好的表面光泽，压花辊内部一般需通入温度为20～70℃的冷却水，并且应保持恒温状态；同时，还应控制一定的压花压力，对于普通薄膜通常压花压力控制在0.5～0.8MPa。

（3）冷却

在压延生产中，要注意控制冷却辊筒的温度和线速度。冷却辊的辊温过低或辊速过小，易造成冷却过度而使辊面产生水珠；反之，辊温过高或辊速过大，则易造成冷却不足使制品发黏发皱，还可能出现冷拉伸，造成制品的内应力。为防止有些制品骤冷时析出增塑剂等添加剂而影响制品质量，可在冷却装置之前设置缓冷装置，使制品先行缓冷。冷却辊通入的冷却水一般应为经过处理的软化水，以防止辊筒内壁结垢而影响冷却效果，冷却辊的水温应控制在 10～25℃。

多辊冷却时，一般将冷却辊分成几组，每组通入不同温度的冷却水，使薄膜冷却的温度梯度变缓，达到逐步、缓慢冷却的目的，保证薄膜的理想状况。有时，还在冷却装置之前设置几个预冷辊，其中通入温度较高的冷却水，使薄膜在进入冷却辊筒之前有一个缓慢降温的过程。这样在冷却时，温度梯度就可以减小，其内部应力也相应降低。

冷却辊的转速应比引离辊稍快一些，并且按制品运行路线冷却辊中各辊的辊速应按顺序逐渐加快。调整冷却的辊转速时，应以制品不出现较大内应力和较大收缩率及不易出现冷拉伸现象为准。通常冷却辊的线速度比前面的压花辊快 20%～30%。对于硬质聚氯乙烯透明片，牵引速度不能太大，通常比压延机线速度快 15% 左右。

（4）卷取

卷取是把经冷却定型的软质制品连续地收卷成捆。卷取时，卷取辊的转速应比冷却辊的转速略高。卷取时应密切注意卷取的松紧程度，保持恒定的卷取张力。如果膜卷较松，则说明卷取张力过小，制品长时间放置后制品容易出起皱。如果膜卷较过紧，则是张力过大，制品出现了冷拉伸，会导致制品放卷后出现卷筒现象，很难摊平。采用中心卷取方式来卷取薄膜时，在卷轴速度不变的情况下，随着料卷直径的加大，薄膜的张力也越来越大，以致使膜卷内松外紧。为了使薄膜保持合适的张力，且前后一致，一般需增设张力控制装置以使卷取过程中张力稳定，防止出现膜卷内松外紧的现象。

为了使压延过程能顺利进行，引离、压花、冷却和卷取的转速及温度一定要与压延机辊筒的转速及温度相匹配，协调一致，否则也会影响制品的压延成型过程及制品的质量。例如，某企业采用四辊压延机生产聚氯乙烯硬片的主要工艺控制条件如表 5-3 所示。

表 5-3 四辊压延机生产聚氯乙烯硬片的主要工艺控制条件

项目	Ⅰ辊	Ⅱ辊	Ⅲ辊	Ⅳ辊	引离辊	牵引辊	冷却辊
辊速/(m/min)	18	23.5	26	22.5	19	22	22～24
辊温/℃	175	185	175	180	125～135	80	36～75
0.50mm 厚硬片存料量	Ⅰ辊与Ⅱ辊间存在料直径为 10～20mm Ⅱ辊与Ⅲ辊间存在料直径为 8～15mm，呈铅笔状旋转		Ⅲ辊与Ⅳ辊间存在料直径为 6～10mm，旋转良好				

5.2.5 压延过程中为什么要对压花辊进行冷却？压花辊温度应如何控制？

（1）压花辊冷却的目的

压延过程中对压花辊进行冷却的目的主要是对刚从压延机辊筒剥离下来的高温制品进行冷却，以防止制品粘在压花钢辊上，使成型的花纹模糊不清晰；其次是防止因高温下压花胶辊橡胶层的加速老化而缩短使用寿命，因此压花辊通常需要在辊筒内部通入冷却水为其降温。

（2）压花辊冷却的控制

对压花辊进行冷却时，压花辊温度应严格控制，一般温度不能降得太低，若冷却速度太快，则会因形变恢复而造成花纹消退等，容易造成花纹压不上或花纹太浅不清晰等问题；还会由于薄膜各处收缩不均而产生较大的内应力，造成制品发生不规则变形，影响薄膜质量。由于压花辊的温度远低于引离辊，容易造成制品配方中的某些添加成分析出，黏附在钢辊或胶辊上，影响压花质量，因此需要及时清除。另外，对压花辊进行通水冷却时，辊筒两端的温度不能相差太大，否则压出的花纹会产生深浅不一的阴阳面现象。

由于冷却水在流过辊筒内部流道时不断吸收并带走薄膜的热量，因此使辊筒进水端的温度要比出水端的温度低，这就造成薄膜左、右两侧的冷却效果有了一定差异，反映在制品上，即为左、右两侧在幅宽方向的松紧程度不同。所以，为消除这种现象，需要将辊筒内部的流道做成循环的结构，有时还将相邻辊筒的进水方向进行反接，以便达到最佳冷却效果。

为了保证压出的花纹定型且具有良好的表面光泽，压花辊内部一般需通入温度为 20～70℃ 的冷却水，并且应保持恒温状态。通常生产 PVC 压花薄膜时一般压花辊的温度控制在 60～70℃。如果生产 PVC 透明膜时，压花辊的温度应控制在 20～30℃。另外，压花辊表面出现物料析出黏附时，通常钢辊可以用煤油清洗，而胶辊可以用硬脂酸清洗。

5.3 压延膜（片）成型过程中的异常现象及处理实例解答

5.3.1 压延薄膜的表面出现气泡是何原因？应如何解决？

（1）产生原因

① 压延辊筒间存料太多，存料旋转不佳，熔料中进入了空气。

② 物料温度太高，使物料因过热分解，而产生了气体，并包入了熔体中。

③ 因物料润滑剂等用量太多或辊筒温度太低，造成物料包辊不佳，物料中包入了空气。

④ 辊间速比太小，对物料的挤压及延展作用小，使物料中混入的气体不能完全排除。

⑤ 混炼或挤出供料的温度太低或辊筒温度太低，造成物料包辊不佳而卷入了空气。

（2）解决办法

① 调节压延机辊筒的辊距，适当减少辊隙存料，或调整辊筒速比，以改善存料旋转状态。

② 适当降低混炼或挤出供料的温度，或降低压延机辊筒温度，以防止物料发生过热分解现象。

③ 增大Ⅲ辊与Ⅳ辊之间的速比，增大对物料的剪切、延展作用，排除物料中所夹入的气体组分。

④ 适当提高混炼塑化的供料温度或压延机辊筒的温度，使物料能良好包住辊筒表面。

⑤ 调整配方，适当减少润滑剂的用量。

例如，某企业采用三辊压延机生产 PVC 透明膜时，膜中出现少量气泡，经检查发现Ⅱ辊和Ⅲ辊间的辊隙存料的旋转状况不好，时动时不动。操作人员通过调整辊筒辊距，并调整辊筒转速后，膜中的气泡慢慢消失，产品质量恢复了正常。

5.3.2 压延生产的 PVC 透明片为何呈现云纹状、透明度不好？有何解决办法？

（1）产生原因

① 辊筒间隙存料太多，对于四辊压延生产来说，特别是Ⅱ辊、Ⅲ辊之间存料太多，造

成辊隙存料旋转不良，出现冷料，而造成物料温度不均，产生云雾状花纹，影响透明性。

② 物料的供料或压延机辊筒温度太低，物料塑化不良。

③ 压延机辊筒速比太小，对于四辊压延机来说，尤其是Ⅲ辊与Ⅳ辊之间的速比太小，易引起物料包辊不良，出现"脱壳"现象，而造成物料温度低，产生冷料，使制品呈现云纹状。

（2）解决办法

① 适当减小压延辊筒的辊距，减少辊隙存料，特别是Ⅱ辊、Ⅲ辊之间的存料（对于四辊压延机来说），使其随辊筒的旋转状态保持良好。

② 适当提高物料的供料温度或压延机辊筒的温度，使物料塑化均匀。

③ 增大辊筒的速比，特别是Ⅲ辊与Ⅳ辊之间的速比。

5.3.3 压延生产的硬 PVC 片材表面毛糙、不平整、易脆裂是何原因？应如何解决？

（1）产生原因

① 压延机辊筒温度低，造成物料塑化不良，且对辊筒的包覆性差。

② 物料混炼塑化温度低，使物料塑化不均匀。

③ 引离辊或冷却辊的温度太低，使片材冷却速度太快，片材受到了冷拉伸。

（2）解决办法

① 提高压延机辊筒的温度，使物料保持良好的包辊状态。

② 提高物料的混炼塑化的温度，改善物料塑化的均匀性。

③ 适当提高引离辊的温度，控制好冷却辊冷却介质的温度，使冷却辊的温度按顺序依次降低，降低片材的冷却速度。

例如，某企业生产灰色 PVC 硬质片材时，出现表面毛糙、易脆裂现象，经检查发现冷却时引离辊的温度太低，调整引离辊加热介质的温度为正常工艺温度后，片材质量即恢复正常。

5.3.4 压延生产 PVC 工业用有色膜时，膜表面出现色泽发花是何原因？有何解决办法？

（1）产生原因

① 物料混炼塑化的温度和供料温度太低，或压延机辊筒温度太低，造成物料塑化不均匀，使物料色泽出现差异。

② 压延机一次加料太多，或辊间存料太多，造成物料旋转状态不佳，出现冷料，造成物料温度不均匀，而呈现色泽差异。

③ 物料的供料温度或压延机辊筒温度过高，造成部分物料产生分解，而出现色差。

（2）解决办法

① 提高物料温度或提高压延机辊筒的温度。加强物料的塑炼，使物料塑化均匀。

② 控制好压延机的加料量及辊间存料，保持辊间存料良好的旋转状态。

③ 适当降低混炼塑化及供料的温度，适当降低压延机辊筒的温度，防止物料因过热分解而产生变色。

5.3.5 PVC 压延薄膜表面为何出现发黏现象？有何解决办法？

（1）产生原因

① 增塑剂用量过多，造成增塑剂析出。

② 增塑剂品种选用不当，与 PVC 树脂的相容性差，而造成增塑析出。

③ 冷却介质温度太高，或牵引速度太快，造成薄膜冷却不够。

（2）解决办法

① 调整配方，减少增塑剂的用量。

② 选用与 PVC 相容性好的增塑剂，防止增塑剂的析出。

③ 降低冷却介质的温度或加大冷却介质的流量，提高冷却效果。

例如，某企业生产 PVC 工业包装膜时出现了薄膜发黏的现象，结果检查是操作人员在配混物料时误将一缩二乙二醇 $C_7 \sim C_9$ 脂肪酸酯（1279）当成了二辛酯，结果造成 1279 加入过大，而出现析出，导致了薄膜的发黏。更正后薄膜质量恢复正常。

5.3.6　压延生产的有色 PVC 包装膜出现色差，是何原因？有何解决办法？

（1）产生原因

① 着色剂称量不准，造成着色剂实际用量不一致，而引起色差。

② 着色剂颗粒不均匀，物料混炼不均匀，造成着色剂分散不均，而引起色差。

③ 着色剂耐热性差，造成着色剂的分解变色。

④ 压延机辊筒温度不稳定，造成物料温度不一致，而引起色差。

（2）解决办法

① 准确计量，着色剂用量少的宜采用色母料，或调制成浆料，以增加计量的准确性。

② 加强物料混合混炼的效果，着色剂最好经研磨处理，以使其颗细小、均匀，使其易分散均匀。

③ 更换着色剂的品种，选用耐热性好的着色剂，防止着色剂在成型过程中的过热分解。

④ 控制好压延机辊筒的温度，保持其温度的相对稳定。

5.3.7　薄膜卷取时出现卷筒表面不平整、边不整齐等卷取不良现象，是何原因？应如何解决？

（1）产生原因

① 后联动装置与主机速度调节不当。

② 卷取张力控制太小或张力不稳定，使膜卷取松紧不一致。

③ 薄膜横向厚度不均匀，而造成卷取表面不平整。

（2）解决办法

① 调整压延机辊筒的速度及后联动装置如引离、压花、冷却、卷取的速度，使其有合适的速比。

② 调整卷取张力，控制张力前后始终保持一致。

③ 调整压延机的加料量、轴交叉量等相关因素，以提高薄膜横向厚度的均匀性。

5.3.8　薄膜卷取后，放卷时出现摊不平现象，是何原因？有何解决办法？

（1）产生原因

① 后联动装置与主机的速比调节不当，主机辊筒转速太小，引离、压花、冷却、卷取的速度太大，造成了膜过大的拉伸，使其放卷后出现收缩变形。

② 冷却辊面温度不均匀，或薄膜冷却不够，造成拉伸作用大，而出现放卷时收缩变形的现象。

③ 卷取时张力控制不当，使薄膜卷取时受大的拉伸作用。

④ 薄膜横向厚度不均匀，使膜卷各处受拉伸作用的程度不一致。

（2）解决办法

① 调整后联动装置与主机的速比，适当增大主机辊筒转速，降低引离、压花、冷却、卷取的速度，减小对薄膜的拉伸作用。

② 加大冷却辊冷却介质的流量或降低冷却介质的温度，提高冷却速度。

③ 改善辊面温度的均匀性，特别是辊面横向温度的均匀性。

④ 调整卷取张力，适当降低卷取张力，并保持张力的稳定。

⑤ 调整压延辊筒的轴交叉量，提高薄膜横向厚度的均匀性。

5.3.9　压延薄膜收缩率偏大，是何原因？有何解决办法？

（1）产生原因

① 后联动装置与主机速度调节不当，后联动装置转速太高，造成薄膜受拉伸过大。

② 薄膜冷却不够，在牵伸和卷取时受到较大拉伸作用。

③ 卷取时张力过大。

④ 压延辊筒温度太低或引离辊温度太低，使薄膜冷却太快，造成薄膜受到冷拉伸作用。

（2）解决办法

① 调整后联动装置与主机速度，增大压延机辊筒的转速或减小后联动装置的转速，减小对薄膜的拉伸作用。

② 提高冷却速度，使薄膜充分冷却。

③ 调整卷取张力，防止对薄膜的过度拉伸。

④ 提高压延机辊筒的温度，适当提高引离辊的温度，以减小薄膜的冷却速度。

5.3.10　压延片材出现横向厚度不均匀，是何原因？有何解决办法？

（1）产生原因

① 辊筒表面温度不均匀，使物料的温度不均匀，塑化也不均匀，特别是辊筒两端温度太低，易造成片材两端厚度大。

② 轴交叉补偿量不合适。

③ 辊隙存料太多，由于硬质片材黏度大，因此物料对辊筒的横压力作用大，造成辊隙不一致，而引起片材横向厚度不均。

（2）解决办法

① 调整辊筒表面温度，使辊筒表面各处的温度均匀一致。

② 调整轴交叉量，使各处辊隙大小尽量接近。

③ 调整辊距，适当减少辊隙存料。

第6章

合成（人造）革压延成型机组
操作与疑难处理实例解答

6.1 合成（人造）革压延成型机组疑难处理实例解答

6.1.1 人造革生产的方法有哪些？压延生产人造革有何特点？

（1）人造革生产的方法

人造革是一种外观类似皮革、品种繁多且有鲜艳色彩、能耐酸碱、耐磨损、可洗涤的一种仿皮革，其生产方法主要有压延法、涂刮法、载体法（钢带法）、层合法等多种方法。

（2）压延生产人造革的特点

压延法生产人造革的优点是树脂价格低廉，加工速度快，物料与织物的渗透（或复合）比较容易。压延法生产人造革的缺点是设备投资大，设备维修费用大，操作难度大。压延法适于生产普通和发泡两种人造革，其中生产泡沫人造革时，在所有工序中都必须把操作温度控制在发泡剂的分解温度以下。不同方法生产人造革的特点如表6-1所示。

表6-1 不同方法生产人造革的特点

项目	压延法	涂刮法	钢带法	层合法
设备投资	大	小	较低	小
生产效率	最高	较高	较低	高
对原材料要求	不高	较高	高	不高
产品外观质量	较好	较差	较好	尚好

6.1.2 压延法生产聚氯乙烯人造革的工艺流程是怎样的？

压延法生产聚氯乙烯人造革就是先按确定的配方将聚氯乙烯树脂、增塑剂、稳定剂及其他助剂进行配混，然后将其塑炼成熔料供给压延机，按所需宽度和厚度压延成膜后，立即把它与布基等基材贴合，再经压花、冷却、卷取，即得聚氯乙烯人造革。压延生产中布基的种类主要有市布、帆布、针织布、玻璃布、尼龙布、毛纺布等。在压延生产中如果采用纸张代替布基，则可生产壁纸。压延法生产聚氯乙烯人造革的工艺流程为：原料→配混→塑炼→压延→与基材贴合→冷却→表面处理→塑化融合→压花→冷却→卷取，见图6-1。

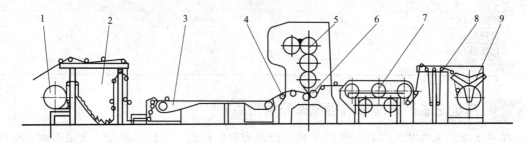

图 6-1　四辊压延人造革生产工艺流程示意图

1—布基开导装置；2—储存箱；3—喂布机；4—干燥辊；5—压延机；
6—贴合辊；7—冷却辊；8—储存机；9—中心卷取机

6.1.3　压延法生产发泡聚氯乙烯人造革的工艺流程是怎样的？对原料配方有何要求？

（1）工艺流程

压延法生产发泡聚氯乙烯人造革是先按确定的配方将聚氯乙烯树脂、增塑剂、发泡剂、稳定剂及其他助剂进行配混后，然后将其塑炼成熔料供给压延机，按所需宽度和厚度压延成膜，立即把它与布基等基材贴合，再经烘箱进行加热发泡，然后再进行压花、冷却、卷取，即得发泡聚氯乙烯人造革。压延法生产发泡聚氯乙烯人造革的工艺流程为：原料→配混→塑炼→压延→与基材贴合→加热发泡→压花→冷却→卷取。

（2）原料要求

压延法生产发泡聚氯乙烯人造革对于树脂、增塑剂的选择与普通人造革基本相同，而发泡剂的选择则一般宜采用化学发泡剂。化学发泡剂在一定温度下会发生分解反应，放出气体，使人造革内部形成大小一致、分布均匀的细微小孔，从而使得人造革具有柔软性，并且富有弹性，同时在室温下还具有良好的热稳定性。

选择化学发泡剂主要应考虑两点：一是发泡剂的发泡性能；二是其残余物的特性。目前使用的发泡剂主要有偶氮二异丁腈（AIBN）和偶氮二甲酰胺（AC）两种。大多采用的发泡剂是偶氮二甲酰胺（AC），它为淡黄色结晶粉末，常温下具有良好的热稳定性，分解温度为195～198℃，分解残余物均无毒，分解出来的气体无色，不会污染产品和环境。偶氮二异丁腈发泡性能良好，但分解物有毒性，在生产中易污染环境，影响操作工人的健康，因此目前该发泡剂较少采用。

采用偶氮二甲酰胺（AC）发泡剂时其配制工艺为：先将称量好的AC发泡剂加入到研磨桶中，一边搅拌，一边按比例（AC∶DOP＝1∶0.6）将称量好的增塑剂（DOP）缓慢加入到桶中，待搅拌均匀后，放入到研磨机中进行研磨。一般经两次研磨即可使用，浆料呈淡黄色。

选择稳定剂时应注意：稳定剂会影响发泡剂的活性，但不同的稳定剂对发泡剂活性的影响不同。含有铅、镉和锌的稳定剂能够提高AC发泡剂的活性、降低其分解温度，但钡盐对AC发泡剂无活化作用，若要提高AC发泡剂的活性，则可采用钡盐与铅盐并用。金属盐的用量多少影响着发泡倍率。目前，锌盐的价格比镉盐的价格便宜，在配方中以0.25～0.40份锌盐代替0.15份镉盐也可起到同样的作用。例如，某企业生产发泡聚氯乙烯人造革的配方如表6-2所示。

表 6-2 某企业生产发泡聚氯乙烯人造革的配方

材料	用量/phr	材料	用量/phr
PVC SG-3	100	CdSt	0.5
增塑剂 DOP	30	ZnSt	0.5
增塑剂 DBP	30	BaSt	1.5
增塑剂 DOS	8	CaCO₃	10
偶氮二甲酰胺（AC）	3	其他	适量

6.1.4 压延法生产人造革机组设备有何特点？

压延法生产人造革的设备与生产薄膜的设备大部分相似，不同的是生产人造革时，应增加基材处理设备。如果基材采用的是针织布，则还需要一台开幅机。若生产泡沫人造革，则还需要配备发泡烘箱等设备。

（1）布基处理设备

布基处理设备包括三部分，分别为拼接设备、刷毛设备、压光装置。拼接设备主要是用于布基拆包后，将单匹布拼接起来。一般布基采用 GM-1 型印染接头缝纫机拼接，帆布与针织布则采用 4-KB 型缝纫机拼接。

刷毛设备拼接后的布要进行刷毛处理。刷毛一般在刷毛箱内进行。刷毛箱是由 6 根猪鬃毛刷毛辊组成。猪鬃毛按四头螺旋线，由辊子中心向两侧旋转栽植。每根刷毛辊的轴头均装有相同直径的大平皮带轮，由电机轴上小平皮带轮带动旋转。工作时，布由刷毛箱下部进入，从下而上通过刷毛箱，在布的两侧各有三个与布方向相反旋转的刷毛辊，清理布两侧杂物，然后再进入下一道工序。

压光装置是对基材表面进行压光、去除褶皱等，以便能与 PVC 塑料层进行很好贴合。压光机的结构如图 6-2 所示，它是由两个机架和三个辊筒组成的。其中辊固定，且辊内可通蒸汽，蒸汽压力一般为 0.2～0.3MPa；上、下辊是可以升降调节的，并有一套杠杆加压装置，用于调节中辊和上、下辊压力。此压力将压平从中辊与上、下辊表面中穿过的布基上的疙瘩、皱褶，以便于使用，所以压力要随布基的不同而改变。

针织布的剖幅设备主要是将圆筒状针织布在生产前开幅剖开，开片后的针织布两边用聚乙酸乙烯乳液处理后，再平整卷成轴状备用。针织布剖幅机的结构如图 6-3 所示。对针织布剖幅时，先打开针织布包，用电镀棒穿过针织布卷中心，夹在布架上，经过两个小牵引辊将布导开，进入储布斗，经过导轴将筒子纱套在可调节宽度的不锈钢架上，将圆筒形针织布撑开，在室温下用铜辊装置将聚乙酸乙烯乳液擦在筒子纱的一侧中部，再进入烘箱，将聚乙酸乙烯乳液烤干；再经由圆盘转动切刀，从擦胶的中部位置将筒子纱剖成单片；再由橡胶辊和网纹辊组成牵引辊将单片的针织布牵引前进，经扩布机卷成轴状。工作中使用的电镀棒直径为 20mm，两头呈尖形。

（2）烘箱

烘箱的作用是为压延片人造革提供进一步塑化和发泡的条件。烘箱一般为长方形，箱体长度一般为 10～20m，可以由单段式根据长度进行拼装，箱体宽度为 2m。烘箱的金属骨架全部由型钢组成，箱壁为夹层式，外层为薄钢板，内层用反射率较高的铝板制成，可提高热效率。夹层内填充保温材料，保温层厚度大于 100mm。若生产针织布人造革，则在箱体内装有针板拉幅装置。烘箱加热方式有热辐射式、热风循环式、管式辐射与热风循环混合式及远红外加热式多种方式。热辐射式加热系统是由石英电加热器组成的，全部为管式辐射加热，加热器与料面距离大于 150mm。该方式的优点是升温快，结构简单；缺点是热效率低，箱体内各处温度不均匀。热风循环式采用的是电加热或蒸汽加热与电加热相结合，通过一热风喷嘴将热风吹到箱体内，使加热空气从箱体的一端循环到另一端。管式辐射与热风循环混合式是采用烘箱混合加热的方式，传热快，温度均匀。远红外加热式是采用远红外线加热，优点是能大幅度缩短涂层的塑化时间，增加产量，节约能耗，用电量较其他方法节约 $25\%\sim30\%$。

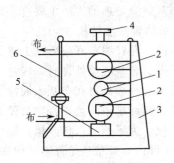

图 6-2　压光机的结构

1—光辊；2—纸辊；3—机架；

4—上辊升降机构；

5—下辊升降机构；6—杠杆加压装置

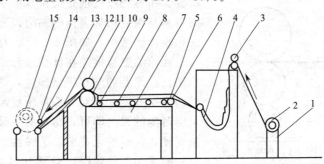

图 6-3　针织布剖幅机的结构示意图

1—机架；2—筒子纱；3—小牵引辊；4—储布斗；5—撑布机；

6—上浆装置；7—电热箱；8—小托辊；9—切边装置；

10—橡胶辊；11—网纹辊；12—扩布机；13—分布辊；

14—卷取辊；15—针织布卷

（3）表面处理机

为了防止人造革受玷污、阻止增塑剂迁移，一般需对人造革进行表面处理。其处理方式主要有表面的涂覆和贴膜处理两种。表面的涂覆处理是利用表面处理机给人造革表面覆盖上一层薄膜或涂上一层表面处理剂。四辊涂饰机是表面处理机的一种，其四辊涂料工作方式如图 6-4 所示，其中辊筒 1 为硅橡胶辊，辊筒 2、4、6 为钢辊。辊筒 2 固定，辊筒 1 可上下移动，调整与辊筒 2 的距离。辊筒 6 可左右移动，调整与辊筒 2 的距离。辊筒 4 表面加工有网纹，是上下移动的上浆辊，4 只辊筒的转向相同，但转速不同，它们之间的速比为辊筒 6：辊筒 1：辊筒 2：辊筒 4＝5：6：7：10。

对人造革进行表面处理时，浸在涂料中的辊筒 4 将涂料带给辊筒 2，通过对辊筒 6 与辊筒 2 的距离调节来控制涂料量的大小。由于旋转方向相同，因此当布基通过辊筒 1、2 之间的缝隙时，受辊筒 1 与辊筒 2 之间辊距的限制，辊筒 2 上的涂料被均匀地辊压在布架上，进入到烘箱盾，被塑化熔融，贴合在半成品表面上。

人造革表面的贴膜处理一般采用贴膜机进行处理，贴膜机的结构如图 6-5 所示。

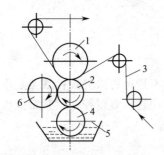

图 6-4　四辊涂覆表面

处理机结构示意图

1—硅橡胶辊；2，6—钢辊；

3—布基；4—网纹钢辊；5—涂料槽

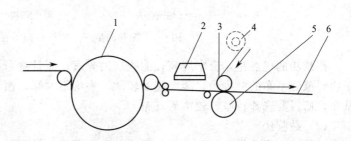

图 6-5　贴膜机示意图

1—加热辊；2—加热罩；3—压辊；4—薄膜；

5—橡胶辊；6—贴膜人造革

6.1.5 压延聚氯乙烯人造革时布基应如何进行底涂处理？

压延聚氯乙烯人造革时首先应对布基进行底涂处理，然后才能与压延成型的塑料层进行

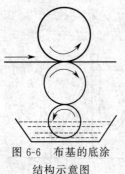

图 6-6　布基的底涂
结构示意图

贴合。布基底涂处理是使布基纤维表面能均匀黏附一层黏合剂，以提高布基与聚氯乙烯表面的黏附强度。布基底涂处理的方法主要有表涂法和辊涂法两种，如图 6-6 所示为最简单的辊涂法结构。

底涂装置直接连在针织布开幅机后面，在针织布开幅后马上进行底涂。底涂后的基布应立即进入烘道干燥。布基底涂处理时，应注意控制涂层厚度，其对人造革质量影响较大。一般只要在布基表面涂上一层薄薄的浆料即可，尽量避免浆料渗入到纤维中间去，否则会使布基变硬，制成的人造革缺乏弹性、不柔软。为了达到最佳效果，辊涂时一般采用底涂辊网，辊网为 120～130 目；如果布基是普通针织布，底涂辊网则采用 100 目的。

6.1.6 压延聚氯乙烯人造革时塑料与布基贴合的方式有哪些？各有何特点？

压延聚氯乙烯人造革时塑料与布基进行贴合的方式主要有擦胶法和贴胶法两种。

（1）擦胶法

擦胶法是利用压延辊之间的转速不同（如三辊压延机的中辊转速比上、下辊都快，其速比是 1.3：1.5：1），而使塑料与布基进行贴合的方法。如图 6-7 所示为擦胶法生产人造革的结构，其把部分塑料擦进布缝中，而另一部分则贴附在布的表面。为了保证物料能擦进布缝，通过压延机的布应有足够的张力，所以辊距应适当，过小会把布擦破，过大会降低擦进作用。辊筒温度也应尽可能提高，以便物料的黏度下降而易于擦进布缝，否则会使剪切应力太大而引起布基破裂。

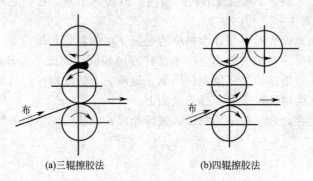

(a)三辊擦胶法　　　　　(b)四辊擦胶法

图 6-7　擦胶法生产人造革结构示意图

擦胶法的优点是贴合牢度高，无脱层的弊病，而且基布可以不进行底涂处理；缺点是由于物料擦到基布的纤维中，因此制品较硬，手感不太好，而且生产过程难以控制，常常撕破基布，所以要选择较厚、较牢的基布。

（2）贴胶法

贴胶法主要是借助于贴合辊的压力，把成型的物料和布基贴合在一起而成为人造革，如图 6-8 所示。贴胶法生产的人造革因胶料只贴在基布表面，所以手感好，但为增加贴合牢度，必须对布基进行底涂处理。贴合法分为内贴法和外贴法。

内贴法是在物料引离前，借助于贴合辊的压力，在最后一只压延辊筒上和布基直接贴

合。该方法延长了物料在辊上的停留时间，从而提高了贴合牢度，但由于橡胶辊在高温下工作，因此易发生老化变形。外贴法是待压延物料引离后，另外用一组贴合辊加压把物料和布基贴合在一起。此法可延长橡胶辊的寿命。为了使塑料和布基贴合得更牢固，不论是内贴法还是外贴法，布基在贴合前最好预先进行底涂处理，即在布基上涂上一层浆料（黏合剂）。

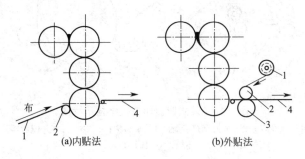

图 6-8　贴胶法生产人造革结构示意图
1—布基；2—贴胶辊；3—托辊；4—人造革

6.1.7　压延人造革表面的印花方式有哪些？

为了使压延人造革更加美观，可以在人造革表面印上不同颜色和花色。压延人造革的印花方式主要有凹版印花和沟底印花两种。

（1）凹版印花

凹版印花是采用激浆辊将盆里的色浆传给印花辊，使辊筒凹陷的花纹处印上色浆，其他地方的色浆被刮刀刮掉，然后借助于橡胶辊把色浆引到人造革或薄膜的表面。经过印花后的人造革再经 80～120℃烘道进行加热干燥。

凹版印花又分单元式凹版印花和鼓式凹版印花两种。单元式凹版印花机的结构如图 6-9 所示。其特点是各个单元装置独立排列，每一个单元印刷一种颜色的浆料，清洗和调换色浆方便。但印花辊之间的距离较大，色浆进入下一印花辊时已干燥，流程长，薄膜会受到张力，所以套色不易准确，这个问题可以通过增加调整张力装置来解决。单元式凹版印花的设备占地面积大。

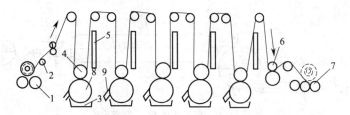

图 6-9　单元式凹版印花机结构示意图
1—放卷辊；2—平整辊；3—浆料槽；4—橡胶压辊；5—加热烘干；
6—压力导辊；7—导辊；8—凹版辊；9—刮刀

鼓式凹版印花的每个包浆辊都围绕在主辊周围运转。其特点是人造革贴在主辊上不产生张力，印刷时套色易准确，设备简单。但印刷辊之间距离过短，色浆不易干燥，生产效率低，而且由于浆料槽位于主辊的右侧，不利于清洗和调换浆料。鼓式凹版印花机的结构如图 6-10 所示。

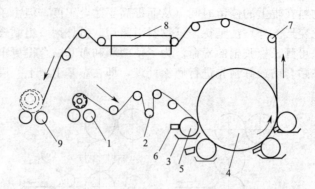

图 6-10　鼓式凹版印花机结构示意图
1—放卷辊；2—张力调整装置；3—浆料槽；4—主辊；5—凹版辊；
6—刮刀；7—导辊；8—加热装置；9—收卷辊

（2）沟底印花

沟底印花主要用于发泡人造革印立体花纹，它是采用激浆辊将盆里的色浆传给橡胶辊，再通过橡胶辊使印花辊筒花纹凸面处印上色浆，然后印到覆在橡胶辊上的人造革表面。传色量通过调节橡胶焊缝和激浆辊的间隙来控制。沟底印花辊的花纹较深，使压延泡沫人造革印花的同时压上花纹，而颜色却被印到人造革花纹的凹缝里，这样印出来的花纹不仅颜色鲜艳，而且更有立体感。

6.1.8　如何对压延人造革进行表面涂饰处理？

压延人造革的表面涂饰处理是在布基贴合的塑料层表面涂一层较薄的表面处理剂，目的是防止原塑料层受灰尘污染，同时阻止增塑剂的迁移，以延长人造革的使用寿命。表面涂饰处理方法主要有刮刀法和辊涂法两种。

刮刀法是将预先配制好的糊料用刮刀均匀地涂刮在布基的塑料层上，然后放进烘箱进行加热，使其塑化并与原塑料层融合，再经压纹、冷却定型，即得到普通人造革。刮刀法处理的工艺流程如图 6-11 所示。刮刀法比较适合涂料黏度高、要求涂层较厚的人造革。由于布基受拉力加大，因此刮刀法不适用于针织布和无纺布。

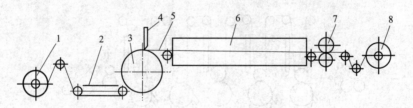

图 6-11　刮刀法处理工艺流程
1—布捆；2—操作台；3—托辊；4—刮刀；5—布基；6—烘箱；7—压花；8—卷取

辊涂法是通过辊筒转动带料，把涂饰剂均匀地涂在半成品上。料层厚度是由硅胶辊与钢辊间的距离大小来控制的，辊距大则料层厚。同时，料层厚度也与基运行速度与涂料钢辊的转速有关。当布基的运行速度低于涂料钢辊的转速时，涂料层的厚度就会增加，二者速度差越大，料层的厚度也就越大。辊涂法可分为三辊和四辊涂料方式，如图 6-12 所示为三辊涂法的结构形式。经辊涂处理的人造革面层光洁，手感好，涂料层也比较均匀，而且辊涂处理的生产速度高。

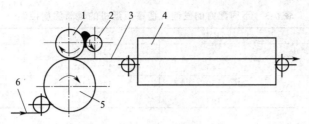

图 6-12 三辊涂法结构示意图
1—硅橡胶辊；2—钢辊；3，6—布基；4—烘箱；5—托动钢辊

6.2 合成（人造）革压延设备操作与疑难处理实例解答

6.2.1 压延成型发泡聚氯乙烯人造革时应如何控制？

压延生产发泡聚氯乙烯人造革在工艺上比生产普通非发泡人造革要多一道发泡工序。由于配方中含有发泡剂，因此成型过程中的捏合、密炼、塑炼以及压延成型都要严格控制好工艺，不能使发泡剂出现早期的分解而导致物料过早发泡。通常在压延成型过程中的工艺控制的要点有以下几点：

（1）原料的准备

把树脂筛选后除去杂质，进行计量，配好颜料、色浆，经研磨机磨细，按配方计量。发泡剂、稳定剂及其他助剂按配方比例计量。

（2）高速混合

首先把树脂加入到混合机内，再加入增塑剂总用量的 1/3，开车混合；2min 后加入稳定剂和润滑剂，持续 3min 后，把发泡剂和总用量 1/3 的增塑剂加入；混合 2min，最后加入剩余 1/3 的增塑剂，混合约 3min。整个工序时长约为 10min。排出物料应比较柔软而富有弹性，出料温度为 95～105℃。

（3）预塑化混炼

① 混炼若是在两台辊压机上进行，则第一台辊压机的辊筒温度应为 125～135℃，但两辊温度略有不同。前辊的温度比后辊的温度高 5℃左右，目的是使熔料容易包在前辊上；辊距一般调整为 4～6mm。第二台辊压机的辊温比第一台辊压机的辊温要高一点，为 130～135℃；辊距为 3～5mm。操作工翻动熔料，打包或打卷 3～4 次，使原料塑化成均匀的熔融态，即可卷成直径约为 10cm 的熔料卷，为三辊压延机供料。

② 混炼若是在密炼机和辊压机上进行，则密炼机温度为 135～145℃（含发泡剂时≤140℃），辊压机温度为 140～145℃（含发泡剂时≤145℃）。

（4）挤出喂料温度

挤出机机筒的温度一般应控制在 130～140℃；机颈温度控制在 120～130℃；机头温度控制在 150～155℃。

（5）压延成型

压延成型的工艺温度应根据聚氯乙烯的配方来确定，配方不同，压延辊筒的温度控制也就不同。在压延成型过程中，由于物料受大的剪切作用，会使其实际温度比辊筒表面温度高很多，而且聚氯乙烯树脂和其助剂都能够提高发泡的活性，因此易使其分解温度降低，故在压延阶段要严格控制不使底胶发泡。例如，某企业采用 $\phi610mm×1830mm$ Γ 型四辊压延机生产不同配方的发泡人造革时，辊温控制如表 6-3 所示。

表 6-3 不同配方的发泡人造革压延机的辊筒温度控制

配方中增塑剂含量	45 份 DOP	55 份 DOP	70 份 DOP
1 号辊筒温度/℃	110～145	110～130	110～135
2 号辊筒温度/℃	130～145	130～140	130～140
3 号辊筒温度/℃	140～150	140～145	140～145
4 号辊筒温度/℃	150～160	145～155	140～150

压延生产的人造革其塑料层一般都比较厚，因此压延机辊筒和各辊隙要比生产薄膜时大许多。料层的厚度一般由压延机最后一组辊筒间隙来控制。对于发泡的聚氯乙烯人造革来说，通常最后一道辊筒间隙值应是人造革塑料层厚度的 75%～85%。但辊隙间的存料不能太多。例如，某企业采用 $\phi610mm\times1830mm$ Γ 型四辊压延机生产不同厚度的聚氯乙烯人造革时压延机辊筒辊隙的控制如表 6-4 所示。

表 6-4 $\phi610mm\times1830mm$ Γ 型四辊压延机生产不同厚度人造革时的辊隙存料

塑料层厚度/mm	0.1	0.5
1 号辊筒与 2 号辊筒间存料厚度/mm	30～35	80～100
2 号辊筒与 3 号辊筒间存料厚度/mm	15～20	30～40
3 号辊筒与 4 号辊筒间存料厚度/mm	10～15	10～20

（6）发泡

发泡是在烘箱中进行的，压延成型膜片后，制品通过烘箱，经烘箱加热使其物料中的发泡剂分解产生气体，而使制品发泡。因此，烘箱的温度控制至关重要。一般烘箱的温度应控制在发泡剂的分解温度以上，但采用不同的发泡剂时其温度控制有所不同。烘箱通常是分段式的，一般有三段或四段，每段温度可以分别进行控制。制品发泡时，烘箱的第一段温度应控制稍高些，以使发泡剂能迅速达到分解温度，而分解产生大量的气体，使物料发泡均匀。第二段和第三段的温度逐渐降低，以使物料达到微孔结构所需的黏度，再逐渐使微孔结构得到固定。

例如，采用 AC 发泡剂生产发泡聚氯乙烯人造革时，烘箱第一段温度一般为 190～200℃；第二段一般为 180～190℃；第三段一般为 170～180℃。

6.2.2 压延发泡人造革的发泡压花应注意哪些问题？

压延人造革的发泡方式一般采用烘箱发泡，其温度容易控制，可以得到均匀理想的发泡。人造革在烘箱中发泡时的发泡温度受到配方类型和所用发泡剂的影响，所以对每段温度的选择需要进行综合考虑。在烘箱的第一段发泡剂开始分解汽化，因此温度应控制稍高些；在烘箱的第二段需要使物料达到微孔结构所需的黏度，一般黏度不能太低，否则气体易从熔体中逸出，所以此段温度应视熔体黏度情况进行控制，一般应稍低点；第三段或第四段是固定微孔结构，温度应低一些。

人造革的发泡不仅与烘箱的温度有关，还与人造革通过烘箱的速度有关。而压延人造革生产线是联动的，因此其速度的确定与压延机速度及引离速度等有关，一般通过烘箱的时间比较短，通常在 3～10min；若压延人造革比较厚，则可适当延长时间。如果烘箱采用电加热，则应注意对料层的加热时间不宜过长，否则物料容易分解，也很容易引起火灾，这一点要特别注意。

例如，某企业压延生产服装革时，采用偶氮二甲酰胺作为发泡剂，其发泡的工艺条件为：烘箱总长 18mm，生产速度为 180～200mm/min，烘箱第一段温度一般为 195℃；第二段温度一般为 185℃；第三段温度一般为 175℃。

压延发泡人造革的压花一般采用间隙压花。间隙压花的压花辊与橡胶辊之间能保持一定的间隙。压花装置一般装在发泡烘箱的后面，在人造革发泡后冷却前进行压花。压花时应注意既要使人造革压上花纹，又不能把泡沫压扁，一般压花的深度约为厚度的30%。这样发泡的人造革经过压花装置后，发泡后的泡腔仅被压缩一部分，大部分泡腔仍保持原发泡后的泡腔形状，保持发泡人造革的柔软性，且弹性好、手感好。压花的不同清晰程度和深浅程度可以通过调节压花辊的压力和加热温度来达到，压力一般为0.5～5MPa。

6.2.3 聚氨酯人造革生产工艺应如何控制？

聚氨酯人造革是在针织物或无纺布上浸涂聚氨酯（或浸胶乳），使其固化成膜，经整饰后制得各种光面革、绒面革、漆面革。其优点是制品柔软、耐曲折，弹性、透气性、透湿性和手感好，适于制作鞋、服装、箱包、球类等。聚氨酯人造革的生产方法主要有干式和湿式两种工艺。

（1）干式聚氨酯人造革

干式聚氨酯人造革是将溶剂型聚氨酯树脂的溶剂挥发掉后得到多孔薄膜，再加上底布而构成的一种多层结构体。其生产过程中通常采用间接涂刮法。

① 原料与配方　聚氨酯人造革制品原料比较复杂，主要包括PUR浆料、胶黏剂和常用基材。

浆料主要是指用聚酯多元醇（如聚己二酸己二醇）、MDI与一定量的催化剂、扩链剂、溶剂等一起制成的热塑性PUR溶液。制造方法有两种：一是NCO过量法；二是NCO欠量法。NCO过量法是先由聚酯多元醇与MDI进行逐步加成缩聚反应制成低相对分子质量预聚体，然后加入扩链剂进行扩链反应，使其溶液聚合到一定黏度，得到所需分子量的浆料；NCO欠量法是将聚酯多元醇、扩链剂、催化剂（如二月桂酸二丁基锡，2-乙基己酸铅）、溶剂（如二甲基甲酰胺）混合均匀加热到80～85℃后，先加90%的MDI，视黏度增加情况再逐步加入其余10%的MDI，最后制得所需相对分子质量的PUR浆料。

胶黏剂的主要作用是层间黏合，连接面层与基材，它决定着产品剥离强度的大小。胶黏剂有单组分与双组分两种：单组成本低，不需交联剂进行固化，因此结构中不会形成交联结构，因而胶层耐热、耐溶剂性能相对较差；双组分需加入交联剂才能固化，具有较大的附着力，使用中必须要进行加热，促进固化反应才能达到较高的黏合强度。制备胶黏剂可采用TDI和MDI，TDI比MDI黏合强度好。

基材（也称底布）是PUR革制品主要组成之一。不同的基材适应于不同的革制品和用途。聚氨酯人造革常用基材主要有机织布、针织布和无纺布等。机织布的尺寸稳定性好，针织布的重量轻、弹性好，无纺布的尺寸稳定性好、加工性好，其人造革产品类似天然皮革。

聚氨酯人造革的配方随产品的用途不同而有所不同，如表6-5所示为某企业生产衣料用软质型聚氨酯人造革的配方。

表6-5　某企业生产衣料用软质型聚氨酯人造革的配方

材料品种	表皮层配方/phr	材料品种	粘接层配方/phr
硬质Ⅰ液型聚氨酯树脂溶液	45	标准Ⅱ液型聚氨酯树脂混合液	50
软质Ⅰ液型聚氨酯树脂溶液	40	二甲基甲酰胺	5～10
二甲基甲酰胺	18～20	甲苯	5～10
丁酮	8～20	交联剂	8～12
着色剂	适量	交联促进剂	3～6
混合液黏度(25℃)/Pa·s	3.5～7.0	乙酸乙酯	22～25
		混合液黏度(25℃)/Pa·s	8～40

② 生产工艺　干式聚氨酯人造革生产工艺流程如图 6-13 所示。生产时先用刮刀将表皮层用混合液涂在离型纸上，混合液用量为 110～140g/m²，然后在 70～110℃的热风下进行干燥，时间在 1～2min 之间。干燥后再在表皮层上涂覆黏结层混合液，其用量为 120～170g/m²，控制贴布压力为 0.39～0.49MPa，趁湿将起毛布基贴上，并在 100～120℃的热风下进行干燥，时间为 2min。经卷取装置卷取后，将产品在 50～60℃的温度下进一步熟化72h；再将离型纸从产品上剥离下来，最后对人造革表面按用途要求进行处理。

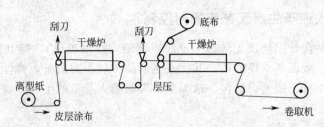

图 6-13　干式聚氨酯人造革生产工艺

生产时整条线的速度控制在 12～16m/min。为使成品卷曲平整，应在离型纸和起毛布放卷处设电眼（EPC）跟踪调整。

（2）湿式聚氨酯人造革

湿式聚氨酯人造革是将聚氨酯树脂溶解在溶剂（如二甲基甲酰胺）中，将所配好的混合液浸渍在底布或涂覆于底布上，然后放入与溶剂有亲和性而与聚氨酯树脂不亲和的液体（如水）中，提取混合液中的溶剂，进行湿式成膜，在提取过程中会产生连续气孔，从而得到多孔质皮革制品。其优点是得到的产品具有良好的透气性、透湿性，丰满的手感，漂亮的外观，从结构上近似于天然革。

若基材使用织物（如起毛布），则其制品可用于制作各种鞋里、提包、高档手套和衣料（俗称人造麂皮）。若基材使用各种纤维的不织布，则经聚氨酯浸渍处理后得到的制品再经过复杂的整饰，得到的制品称为聚氨酯合成革，可用于制作高档的鞋面、凉鞋、皮箱、球类等。

① 原料与配方　湿式聚氨酯人造革用的原料与配方与干式基本相同。如表 6-6 所示为某企业鞋用和衣料用软质型聚氨酯人造革的基本配方。

表 6-6　某企业鞋用和衣料用软质型聚氨酯人造革的基本配方

材料品种	鞋用配方/phr	衣料配方/phr
软质Ⅰ液型聚氨酯树脂溶液	70	100
软质Ⅱ液型聚氨酯树脂溶液	30	—
二甲基甲酰胺	80	180
成膜剂	0.5～3.0	1.5～2.0
着色剂	适量	3～6
混合液黏度(25℃)/Pa·s	4～4.5	0.3～0.4

② 生产工艺　湿式聚氨酯人造革生产工艺流程如图 6-14 所示。

生产时先将起毛布压光、整理平滑，按产品要求和用途分别浸渍到二甲基甲酰胺（DMF）的水溶液或聚氨酯树脂溶液中，用辊压法压榨到浸渍厚度的 1/3～2/3。而后将浸过水的起毛布用刮刀涂覆树脂混合液，其用量为 700～1100g/m²，然后进入凝固浴（若起毛布浸过树脂混合液则可直接进入凝固浴）。凝固浴温度在 50℃左右，水：DMF＝100∶（30～70）。在凝固浴中停留 5～6min，当聚氨酯树脂成膜后，浸入到 50～60℃的热水中反复清洗，压榨至 DMF 被提取干净。用辊筒压榨除去水分，在 120℃ 的温度下用热风进行干燥，时间为 10min，之后经拉幅定型成湿式半成品。再将半成品经砂带磨毛机磨削和着色加工后得到仿麂皮类的湿式聚氨酯人造革。

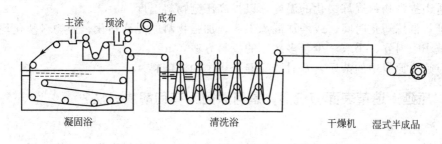

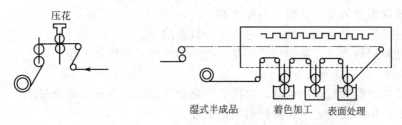

图 6-14 湿式聚氨酯人造革生产工艺流程

6.2.4 人造革表面如何进行贴膜处理？

为了增加人造革的花纹耐磨性或使人造革有更好的外观，通常可在人造革半成品的表面贴一层预先制好的薄膜，如聚氯乙烯透明膜或印花膜等。

贴膜处理时首先应严格控制所选用薄膜的质量，一般要求塑化完全且良好，厚薄均匀，表面光亮，无生料、鱼眼、洞孔及杂质等。贴合膜的厚度规格一般应根据人造革产品要求来决定，通常鞋用发泡革贴膜厚度为 0.35～0.4mm；提包用发泡人造革贴膜厚度为 0.22～0.24mm；座椅用和箱用发泡人造革贴膜厚度为 0.18～0.20mm。

贴膜时对于不同的人造革应采用不同的贴膜方法。对于普通人造革应先把半成品人造革经烘箱加热后方可进行贴膜，然后再经过加热辊加热，加热辊的蒸汽压力为 0.13～0.20MPa。加热辊的表面用远红外线加热后，即可压花纹，这样既可贴膜，又可压花纹。

对于泡沫人造革应先将半成品人造革经加热辊筒加热，再进行贴膜，然后再进烘箱，烘箱的三段温度分别为 180～185℃、195～200℃、215～220℃，停留时间为 3～8min，以使压延层塑料发泡、表面贴膜塑化并与底层塑料融合，出烘箱后采用间隙式压花方式压花，压花后得到泡沫人造革。

6.3 合成（人造）革压延成型的异常现象及处理实例解答

6.3.1 压延人造革表面有疙瘩、冷疤、小孔，是何原因？有何解决办法？

（1）产生原因

① 物料温度偏低，物料塑炼和供料时的温度低。

② 物料混炼塑化不均匀，输送至压延机的物料中有生料。

③ 给压延机供料时，料卷太大，以至于辊隙物料旋转不好，出现冷料。

④ 物料中有杂质或高速混合机中有锅壁料。

（2）解决办法

① 适当提高物料混炼塑化的温度，以提高压延物料温度。

② 延长混炼塑化时间，或增加混炼工序，加强物料的混炼塑化，使物料塑化均匀。

③ 减小喂料卷，采取"少量多次"的投料方法。

④ 应筛除原料中的杂质，及时清除混合机中的锅壁料。

6.3.2 压延人造革表面有气泡，是何原因？有何解决办法？

（1）产生原因

① 物料温度偏高。物料混炼和供料时的温度太高，使物料出现了过热分解。

② 压延机辊筒温度偏高，使熔料温度太高。

③ 辊隙存料旋转状况不佳，使空气进入了中辊膜层中。

④ 基层与塑料层贴合时，贴膜压力不足，层间的空气不能排除干净。

（2）解决办法

① 适当降低物料混炼塑化的温度，以降低压延物料温度，防止过热分解。

② 降低压延机辊筒温度，从而降低熔料的温度。

③ 减少塑化翻料次数，压延过程中出现气泡时及时用竹刀把气泡划开，以放出夹入的气体。

④ 加大基层与塑料层的贴合压力。

6.3.3 压延发泡人造革厚薄不均、幅宽不一，是何原因？应如何解决？

（1）产生原因

① 压延机喂料不均匀、时多时少，造成压延过程中辊筒受横压力的大小不一，而导致辊隙波动大。

② 压延机辊筒的交叉量调节不当，因而对辊筒的挠度补偿不合理。

③ 发泡不均匀。

④ 布基质量不好，有宽有窄。

（2）解决办法

① 控制压延机的加料量，使其喂料均匀。

② 调节轴交叉量，使辊筒横向各处的辊距趋于一致。

③ 调整发泡工艺，控制好烘箱的发泡温度，控制发泡剂分解速度和熔体黏度使之合适。

④ 在贴合前对布基进行检验，保持布基幅宽一致。

6.3.4 压延人造革塑料膜层与布基贴合不良，是何原因？应如何解决？

（1）产生原因

① 织物底涂不好，底涂处理不均匀，或布基温度太低。

② 物料温度太低，或塑化不良。

③ 塑料层与布基贴合的压力不足。

（2）解决办法

① 改进底涂料，提高布基的温度。

② 适当提高辊温，加强物料的塑化。

③ 提高塑料层与布基贴合的压力，并检查贴膜辊和胶辊是否变形，使辊面与膜面紧密贴合。

6.3.5　压延人造革的布基出现皱褶，是何原因？如何解决？

（1）产生原因

① 压延边角料包住下辊。

② 压延速度太慢或布基的送料速度太快，使压延速度小于布基送料速度，布基不能被拉直。

③ 布基的松紧度调节不当，布基太松。

（2）解决办法

① 去除边角料。

② 调节压延速度和布基的送料速度，使两者速度相匹配。

③ 调节布基松紧度，使布基张力适中。

参 考 文 献

[1] 刘廷华. 塑料成型机械使用维修手册. 北京：机械工业出版社，2000.

[2] 刘梦华，吕海峰，等. 塑料压延生产线使用与维修手册. 北京：机械工业出版社，2007.

[3] ［美］David B Todd. 塑料混合工艺及设备. 詹茂盛，等译. 北京：化学工业出版社，2002.

[4] 刘西文. 塑料挤出成型技术疑难问题解答. 北京：印刷工业出版社，2012.

[5] 赵俊会. 塑料压延成型. 北京：化学工业出版社，2005.

[6] 王兴天. 塑料机械设计与选用手册. 北京：化学工业出版社，2015.

[7] 北京化工学院，天津科技大学合编. 塑料成型机械. 北京：中国轻工业出版社，2004.

[8] 耿孝正. 双螺杆挤出机及其应用. 北京：中国轻工业出版社，2003.

[9] 周殿民. 塑料压延技术. 北京：化学工业出版社，2003.

[10] 刘西文. 塑料成型设备. 北京：中国轻工业出版社，2010.

[11] 齐贵亮. 塑料压延成型实用技术. 北京：机械工业出版社，2012.

[12] 杨中文. 塑料成型工艺. 北京：化学工业出版社，2009.

[13] 张治国. 塑料压延成型技术问答. 北京：印刷工业出版社，2011.